● 国家高端智库研究报告

中国碳达峰碳中和战略研究

易昌良　唐秋金　主　编

王　彤　李泽鸿　王一犍　林　涛
　　　　　　　　　　　　　　　　　副主编
张庆华　郑厚清　张　杰　谢　辉

U0390324

中国出版集团有限公司
研究出版社

图书在版编目（CIP）数据

中国碳达峰碳中和战略研究 / 易昌良, 唐秋金主编
. -- 北京：研究出版社，2023.5
ISBN 978-7-5199-1433-2

Ⅰ. ①中… Ⅱ. ①易… ②唐… Ⅲ. ①二氧化碳 – 排
污交易 – 研究– 中国 Ⅳ. ①X511

中国国家版本馆CIP数据核字（2023）第039986号

出 品 人：赵卜慧
出版统筹：丁　波
责任编辑：朱唯唯

中国碳达峰碳中和战略研究

ZHONGGUO TANDAFENG TANZHONGHE ZHANLVE YANJIU

易昌良　　唐秋金　主编

研究出版社 出版发行
（100006　北京市东城区灯市口大街100号华腾商务楼）
北京中科印刷有限公司印刷　　新华书店经销
2023年5月第1版　2023年5月第1次印刷
开本：710毫米×1000毫米　1/16　印张：23
字数：353千字
ISBN 978-7-5199-1433-2　定价：78.00元
电话（010）64217619　64217652（发行部）

中国碳达峰碳中和战略研究

编辑委员会

中国碳达峰碳中和战略研究

研究机构

国是智库研究院

中国发展研究院

中国社会经济调查研究中心

国网能源研究院

中国大数据研究院

北京师范大学政府管理研究院

北京市博士爱心基金会

华盛绿色工业基金会

山西鑫鸿源达科技发展有限公司

西安中天龙江环境工程有限公司

广州南粤基金集团有限公司

中国投资协会能源投资专业委员会

国湘控股有限公司

湖南葆华环保有限公司

中合（深圳）双碳科技咨询服务有限公司

山东省碳中和环保科技有限公司

序

2020年9月22日，国家主席习近平在第七十五届联合国大会一般性辩论上宣布我国碳达峰碳中和目标任务；2022年10月16日，习近平总书记在党的二十大报告中强调，积极稳妥推进碳达峰碳中和，立足我国能源资源禀赋，坚持先立后破，有计划分步骤实施碳达峰行动，深入推进能源革命，加强煤炭清洁高效利用，加快规划建设新型能源体系，积极参与应对气候变化全球治理。实现碳达峰碳中和是党中央经过深思熟虑作出的重大战略决策，不仅是我国对国际社会的庄严承诺，更是推进我国经济社会系统性变革的国家战略，体现了致力构建人类命运共同体的中国的勇于担当和推进高质量发展的主动作为。

实现碳达峰碳中和是一项系统工程，既是能源、技术、经济、金融问题，也是话语权、政治问题，是一个重塑经济社会发展模式的历史进程。碳达峰碳中和体现在碳减排上，实际上关系到生产生活的各个方面，需要将碳达峰碳中和作为重要导向融入相关领域，有效处理好碳达峰碳中和与经济稳定发展、生态保护、资源安全的关系，最大限度地发挥协同增效作用。中国从碳达峰到碳中和的承诺仅有30年时间，远低于发达国家所制定的60年至70年的过渡期。对中国来说这是一项前所未有的工作，挑战也是空前的。同时，若把握住21世纪碳中和绿色革命的历史机遇，将使中国这个后发、新兴的发展中国家获得与发达国家同台竞争乃至弯道超车的优势，并在中国的全面建设社会主义现代化强国进程中将现代化的定义作出更新和升级，从生态文明和人类存续的角度进一步发展中国特色社会主义经济建设理论。中国各级政府与各行各业高度重视，以"1+N"政策体系确定了"双碳"目标的时间表、路线图和施工图，积极探索行动方案，加快制定路径规划，为实现碳达峰碳中和长远目标打下了坚实基础，在生态文明建设与绿色可持续发展道路上迈出了坚定的第一步。

实现碳达峰碳中和应聚焦关键核心领域。能源领域是我国碳排放的主要来源，是实现碳达峰碳中和的关键所在，要求加快从以化石能源为主的传统能源体系转向以新能源为主体的新型能源体系。然而，根据美国、德国等发达国家的现代化进程、能源消费、碳排放强度等基本特征和变化规律，在工业化阶段和现代化前期阶段，能源消费弹性系数仍维持在较高水平，在人均GDP达到3万美元之前，经济增长很难与能源消费脱钩，即经济增长需要能源消费总量的增加来支撑。我国现代化水平与发达国家相比还有较大差距，生产力发展仍然需要能源支撑，相当长一段时期内，能源需求仍将保持上升趋势。能源安全是关系国家经济社会发展的全局性、战略性问题，确保能源安全始终是做好能源工作的首要任务。立足我国以煤为主的能源资源禀赋，我国的碳达峰碳中和不能是简单的去煤炭、去化石能源，而应是"先立后破"。一是大力推进节能，提高能源利用效率。以节能提效促少用，通过少用减少碳排放。节能不是简单地减少或者不用能源，而是通过全面提高能源利用效率来减少能源消费总量以及不必要的能源浪费。比如，若达到世界平均能耗水平，每年我国可少用13亿吨标准煤、减排二氧化碳 34亿吨，约占2020年我国碳排放量的1/3。二是大力发展新能源，优化电力结构。大力发展风能、太阳能、地热能等可再生能源发电，逐步提高非化石能源发电占比，持续优化电力结构。三是大力发展"清洁煤电+CCUS"，推进煤炭低碳利用。从以煤为主的能源资源禀赋等国情实际出发，发展清洁煤电，推进CCUS技术进步，达到成本可以接受的水平。构建清洁低碳安全高效的能源体系，将我国的发展建立在高效利用资源、严格保护环境、有效控制温室气体排放的基础上。

中国碳中和发展道路一定要以实现两个百年奋斗目标为第一要务，以中国式现代化建设的高质量发展方式为路径。实现碳达峰碳中和应将科技进步和技术突破作为核心变量。20世纪90年代以来，我国治理酸雨的成功经验，彻底颠覆了"控制二氧化碳排放必然减少煤炭消费"的原有认识，突破了二氧化碳减排对煤炭消费的约束。我国二氧化碳减排历程，充分说明了减排不是简单减少煤炭能源使用，而是以政策倒逼技术进步，以先进技术推进减排。因此，我国碳减排更需要以发展的眼光，大力发展低碳—零碳—负碳的科学技术。清洁能源要不论出身，控制排放，以政策倒逼技术进步来全面推进碳减排，而不是简单地减少煤炭、化石能源的使用。为实现"去污减碳"而不减生产力的目标，应将技术突破作为核心变量，在深刻理解碳达峰碳中和目标要求和准确把握我国能源消费需求的基础上，科学谋划、系统布局，提出符合实际、切实可行的碳中和发展目标、路线图、施工图，并重点推进煤炭及化石能源碳中和，大力发展低碳—零碳—负碳能源原理创新，加快颠覆性技术研发，攻关研究煤基燃料电池发电新技术等低碳燃烧、低碳转化技术，推进利用过程少碳；研发应用二氧化碳制甲醇等碳转化技术，推进碳资源化利用；研发应用低成本碳捕集及井下封存技术，为不能资源化利用的二氧化碳提供最后的处置保障。将控制能源消费总量和强度的"双控"政策，转变为控制能源消费碳排放和提高能源利用效率的"新双控"政策，引导和倒逼碳减排技术进步，促进碳中和技术自立自强。

"十四五"是推进碳达峰碳中和的重要起步期。随着政策措施的细化落地，我国进入了以降碳为重点战略方向、推动减污降碳协同增效、促进经济社会发展全面绿色转型、实现生态环境质量改善由量变到质变的关键时期，需要加快推动生产方式、生活方式、思维方式和价值观念的全方位、革命性变革，着力推动产业结构、能源结构、交通运输结构等的调整和优化，大力推动生态产品价值实现，让绿色成为普遍形态，以高水平保护促进高质量发展、创造高品质生活。

易昌良博士领衔的《中国碳达峰碳中和战略研究》课题组立足"十四五"期间以及2025年、2030年、2060年三个时间节点，结合党中央、国务院关于碳达峰碳中和目标要求，细致梳理并深入分析了碳达峰碳中和的科学内涵、全球气候治理的中国贡献、"双碳"面临的机遇与挑战、实现"双碳"目标的中国路径、"双碳"战略的国际共识、构建"双碳"发展政策体系、低碳消费势在必行、"双碳"时代山西争当排头兵、典型案例分享等一系列碳达峰碳中和前沿问题，为读者提供不同视阈下关于碳达峰碳中和的系统解读。特别是"在保持经济稳定发展的同时实现碳达峰碳中和目标""不断改变能源消费结构，减少化石能源消耗，大力发展清洁能源，为经济发展提供新动力"等观点，立足我国国情和能源实际，具有很好的现实意义和指导意义；阐述了碳达峰碳中和目标与高质量发展、双循环格局等的逻辑关系，具有很强的学术性和理论性。

"百年征程波澜壮阔，百年初心历久弥坚。"中国作为世界上最大的发展中国家，将完成全球最高碳排放强度的降幅，用全球历史上最短的时间实现碳达峰碳中和，充分体现负责任大国的担当。希望易昌良博士领衔的研究团队与各方一道，继续深化研究，为应对全球气候变化的中国力量、中国智慧、中国方案作出更大贡献！

是为序。

谢和平

深圳大学深地科学与绿色能源研究院院长

中国工程院院士　四川大学原校长

国务院学位委员会委员

教育部科学技术委员会主任委员

国务院学位委员会学科评议组召集人

前　言

当今世界，正在经历百年未有之大变局，全球从经济、政治、文化等方方面面皆呈现出牵一发而动全身的态势，国际局势瞬息万变，人类的生态环境也面临着前所未有的挑战。面对全球气候变暖的挑战，现今世界正发生一场能源大变革。

2020年9月，习近平主席在第七十五届联合国大会一般性辩论上宣布，中国将提高国家自主贡献力度，采取更加有力的政策和措施，二氧化碳排放力争于2030年前达到峰值，努力争取2060年前实现碳中和。2021年11月，在格拉斯哥气候大会前，我国正式将其纳入新的国家自主贡献方案并提交联合国。实现碳达峰碳中和目标是以习近平同志为核心的党中央作出的重大战略决策，事关中华民族永续发展和构建人类命运共同体。

2021年是中国共产党成立100周年，也是"十四五"开局之年。实现"双碳"目标是我国向世界作出的庄严承诺，也是一场广泛而深刻的经济社会变革。"十四五"时期是我国全面建成小康社会、实现第一个百年奋斗目标之后，乘势而上开启全面建设社会主义现代化国家新征程、向第二个百年奋斗目标进军的第一个五年。同时，"十四五"时期也是碳达峰的关键期、窗口期，我国生态文明建设进入了以降碳为重点战略方向、推动减污降碳协同增效、促进经济社会发展全面绿色转型、实现生态环境质量改善由量变到质变的关键时期。站在历史关键节点上，就"十四五"时期经济社会发展作出系统谋划和战略部署，对于推动我国社会主义现代化建设取得新的更大成就具有重要而深远的意义。

党的二十大报告指出，要积极稳妥推进碳达峰碳中和。立足国内能源资源禀赋，坚持先立后破，有计划分步骤地实施碳达峰行动，完善碳排放统计核算制度，健全碳排放权市场交易制度，提升生态系统碳汇能力，积极参与应对气候变化全球治理。习近平总书记在主持中央政治局第三十六次集体学习时强调，实现碳达峰碳中和，是贯彻新发展理念、构建新发展格局、推动高质量发展的内在要求，是党中央统筹国内国际两个大局作出的重大战略决策。

这两年，在"双碳"刺激效应下，国内电动汽车、光伏、风电等热点产业蓬勃发展。长远来看，经济社会绿色转型和高质量发展进一步有机融合，必将推动传统产业高端化、智能化、绿色化，推动全产业链优化升级，推动我国经济发展质量变革、效率变革、动力变革，从而塑造我国参与国际合作和竞争新优势。但与此同时也要看到，实现碳达峰碳中和，是一场广泛而深刻的经济社会变革，绝不是轻轻松松就能实现的。这是一项复杂工程和长期任务，不可能毕其功于一役。实现碳达峰碳中和是一次大考，需要正确的政绩观，需要"功成不必在我""功成必定有我"，坚持稳中求进，逐步实现。

碳中和命运共同体是世界各国合作发展的新载体。未来，我国要不失时机地将碳中和命运共同体纳入人类命运共同体的建设中来，以碳中和命运共同体建设来带动人类命运共同体的建设。同时，在我国现代化强国建设进程中，要充分利用碳中和命运共同体和人类命运共同体建设的机会，将中国打造成为世界的能源革命先行区、零碳能源实验区、低碳转型示范区、碳中和引领区和碳生态文明高地。

应对气候变化是构建碳中和命运共同体的不败旗帜与行动基石，是碳中和命运共同体建设的出发点和落脚点。中国要以碳中和命运共同体为平台，积极开展国际气候合作，团结能够团结的一切力量，构筑拥护与支持碳中和的最广泛的全球统一战线。要号召金砖国家、上海合作组织、亚太经合组织、20国集团等，积极参与应对气候变化行动，形成绿色低碳发展的世界潮流。这对我国破解碳中和挑战，发挥碳中和的积极作用，具有深远的历史意义。

目　录

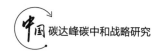

第九章　科技创新：精准规划"双碳"能源战略布局

第十章　"双碳"时代，"绿色"先行——山西争当排头兵

第十一章　典型案例

后　记

第 一 章

零碳愿景：
碳达峰与碳中和

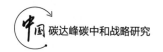

第一节　什么是碳达峰与碳中和

2020年9月22日，国家主席习近平在第七十五届联合国大会一般性辩论上发表重要讲话，他提出："中国将提高国家自主贡献力度，采取更加有力的政策和措施，二氧化碳排放力争于2030年前达到峰值，努力争取2060年前实现碳中和。"在新冠疫情后复杂的国际政治经济格局中，中国的碳中和承诺彰显了我国构建人类命运共同体的大国责任与担当，体现了我国在应对气候变化问题上的决心和雄心，为疫情后实现全球绿色复苏注入新的活力，对全球气候行动起到重要推动作用。在2030年前碳达峰后用30年左右的时间很快地实现碳中和愿景，任务异常艰巨，但总体上排放路径必然呈现尽早达峰、稳中有降、快速降低、趋稳中和的过程。支撑碳中和的技术几乎涉及所有的产业和经济活动，从控制碳排放途径的角度可以分为高能效循环利用技术、零碳能源技术、负排放技术。政府、企业、个人在迈向碳中和愿景进程中具有至关重要而又各有侧重的作用，需要科学的政策体系以形成系统有效的激励机制，促进资本和人才朝着碳中和技术创新和市场化推广应用方向快速汇集。

何谓碳中和？所谓碳中和指的就是企业、社会团体和个人在一定时段内测算自身直接或间接的温室气体排放量，然后通过植树造林、节能减排、改进生产工艺等手段来抵消自身所产生的温室气体排放量，进而实现零排放的目标。要达到碳中和，一般有两种方法：一是通过特殊的方式去除温室气体，例如碳补偿；二是使用可再生能源，减少碳排放。

值得一提的是，这是中国向全球首次明确实现碳中和的时间点，也是迄今为止各国中作出的最大的减少全球变暖预期的气候承诺。2016年11月生效的《巴黎协定》提出目标，期望在2051—2100年全球达到碳中和。同时，将全球平均气温升高控制在1.5～2℃。中国此次提出努力争取2060年前实现碳中和，是对《巴黎协定》原定目标的主动提升。

对此，生态环境部气候变化事务特别顾问、清华大学气候变化与可持续发展研究院院长解振华认为，目前我国提出的2060年之前实现碳中和的目标，远远超出了《巴黎协定》2℃温控目标下全球2065—2070年实现碳中和的要求，这将可能使全球实现碳中和的时间提前5～10年，此外也对全球气候治理起到关键性的推动作用，中国强化气候行动与目标彰显了大国的责任和担当。

2014年11月，中美两国曾在北京共同发布了应对气候变化的联合声明。当时美国提出的目标是到2025年温室气体排放量要比2005年的水平下降26%～28%。然而，2017年美国退出《巴黎协定》，对全球气候变化的国家自主贡献度大大下降。2021年2月，美国又重新加入《巴黎协定》。

解振华表示，在当前的国际经济社会发展趋势和政治格局背景下，我国主动顺应全球绿色低碳发展潮流，提出有力度、有显示度的碳达峰和碳中和目标，向国际和国内社会释放了清晰、明确的政策信号，与欧盟提出的碳中和遥相呼应，并为日韩相继提出碳中和目标做出了较好的示范效应。

国家气候变化专家委员会副主任、清华大学气候变化与可持续发展研究院学术委员会主任何建坤教授认为，研究表明，中国在发展中转型将面临更多的困难和挑战。2060年要实现碳中和，必须要在2050年实现接近零排放的目标，并建成以新能源和可再生能源为主体的能源消耗体系。实现这个目标需要全社会经济体系、能源体系、技术体系等方方面面的巨大转变，需要付出艰苦卓绝的努力。同时，转型也会为我国带来经济竞争力提高、社会发展、环境保护等多重协同效益。中国做出艰苦努力，能够实现自身的目标。

中国强化气候行动与目标也得到了非政府组织的赞赏和支持，认为中国作为全球主要排放大国中率先提出碳中和目标的发展中国家，将对全球各国提升目标、强化行动起到引领性的作用。2020年9月23日，世界自然基金会（WWF）全球气候与能源项目总监曼努埃尔·普尔加·比达尔高度赞赏中国的倡议，认为在全球减排面临鸿沟、气候治理面临赤字的关键时刻，中国宣布的新目标传达出非常重要的积极信号，体现了中国在应对气候变化议题上的国际领导力。中国的行动将给全球各国，尤其是各主要排放大国施加影响力，推动各国采取更果断勇敢的行动。

绿色和平中国首席代表李雁认为，在全球面临气候告急、新冠疫情以及国际合作遭受挑战等重重阴霾下，中国领导人加强本国气候行动承诺、推进全球绿色转型合作的声明令人振奋。中国设立长期碳中和目标，无论对于中国还是世界都具有划时代的积极意义。

目前已有大量国家作出碳中和承诺。截至2020年10月，碳中和承诺国达到127个，这些国家的温室气体排放总量已占到全球排放的50%，经济总量在全球的占比超过40%，并且全球十大煤电国家中的5个已作出相应承诺，这些国家的煤电发电量在全球的占比超过60%。作为碳排放大国和煤电大国，中国的碳中和承诺无疑为提升碳中和行动影响力，提振全球气候行动信心作出了重要贡献。2020年9月22日，在第七十五届联合国大会一般性辩论上，中国向全世界宣布将提高国家自主贡献力度，采取更加有力的政策和措施，二氧化碳排放力争于2030年前达到峰值，努力争取于2060年前实现碳中和。目标提出后，引起全球研究者和政策制定者对碳中和目标范围及内涵的广泛讨论和关注。

从碳中和目标和战略文件来看，各国尚未就碳中和目标表述达成共识，已有表述主要包括"气候中性""碳中和""净零排放"以及"净零碳排放"。目前，除个别国家使用"气候中性"，以及少数国家明确将实现"非二氧化碳温室气体中和"外，多数国家以碳中和为目标，或并未明确将实现"非二氧化碳温室气体的净零排放"。联合国政府间气候变化专门委员会（IPCC）发布的《全球升温1.5℃特别报告》指出，实现1.5℃温控目标有望避免气候变化给人类社会和自然生态系统造成不可逆转的负面影响，而这需要各国共同努力在2030年实现全球人为二氧化碳净排放量比2010年减少约45%，在2050年左右达到净零排放。已有研究指出，中国2060年碳中和目标的达成将有效缓解全球温升趋势，使得全球温度比预期降低0.2～0.3℃。根据IPCC《全球升温1.5℃特别报告》，以上表述的内涵存在较大差异。其中，

"碳中和"是指在规定时期内人为二氧化碳移除在全球范围抵消人为二氧化碳排放时，可实现二氧化碳净零排放，也称为"二氧化碳净零排放"。

将全球温升稳定在一个给定的水平意味着全球"净"温室气体排放需要大致下降到零，即在进入大气的温室气体排放和吸收的碳汇之间达到平衡。这一平衡通常被称为中和（neutrality）或净零排放（net-zero emissions）。由于目前人为温室气体排放的绝大部分是二氧化碳，因此在各国提出的中和或净零排放目标中也常用碳代指温室气体。各国提出的与中和相关的目标表述主要包括4种：气候中和、碳中和、净零碳排放和净零排放。

IPCC的《全球升温1.5℃特别报告》对以上概念进行了明确定义。其中，净零排放与气候中和的定义并不完全等同，这是因为气候中和是从对气候系统的影响出发，而净零排放则是从排放角度进行定义，零排放与零影响之间并不等同。首先，温室气体净零排放并不等同于气候净影响为零。虽然温室气体排放是人类活动对气候变化的最大贡献源，但并不是唯一来源。其他人类活动如城市化、植被改变与破坏等，也会改变地表反照率并对气候系统产生影响。其次，气候中和并不必然要求温室气体净零排放。对于CH_4等短寿命温室气体而言，有研究表明稳定的短寿命温室气体排放并不会导致新的气候影响，因此气候中和只要求短寿命温室气体排放达到稳定而不必要求其达到零排放。最后，在核算温室气体净零排放时，需要采用一些衡量不同温室气体增温能力的指标对非二氧化碳温室气体进行换算和加总，这些指标包括全球增温潜势（GWP）、全球温变潜势（GTP）等。不同指标会显著影响温室气体净排放的核算结果。已有研究表明采用GWP可能显著高估CH_4等短寿命温室气体的气候影响，这一高估在碳中和目标下会成为一个突出问题，未来可能需要通过修订核算规则予以解决。

2015年底的《巴黎协定》中并没有提出碳中和或气候中和的目标，但其第四条提出要在21世纪下半叶，在人为源的温室气体排放与碳汇的清除量之间取得平衡，这一目标对应于净零排放。《巴黎协定》之后，陆续有国家和地区提出了与中和及净零排放有关的长期目标。但由于其中大部分国家和地区并未就这一目标展开后续行动，因而无法对这些国家和地区提出的中和目

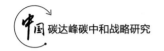

标及其内涵进行进一步研究。

截至2020年10月31日，包括中国、法国、加拿大等在内的29个国家和地区以纳入法律、提交协定或政策宣示的方式正式提出了碳中和或气候中和的相关承诺；57个国家和地区目前仅以口头承诺等方式提出中和目标，未给出目标的详细信息。

正式提出中和承诺的29个国家和地区分别采用了一种或多种中和目标表述，但大多数并未严格遵循IPCC的定义，而是对同一类目标进行了不同的解读，造成了各自碳中和目标概念混淆、气体覆盖范围不明晰的情况。在29个国家和地区中，有8个国家和地区选择以碳中和或净零碳排放为目标。按照IPCC的定义，这些国家和地区需在目标年份实现二氧化碳的净零排放。然而，并没有国家和地区明确指出其目标覆盖的排放仅包括二氧化碳。除此之外，法国、芬兰、葡萄牙、智利等虽以碳中和为目标，但在政策表述中都围绕温室气体（GHGs）展开。斐济则根据自身发展水平，设定了4种不同情景，并提出在最高强度减排路径下实现能源部门的GHGs净零排放。乌拉圭的碳中和目标则包括CO_2、CH_4和N_2O，也并非只有碳排放。由此可见，这些国家和地区对碳中和的定义与IPCC的定义并不相同，其目标中都用碳代指了包含二氧化碳在内的温室气体。

对于将目标表述为净零排放的国家和地区而言，覆盖气体范围较为统一。除了哥斯达黎加和韩国，其他均明确指出是实现全温室气体的净零排放。然而，尽管表述较为统一，但不同国家和地区对于实现这一目标的核算规则和气体覆盖范围也有不同的界定。例如，加拿大将在其他国家和地区实现的GHGs减排也计入本国的减排当中；在新西兰，由于农业是最大的排放来源，因此净零排放的范围没有包括生物CH_4。

大多数国家和地区将气候中和目标等同于温室气体净零排放。虽然IPCC从影响和排放两方面对气候中和及净零排放进行了明确区分，但从各个官方文件的表述来看，几乎都将两者等同。例如，欧盟同时将气候中和及净零排放作为其长期目标，将两类概念同等化，而亚非拉国家和地区的目标目前仍主要在政策宣示阶段。

将碳中和目标写入立法是法律约束力最强的目标形式，一般发生在具有较完善的气候变化应对机构、气候立法的国家和地区。以立法形式承诺碳中和的国家包括瑞典、丹麦、法国、德国、匈牙利、西班牙等6个欧盟成员国及英国（2019年），还有大洋洲的新西兰，均为发达国家。其中，瑞典在立法中明确在2045年实现净零温室气体排放目标。法国、西班牙新成立了气候委员会，以督促碳中和目标的实现。德国也在2019年气候法中提出2050年温室气体中和。

提交协定主要包括向《联合国气候变化框架公约》（UNFCCC）提交《巴黎协定》下的自主减排承诺及中长期低排放发展战略。涉及的10个国家和地区分布在各大洲，不仅包括应对气候变化较为积极的欧盟成员国和小岛国，也包括乌拉圭等其他发展中国家和地区。就雨林国家和小岛国而言，马绍尔群岛、哥斯达黎加、斐济等在2018—2019年提出了净零排放目标。其中，哥斯达黎加于2019年12月向UNFCCC提交了净零排放目标，但该国往届政府曾提出的2021年碳中和的目标并未实现，并且也没有明确包含哪些温室气体。斐济作为2017年联合国气候变化大会的主席国，向UNFCCC提交了净零碳排放目标，并强调要在2050年实现全经济部门的碳中和。南美洲的乌拉圭试图在2030年达到净碳汇，是唯一一个提出"净负排放"目标的国家。而不丹则已经实现了碳中和目标，旨在未来经济社会发展过程中继续保持。

政策宣示主要指以议会提议、领导人在公开场合宣布或写入国家战略规划等方式正式承诺碳中和，一般认为代表政府强烈的政策意向，但不具有法律约束力。2019年以前，挪威、冰岛等两个发达国家分别承诺了气候中和以及碳中和，挪威议会是全球最早讨论气候中和的议会之一，冰岛也在2018年公布了实现碳中和目标的气候行动计划。其余9个国家均在2019年及以后作出承诺，其中，奥地利、瑞士以政府承诺、联邦委员会宣布等方式作出承诺，爱尔兰以执政党联盟协议的方式同意设定2050年实现中和目标。2020年9—10月，中国承诺实现碳中和时间为2060年，日本、韩国为2050年。

目前通过正式渠道承诺的29个国家和地区中，近九成规划了长期发展战略和阶段政策措施，制订了一揽子行动计划，主要涉及电力和运输部门。对于欧洲发达国家和美国部分地区，它们的一般法律约束力较强，气候法规相对完善，已经制定了相对明确的实施路线。例如，冰岛2018年宣布了气候行动计划，致力于发展无碳运输系统。葡萄牙于2018年制定了包含能源、运输、废物、农业和林业等部门在内的碳中和路线图。德国的气候法于2019年生效，制订了未来十年特定行业的年度排放预算及运输、建筑、电力等系列配套政策计划。西班牙成立了气候委员会以监督实施进度，并禁止发放新的化石能源勘探许可证。

也有一些国家的行动战略尚不支持碳中和目标的实现，或尚未制定成体系的碳中和战略。例如，法国气候高级委员会于2019年提出法国的减排速度落后预期，偏离了碳中和目标；匈牙利的2030年强化减排目标并没有支持其2050年气候中和目标；南非于2020年9月公布了其低排放发展战略，但目前该国90%以上的电力来自燃煤发电，并且没有停止新建燃煤电厂。此外，也有国家的目标实施受到了利益相关方的反对。例如，新西兰农业排放较高，肉类行业对碳中和目标存有争议。加拿大总理于2019年承诺净零排放目标，希望通过有法律约束力的碳预算，但尚未写入提交给联合国的中长期低排放发展战略中，同时面临其他党派和化石能源行业反对的巨大压力。在亚洲，中国、日本和韩国碳中和目标提出时间较晚，尚在路径制定阶段。

为实现碳中和目标，不仅需要制定实施路径，还需要明确碳中和目标下的排放核算规则，特别是能否通过市场机制获取国外减排量以抵消排放量等方式完成目标。一些国家明确采用国际减排抵消实现碳中和目标，而一些国家则明确碳中和目标将全部由国内减排实现。例如，乌拉圭明确表示到2030年，利用国内减排实现二氧化碳净减排。而瑞典在2018年以法律规定的形式承诺2045年实现碳中和，其中15%减排量由国际减排抵消。挪威提出在2030年包含国际抵消实现气候中和，2050年通过国内减排努力实现气候中和。新西兰表明根据实际情况，可用国际减排进行抵消。加拿大也表明国际抵消额度在完全符合国际转让条件的情况下可以计入其碳中和目标。此外，目前虽然大多数国家明确了碳中和目标包含所有温室气体，但并没有明确温室气体的核算规则。现有研究表明，使用GWP或GTP来计算短寿命温室气体的二氧化碳当量排放具有误导性，而且会在计算排放是否净零时产生实际后果：如果将净零排放定义为二氧化碳，当量净排放量为零，那么净零排放的结果不是稳定全球温升，而是持续降温趋势。这一核算规则在未来核算净零排放时将会成为国际气候变化谈判的关键问题之一。

党的十八大以来，生态文明建设和绿色发展理念已深入人心，中国积极应对气候变化的意义已得到广大人民群众的普遍认同，这为碳达峰工作的顺利推进奠定了坚实的思想基础。同时，节能技术在各个行业的推广应用，为国内生产总值（GDP）单位能耗的下降作出巨大贡献。"十一五"期间，全国单位GDP能耗下降19.1%，基本达到预期；"十二五"期间全国单位GDP能耗下降18.2%，超过既定下降16%的目标；据国家统计局网站公布的2020年国民经济和社会发展统计公报数据测算，"十三五"期间全国单位GDP能耗下降16.4%，超额完成"十三五"单位GDP能耗下降15%的既定目标。此外，国家统计局网站公布的2020年国民经济和社会发展统计公报显示，我国经济结构持续优化，非化石能源发展速度平稳增长，使我国能源结构不断得到优化，清洁能源的消费量从2016年的19.1%上升至2020年24.3%，化石能源特别是煤炭的消费量持续下降；供给侧改革成效明显，经济结构向着低碳循环绿色方向不断优化升级，第三产业在三次产业中的比重持续上升，已经从2016年的52.4%上升至2020年的54.5%，第二产业从2016年的39.6%下降至2020年的37.8%。由此可见，多年持续稳定发展所积攒的经济实力和技术实力，为碳达峰工作顺利开展打下坚实的物质基础。特别是过去五年中国积极践行绿色发展理念，推动形成绿色生产生活方式，在优化能源结构、节能减排技术应用、产业结构优化升级等方面形成的一系列制度和政策支撑体系，为碳达峰工作提供了制度保障和政策支持。在新发展格局下，实现碳达峰碳中和目标是一场广泛而深刻的经济社会系统性变革，与建设生态文明、促进高质量发展目标高度一致，关系到中华民族永续发展和人类命运共同体构建，是党中央深思熟虑后的战略决策。

二氧化碳减排和污染物排放压力既来自国内，也与全球气候治理大环境息息相关。全球气候变化是各国共同面临的非传统安全问题，严重威胁到人类社会的存在和发展。联合国政府间气候变化专门委员会2018年发布《全球升温1.5℃特别报告》，报告指出，各国自主贡献力度与减排承诺履行不足，预计2100年全球气温将上升2.9~3.4℃，这将给人类社会带来不可估量的损失，只有国家、城市、行业和家庭等各个层面快速推进行为转变、技术升级和系统性变革，才能将气温上升幅度控制在1.5℃以内。联合国环境署发布的《2020年排放差距报告》进一步指出，"2010年以来，全球温室气体排放量年均增长1.4%，2019年全球温室气体排放创下历史新高，排放总量相当于591亿吨二氧化碳，预计到21世纪末，全球气温将上升3℃以上，亟须各国强化气候保护行动"。

为了缓解全球变暖和相关的生态问题，《联合国气候变化框架公约》提出了全球碳排放大国的减排目标。在这一背景下，世界各国以全球协约的方式减排温室气体，由此提出了碳达峰碳中和目标。目前全球已经有50多个国家的碳排放实现达峰，包括欧美多数发达国家及部分发展中国家。中国、墨西哥、新加坡等国家承诺在2030年以前实现二氧化碳排放达峰（见图1）。

全球气候变化是人类面临的共同挑战，已有50多个国家和地区实施或计划实施基于碳定价机制的解决方案，包括25个碳排放权交易系统和26个碳税系统。尽管新冠疫情打乱了世界发展节奏，但应对气候变化在全球环境治理与可持续发展议程中仍占有重要地位。习近平主席在第七十五届联合国大会一般性辩论上提出，中国将提高国家自主贡献力度，采取更加有力的政策和措施，二氧化碳排放力争于2030年前达到峰值。我国积极推进战略提升与政策强化，制定出台了《碳排放权交易管理办法（试行）》及《2019—2020年全国碳排放权交易配额总量设定与分配实施方案（发电行业）》，于2021年1月1日正式启动全国碳市场第一个履约周期。碳交易试点从2013年陆续启动以来，共有2837家重点排放单位、1082家非履约机构和11169个自然人参与。截至2020年8月末，碳市场配额累计成交量为4.06亿吨，累计成交额约为92.8亿元，已成长为配额成交量规模全球第二的碳配额交易市场。从经济学角度看，碳配额交易旨在"减少碳排放、减缓气候变化"的经济活动，其作用在于在确保实现碳排放总量和排放强度的目标前提下，通过碳定价机制使市场

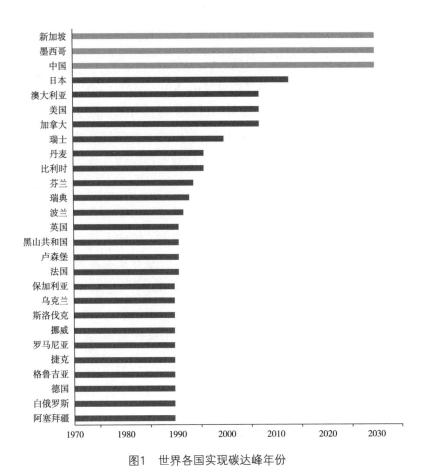

图1 世界各国实现碳达峰年份

达到供需平衡，其影响波及所覆盖行业、关联部门和分布地区，以费用或效益的形式反映到国民经济核算中。

最近几个五年规划期，我国碳排放强度下降幅度5年平均达到18%左右，"十四五"规划同样如此，"十五五"也应该保持这一下降幅度。在此前提下，2021—2030年不同时间点碳达峰锁定的经济增长速度上限为4.05%。根据世界银行数据，对比一些国家碳达峰后的经济增速发现，达峰后的实际经济增速大多数远低于这个上限。因此，盲目提前碳达峰，有可能导致一些省份甚至全国过早进入经济低速增长阶段，如果2021—2035年经济增速较大幅度地低于5%，会使得2035年基本实现社会主义现代化的目标落空。因此，必须深入探讨碳达峰与经济增速上限之间的互动关系，研究过早碳达峰对经济带

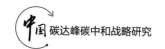

来的风险，找寻发达国家碳达峰时的经济增长规律，为更好推进我国2030年前碳达峰目标和2035年现代化目标实现，提供有力决策参考。

对此，不少国家已对全球气候变化治理作出回应，2019年9月《联合国气候变化框架公约》秘书处报告显示，目前全球已有60个国家承诺尽可能争取到2050年甚至更早实现零碳排放目标。基于此，在新发展格局下，实现碳达峰碳中和目标是党中央依据我国基本国情和对国际碳排放治理新形势深思熟虑后的重大战略决策。

2015年11月，习近平主席在联合国气候变化巴黎大会上声明，中国将通过贯彻落实创新、协调、绿色、共享发展理念，构建人与自然和谐发展的现代化新格局。他提出中国将于2030年左右使二氧化碳排放达到峰值并争取尽早实现，单位国内生产总值二氧化碳排放比2005年下降60%~65%，非化石能源占一次能源消费比重达到20%左右，森林蓄积量比2005年增加45亿立方米左右，向世界展示了中国应对气候变化，坚定不移走可持续发展道路的决心和意志。2020年9月，针对全球气候治理现状，习近平主席在第七十五届联合国大会一般性辩论上指出，人类需要一场自我革命，加快形成绿色发展方式和生活方式，建设生态文明和美丽地球；在国家自主贡献上，中国二氧化碳排放力争于2030年前达到峰值，努力争取2060年前实现碳中和。在2020年12月的气候雄心峰会上，习近平主席进一步明确我国国家自主贡献目标，到2030年中国单位国内生产总值二氧化碳排放将比2005年下降65%以上，非化石能源占一次能源消费比重将达到25%左右，森林蓄积量将比2005年增加60亿立方米，风电、太阳能发电总装机容量将达到12亿千瓦以上。同时，他还强调在新的发展阶段上，中国继续以新发展理念为引领，在高质量发展中促进经济社会发展全面绿色转型。

综上所述，中国追寻绿色低碳循环发展的道路，是创新、协调、绿色、开放、共享的新发展理念由形成到完善的过程，也是节能减排目标由隐性到显性、从相对到绝对的过程。

2020年12月，中央经济工作会议明确提出做好碳达峰碳中和工作是2021年八项重点任务之一，成为中国加快实现碳排放达峰的元年。这是党中央具有极其重大意义的战略决策之一，以人民福祉为中心开启绿色低碳无碳时代。

（一）碳达峰碳中和具有十分重大意义

碳达峰是指二氧化碳排放量达到历史最高值，然后经历平台期进入持续下降的过程，是二氧化碳排放量由增转降的历史拐点，标志着碳排放与经济发展实现脱钩，达峰目标包括达峰年份和峰值。所谓碳中和是指某个地区在一定时间内（一般指一年）人为活动直接或间接排放的二氧化碳，与其通过植树造林等吸收的二氧化碳相互抵消，实现二氧化碳"净零排放"。碳达峰与碳中和紧密相连，前者是后者的基础和前提，达峰时间的早晚和峰值的高低直接影响碳中和实现的时长和难度。

（二）碳达峰碳中和是一场极其广泛、深刻的绿色工业革命

毫不夸张地说，碳达峰及经济发展与碳排放实现彻底脱钩，是第四次工业革命最显著的基本特征之一，即不同于前三次工业革命经济增长伴随碳排放增长的基本特征，实质上是从黑色工业革命转向绿色工业革命，从不可持续的黑色发展转向可持续的绿色发展。

（三）中国成为绿色工业革命的发动者、创新者

客观地讲，欧盟等发达国家在第四次工业革命中先行一步，中国则是后来者居上，要继续完成第一次、第二次、第三次工业革命的主要任务，即到2035年基本实现新型工业化、信息化、城镇化、农业农村现代化，建成现代化经济体系；与此同时，要率先创新绿色工业化、绿色现代化，即广泛形成绿色生产生活方式，碳排放达峰后稳中有降，生态环境根本好转，美丽中国建设基本实现。绿色现代化本质是不同于黑色高碳要素的传统现代化，是创新绿色要素（特别是绿色能源、绿色技术要素），加速实现从高碳经济转向低碳经济；是以减少温室气体排放为主要目标，构筑以低能耗、低污染为基础的经济发展体系，进而实现零碳经济目标，或者通过碳汇实现碳中和的绿色经济发展体系。

中国将以新发展理念为引领，在推动高质量发展中促进经济社会发展全面绿色转型，通过四个十年专项行动计划、八个五年规划落实实现碳中和目标，为全球应对气候变化作出更大的绿色贡献。

党的十九届五中全会提出加快构建以国内大循环为主体、国内国际双循环相互促进的新发展格局。构建新发展格局是应对新发展阶段面临的机遇和挑战、贯彻新发展理念的战略选择。我们在新发展阶段强调的碳达峰作为构建新发展格局的重要一环，将充分贯彻新发展理念，加速能源、经济、社会全方位绿色低碳转型。转型速度和力度不仅关系提前达峰目标的实现与否，也决定了新发展格局的构建方向、进程和结果。这意味着在新的发展阶段，力争于2030年前实现二氧化碳排放达峰目标，必须坚持在党的领导下，不断推动碳排放治理体系和治理能力的现代化。

全球气候变化深刻影响人类赖以存在和发展的基础，是人类共同面临的挑战。气候变化是人类发展进程中逐步凸显出来的问题，是自然因素和人类活动双重作用的结果，既是环境问题，更是发展问题，也与不同民族国家的资源禀赋、人口规模、生产生活方式及其国际产业分工密切相关。2020年在世界蔓延的新冠疫情，再次触发了人们对人与自然关系的深刻反思，未来全球气候治理备受关注。习近平主席在第七十五届联合国大会一般性辩论上指出，应对气候变化《巴黎协定》代表了全球绿色低碳转型的大方向，是保护地球家园需要采取的最低限度行动，各国必须迈出决定性步伐。我们唯有携起手来，维护新型国际关系，构建人类命运共同体，才能共同创造世界更加美好的明天。可见，建设生态文明，实现中华民族永续发展和构建人类命运共同体是中国碳达峰行动的核心目标。

我国承诺力争在2030年前实现碳达峰，2060年前实现碳中和。该承诺表明了我国实现绿色低碳发展的决心，体现了构建人类命运共同体的要求。实现碳达峰碳中和的目标要求降低温室气体排放以及变革能源结构。我国已将实现碳达峰碳中和纳入生态文明建设总体布局，全力推进绿色低碳环保。在政策层面，将实现碳达峰碳中和目标放在国家生态文明建设的新高度。《中华人民共和国国民经济和社会发展第十四个五年规划和2035年远景目标纲要》提出积极应对气候变化，制订2030年前碳排放达峰行动方案，提升生态系统碳汇能力，争取2060年前实现碳中和。2021年，国务院发布《关于加快建立健全绿色低碳循环发展经济体系的指导意见》，其目的之一就是确保实现碳达峰碳中和目标。

在一些西方国家已实现碳达峰目标的背景下，我国须在保持经济稳定发展的同时实现碳达峰碳中和目标。面对经济社会发展与低碳环保双重挑战，我国应基于国家低碳发展整体政策部署，从促进低碳技术创新与应用、加强政府碳排放监管规制、推动经济社会绿色低碳转型等方面出发，形成实现碳达峰碳中和的助推合力。

第二节　碳达峰碳中和的科学内涵

碳中和最早是一个商业策划概念，由英国未来森林公司在1997年提出，主要从能源技术角度关注在交通旅游、家庭生活和个人行为等领域实现碳中和的路径，通过购买经认证的碳信用来抵消碳排放。英国标准协会在产品层面将碳中和进一步定义为：标的物产品（或服务）全生命周期内并未导致排放到大气中的温室气体产生净增量。一般来说，碳中和属自愿行为，个人和企业认识到气候变化的危害，出于道德考量，为了树立公众形象而采取碳补偿和碳抵消行动，计算直接或间接造成的碳排放量以及抵消所需的经济成本，出资植树造林，或通过购买一定的碳信用等碳交易方式来抵消生产和消费过程中产生的碳排放。在宏观层面，碳中和强调经济结构与能源结构转型，加快低碳与零碳技术创新应用，注重节能与提高能效，加快可再生能源应用，扩大森林与碳汇建设，推动实现地球温室气体排放量与吸收量的平衡。

心理学的经典理论计划行为理论（Theory of Planned Behavior）强调，行为态度、主观规范和感知行为控制是人们采取行动的三个主要影响因素。国内外微观调查结果显示，消费者个体对气候与环境问题的认知程度、参与环境保护行为的激励机制以及环保行为的人际影响也是引发碳中和行为的主要因素。碳中和支付意愿与行为态度、学历、环保意识以及对气候变化的感知程度、人口统计特征密切相关，年轻人和受过教育者的支付意愿更高。个体的道德义务与气候责任意识是支付意愿的主要驱动因素，行为态度、社会规范、个人规范和行为控制也会对碳中和支付意愿产生影响。

总体来看，对碳中和的研究有宏观与微观两种视角。自上而下的宏观研究视角偏重于总量目标与能源部门的研究，从节能、提高能效、发展可再生能源、增加森林碳汇等方面来设计实现碳中和的路径，对总体目标的具体落实措施及微观主体的落实机制等方面研究不足。自下而上的微观研究视角主要探讨企业或个体的碳中和路径与措施，优势在于可以促进排放主体开展行动，但是对碳中和行动的整体环境效果缺乏分析与评估。目前，两者有割裂发展的趋势，突出表现为宏观研究缺乏微观基础，微观研究缺乏宏观视野。

从18世纪后半叶开始，人类社会开始进入大量使用化石能源的工业时代，温室气体（主要是二氧化碳）急剧增加。从历史上看，中国历史累计碳排放量并不多，即使人均历史积累碳排放也不高，但作为负责任的发展中大国，中国仍然对世界作出了减碳的庄严承诺。但是，碳达峰碳中和的工作难度仍然不可小觑：对内，面临着经济发展与碳减排关系等诸多难题；对外，碳排放成为国际气候谈判的关键议题，碳减排力度成为大国形象的重要指标。在此背景下，党中央提出我国力争在2030年前实现碳达峰、2060年前实现碳中和，用不到10年时间实现达峰，用世界上最短的时间从达峰到中和，可以说是具有巨大勇气的，当然也是深思熟虑后作出的重大战略决策。

如果只作为气候变化的影响因素来处置碳排放问题，自然比较简单。碳达峰碳中和不仅指向碳排放量、排放时间节点，而且是影响经济、生态、社会发展的重要力量，甚至有"牵一发而动全身"之作用，能源结构调整、工业制造业创新、交通运输业减碳等，都对整个经济社会发展产生深远影响。

根据世界气象组织发布的《2020年全球气候状况报告》，2020年全球主要温室气体浓度仍在持续上升，全球平均温度较工业化前水平高出约1.2℃，是有完整气象观测记录以来的第2暖年（仅次于2016年），2015—2020年是有气象观测记录以来最暖的6年。根据世界经济论坛近几年发布的《全球风险报告》，环境风险是全球最主要的风险。从出现概率来看，极端天气发生概率持续居近5年榜单第一，气候变化减缓与适应措施失败居近3年榜单中前三。从影响程度来看，2020年全球受新冠疫情影响，将在未来3～5年阻碍经济发展，在未来5～10年加剧地缘政治紧张局势，因此，在风险影响程度上，传染病居于首位，但气候变化减缓与适应措施失败仍被列为未来十年最具影响力和第二可能的长期风险。

为应对气候变化，国际上自1992年达成《联合国气候变化框架公约》，到1997年的《京都议定书》，再到2015年的《巴黎协定》，提出了控制全球温升与工业革命前相比不超过2℃，力争1.5℃的目标，各国根据自身国情提出了国家自主贡献目标，我国的"双碳"改革势在必行。碳去除技术既包括自然碳循环的去除，如森林管理的林业碳汇，也包括人为方式去除，如碳捕集、利用与封存技术等。

在计算温室气体净零排放时，需要采用一些指标对非二氧化碳温室气体进行换算。采用不同年限的全球增温潜势、全球温变潜势和辐射强迫等价潜势会显著影响温室气体净排放的核算结果。全球增温潜势是指瞬时脉冲排放某种化合物，在一定时间范围内产生的辐射强迫的积分与同一时间范围内瞬时脉冲排放同质量二氧化碳产生的辐射强迫积分的比值。全球温变潜势为某种化合物在未来某个时间点造成的全球平均地表温度的变化与参照气体二氧化碳所造成相应变化的比值。全球增温潜势（GWP）和全球温变潜势（GTP）的定义有本质上的不同，两者的数值也有很大差异。气候敏感度和海洋热容量会显著影响GTP，相较GWP而言，GTP的不确定性范围更大一些。与GWP类似，GTP也受背景大气的影响，包括间接影响和反馈。现有研究表明，GWP可能高估CH_4等短寿命温室气体的气候影响，这一高估在碳中和目标下会成为一个突出问题。

2018年，联合国政府间气候变化专门委员会发布了《全球升温1.5℃特别报告》，报告提及了"碳中和""净零排放""气候中和"，但是"近零排放"在更早时间就被提出了。2009年哥本哈根气候大会在讨论《哥本哈根协议》时，提出在21世纪末要控制全球温升与工业革命前相比不超过2℃的目标。之后，IPCC在2014年发布的第5次评估报告中提到，如果要在21世纪末实现2℃温控目标，需要在2050年全球温室气体排放量比2010年减少40%～70%，在21世纪末温室气体的排放水平要接近或者低于零，即"近零排放"。2010年《坎昆协议》确认了《哥本哈根协议》中"将全球平均温度升幅控制在比工业化前水平低2℃以内"的提法，又提出"认识到有必要考虑在最佳科学知识的基础上，加强长期全球目标……使全球平均温度上升不超过1.5℃"。从2013年开始到2015年巴黎气候变化大会结束的两年时间里，《联合国气候变化框架公约》秘书处组织开展了多轮专家对话，发布的报告提出"在一些地区和脆弱生态系统中，当温度上升1.5℃以上时，也存在很高的风险"。报告还重申了温控目标只是作为"防线"或"缓冲区"，而非"护栏"的作用，并不能确保《联合国气候变化框架公约》中提及的安全性。这种新的理解支持将全球变暖限制在低于2℃作为可能选择的排放路径，并且强调"尽管关于1.5℃升温上限的科学还不够有力，但应该努力将这道防线尽可能地压低"。这些结论后来被纳入了《巴黎协定》草案。2015年通过的《巴黎协定》提出了温控2℃和力争实现1.5℃的目标。2018年IPCC发布的《全球升温1.5℃特别报告》指出，控制温升不超过1.5℃，需要二氧化碳排放在2050年左右达到净零排放。为了将全球变暖控制在2℃以下，需要在2070年左右达到二氧化碳净零排放。碳中和意味着气候系统的变化在长期内将保持近乎恒定。

从实现碳达峰碳中和的目标来看，2019年中国单位国内生产总值二氧化碳排放下降48.1%，提前超额完成对国际社会的承诺目标。同时，中国实现碳达峰剩余时间不到10年，实现从碳达峰到碳中和过渡，设定为30年，比起西方国家60～70年的过渡时间，速度更快、力度更大、任务更艰巨。和西方国家先污染后治理不同，我国统筹经济发展与碳达峰碳中和目标走出一条以低碳方式建设现代化国家的全新发展道路。

（一）世界主要国家和地区提出碳中和目标

目前，全球已有126个国家和集团承诺实现与碳中和有关的目标，其中苏里南、不丹2个国家已经实现了碳中和目标。22个国家和地区以立法、政策等形式确立了碳中和目标。欧美等发达国家纷纷制定了碳中和目标和近中远期行动方案，并将其作为推动可持续发展和经济绿色低碳转型的重要抓手。欧盟于2019年提出在2050年实现碳中和目标并发布《欧洲绿色新政》，2020年3月欧盟委员会发布《欧洲气候法》提案，从法律层面确保欧洲到2050年成为首个"气候中和"的大陆。瑞典和英国等国家均立法或以法案承诺在2050年或之前实现碳中和目标。芬兰、奥地利和德国在官方文件中分别提出了2035年、2040年、2050年实现碳中和目标。美国众议院于2020年公布了《解决气候危机：国会为建立清洁能源经济和一个健康、有弹性、公正的美国而制定的行动计划》以帮助美国实现2050年净零排放，报告对气候目标的实现手段、技术储备等作出了详细规划。2021年2月19日，美国重新加入《巴黎协定》，拜登政府承诺拟通过立法在2050年前实现全美国经济范围内的碳中和。全球前四排放大国中的印度（排放占7%且快速增长）和俄罗斯（排放占5%）尚未提出碳中和目标。

目前提出碳中和目标的国家大多是欧美发达国家，其均已实现碳达峰，其中以德国、匈牙利、法国、英国为代表的国家均在20世纪80年代左右实现碳达峰，以美国、加拿大、西班牙、意大利等为代表的国家均在2007年左右已实现碳达峰。

（二）与发达国家相比，我国实现碳达峰碳中和目标需要付出更多努力

从排放总量看，我国碳排放总量约为美国的2倍多、欧盟的3倍多，实现碳中和所需的碳排放减量远高于其他经济体；从发展阶段看，欧美各国已实现经济发展与碳排放脱钩，而我国尚处于经济上升期、排放达峰期，需兼顾能源低碳转型和经济结构转型，统筹考虑控制碳排放和发展社会经济的矛盾；从碳排放发展趋势看，发达国家碳排放在20世纪80年代和2007年左右先后达峰，这些国家距离2050年实现碳中和至少有40多年甚至70年左右的窗口期，而我国从2030年碳达峰到2060年实现碳中和的时间仅为30年，显著短于欧美国家。我国为实现碳中和目标所要付出的努力和程度要远远大于欧美国家。

应该说，碳中和目标倒逼碳达峰水平和排放路径，对我国低碳、脱碳科技创新提出了新要求。如果延续当前政策、投资方向和碳减排目标，基于现有低碳、脱碳技术无法实现碳中和目标。根据我们承担的国家重点研发项目研究结果，如果保持我国当前政策、标准和投资以及现有国家自主贡献减排目标不变，尽管我国仍然可以依靠现有低碳、脱碳技术在2030年左右实现碳

达峰，但2060年能源活动排放量将高达70亿～80亿吨，非二氧化碳温室气体和工业过程的排放将高达45亿吨，无法实现2060年碳中和目标。碳中和目标的实现要求2030年前达峰的峰值不超130亿吨，电力和工业部门必须率先达峰。要确保2060年前碳中和目标的实现，应在2030年前实现能源活动二氧化碳达峰且峰值水平控制在105亿吨以内，并且电力部门和工业部门应在2025年前后率先达峰；非二氧化碳温室气体和工业过程排放应在2025年前后达峰，考虑碳汇后的峰值水平控制在25亿吨以内。2060年前碳中和排放路径的不确定性主要在于2025年和2035年能源活动碳排放的发展轨迹，其间碳强度的大幅下降亟须低碳、脱碳技术支撑。研究表明，2035年前所做的减排努力越多，后期的减排压力相对越小、转型所需的时间就越短。根据多个模型组测算，2035年能源活动碳排放需要控制在70亿～90亿吨。若"十四五"期间碳强度下降18%，则"十五五"和"十六五"期间的碳强度下降幅度需高达25%～35%。碳中和目标要求中国在2035年后实现深度减排，需要提前做好低碳、脱碳新技术储备。研究显示，要实现碳中和目标，2050年电力部门应实现负排放，建筑部门和交通部门均实现近零排放。2060年，能源活动排放量要控制在5亿吨以内，仅为2005年排放水平的8%，在现有路径基础上减排93%；非二氧化碳温室气体和工业过程排放要控制在10亿吨左右，为2005年排放水平的60%左右，在现有路径基础上减排78%，通过碳汇和碳移除等地球工程技术实现负排放15亿吨左右。

2019年11月，来自世界各地的11000多名科学家共同宣布地球正面临"气候紧急状态"。2020年12月，联合国秘书长古特雷斯呼吁全球所有领导人"宣布进入气候紧急状态，直到本国实现碳中和为止"。2021年2月，联合国安理会就气候变化与和平和安全问题举行了高级别辩论，古特雷斯明确指出，气候破坏是危机的放大器和倍增器，气候变化加剧了动荡和冲突的风险。

近年来与气候有关的自然灾害变得越来越严重和频繁，飓风、干旱、野火等灾害平均一周发生一次。有些地区的温度上升已经超过1.5℃，甚至超过2℃。气候变暖对全球自然生态系统和人类经济社会系统都产生了广泛影响。尽管1.5℃和2℃仅相差0.5℃，但就水资源短缺的风险而言，2℃的风险比1.5℃的风险要高一倍，河流洪水风险会上升70%，暴露在干旱地区的人口会多6000万人。未来气候系统变化造成的影响和风险将比预计的来得更为猛烈。加强气候风险管理，要特别防范"灰犀牛"和"黑天鹅"两种风险事件的发生。所谓"灰犀牛"，是指大概率高风险事件。该类事件一般是问题很大、早有预兆，但是没有得到足够重视，从而导致严重后果的问题或事件。所谓"黑天鹅"，则是小概率高风险事件，主要指没有预料到的突发事件或问题。气候变化导致极端天气气候事件趋强趋多，对自然系统、社会经济系统产生显著不利影响已经是大概率要发生的，这些属于"灰犀牛"事件，如果社会经济发展路径不做较大变革，一定是向高风险发展的。另外，气候系统一旦突破某些阈值或临界点，则会发生快速变化。例如，大西洋经向翻转环流显著减缓或崩溃、冰盖崩塌、北极多年冻土融化以及相关的碳释放、海底甲烷水合物释放、季风和厄尔尼诺-南方涛动的天气形势变化以及热带森林枯死等，这些属于"黑天鹅"事件。随着温度的上升，出现"黑天鹅"事件的概率也在增加。降低全球气候风险，就是要减少"灰犀牛"和"黑天鹅"事件发生的可能性。日益频繁和严重的气候风险威胁着人类系统的稳定性，还将以"风险级联"方式通过复杂的经济和社会系统传递，给可持续发展带来重大挑战。

尽管长期地、根本地解决应对气候变化的问题要靠减缓，但适应仍然是必不可少的并且是解决眼前问题的措施。因为气候变化的很多影响已经发生了，对这些已经发生的影响，如果不通过适应手段来加以调整改变，就没有办法将负面影响降到最低。比如，现在由于光、热、水都发生了一些变化，即气候的一些要素发生了改变，这对农业种植布局，对更好抵御灾害的品种选配，都提出了一些新需求。虽然我国的粮食产量连年增长，但实际上是种植调整、品种选择等技术进步的作用，这意味着需要有更多的成本投入。这些都是适应措施。所以说对于已经发生的影响，适应措施还是非常有用的。减缓措施真正产生效果是需要一段时间的。因为所有的温室气体是有寿命的，它将存在几十年、几百年甚至更长时间。即使我们今天采取减缓措施，即使达到近零排放了，但是其在过去或者现在排放的温室气体的气候效应，还会影响几十年、几百年甚至更长时间，特别是几百年后海平面仍会上升。所以对于已经发生的和即将发生的影响和风险，必须靠适应措施来减少其不利影响。

千里之行，始于足下。2020年，中央经济工作会议提出了八项重点任务，其中一项就是做好碳达峰和碳中和工作。因此"十四五"期间要提高国家自主贡献力度，构建以碳排放总量为核心的低碳发展指标体系及相应制度。指标设定上，建立分区域、短期和长期相结合的混合政策目标并逐步转向碳总量控制目标；具体实施上，结合国家总体减排目标和重点企业、行业的实际排放水平；政策手段上，综合使用行政考核手段和经济调控手段。

对于碳生产力较高的地区实施碳排放的增量总量控制，对于碳生产力较低的地区实施碳排放的减量总量控制，分时期逐步实施碳总量控制和管理。在未来的两个五年规划内，实施非等量递减的排放总量控制策略——"十四五"期间的总量控制目标大于同等水平（GDP）下"十五五"期间的总量控制目标。此外，五年规划内每年设置依次递减的总量控制方案。大力发展新动能产业，给予重点新动能产业政策刺激，例如医药制品业、专用设备制造业、运输设备制造业等，深度挖掘这些行业的高能碳生产力特征，促进经济新动能与碳排放脱钩，实现中长期的深度减排计划。做好碳排放目标和污染物目标的系统规划，中长期的碳排放目标和污染物排放目标更利于促进协同产生的经济效益，因此做好中长期的污染物排放目标，更有利于促进中长期碳排放目标的实现。

对于碳排放总量控制制度的具体实施，可考虑"自上而下"分解国家碳总量控制目标，通过优化能源结构和对高耗能产业进行针对性的去产能、去库存与结构优化，实现GDP的碳排放强度下降，这是碳排放达峰的关键。高质量发展背景下，绿色低碳发展是衡量发展成效的重要标尺，碳排放总量控制制度是促进发展的有效手段。要紧跟国际国内形势，关注未来气候治理新变化，调整碳排放控制方式。综合考虑经济发展、节能减排政策和技术水平以及其他相关因素，从国家层面确定碳排放总量控制目标，将这一目标自上而下分解并落实到行业目标。根据经济情况, 分区域和行业实施"碳排放增量总量控制"和"碳排放减量总量控制"。对落后地区与发达地区、落后产业与战略新兴产业区别对待, 坚持控制增量、削减存量的方针, 建立面向区域和产业的总量控制体系。

另外, 根据行业碳排放存在的差异"自下而上"确定碳排放需求。低碳情景下, 中国电力和热力供应部门、建筑部门和交通部门的二氧化碳排放将分别在2021年、2025年和2034年达到峰值。根据各区域碳排放特征确定碳排放限额。经济发达地区的碳排放增长已经不明显; 重化工业特征突出的地区, 排放总量仍可能继续增长。碳排放总量控制制度的倒逼作用会激发效率变革, 促进绿色低碳转型, 实现高质量发展。对重点区域、行业和企业进行数据摸底, 掌握实际排放水平, 合理划定覆盖范围和边界, 再进一步确定碳排放控制总量。注重提升企业技术水平, 不仅能降低污染和能耗, 也能增强企业的供给有效性和市场竞争力, 有利于经济绿色低碳转型。鼓励绿色技术创新, 为低碳产业发展提供新动能; 加强行业竞争, 实现高效生产要素对低效生产要素的替代, 全面提高经济系统的投入产出效率, 实现经济高质量发展。

加强碳排放总量控制制度的政策手段, 充分考虑将碳排放总量控制目标考核与现有污染减排考核体系相结合。采取行政考核措施, 依托已有的碳排放强度、大气污染物总量控制考核体系, 加强排放基础数据统计监测、报告和核查制度。加强公平的执法监管, 严格执行各类节能减排法律法规和标准。统筹相关法律法规的制修订, 碳总量等相关约束性指标制度的制定与实施, 以及产业产品等低碳标准体系、管理体制与治理机制的协调完善。充分考虑碳排放总量控制目标与全国碳市场配额总量的有机结合。将碳排放总量指标纳入国家五年规划, 可以为碳市场有效发挥作用提供法律基础。应当在全国碳排放总量约束下分配发电行业碳配额, 并将可再生电源加入, 促进电力结构低碳化发展。加强支撑政策, 保障财政资金在应对气候变化领域的稳定增长, 创新和促进气候投融资发展。强化地方气候变化能力建设。加强定期评估, 根据结果对碳总量指标适当调整。启动制订碳中和目标下的科技创新规划和实施方案，统筹考虑短期经济复苏、中期结构调整、长期低碳转型，布局低碳、脱碳技术，提升未来绿色产业竞争力。面向2060年前碳中和目标，将碳约束指标纳入"十四五"科技创新发展规划进行部署；围绕重点领域，启动《中长期应对气候变化领域科技专项规划》并开展相应的配套研究，为碳中和目标提供必要的技术支撑。

加快建设高比例非化石电力生产体系，支持全面提高各行业电气化率。高比例非化石电力生产及利用体系是保证实现碳中和目标的重要途径。加速可再生能源发电技术推广并保证其发电成本在2030年前尽快实现经济有效，加快核能模块化、小型化、差异化的新型技术研发与应用，加强储能和智能电网等技术的研发力度和示范规模并保证其最晚在2040年实现大规模配套应用，最终实现非化石电力占总发电量比例到2060年提高到90%以上。在此基础上，全面提高各行业的电气化率，实现2060年工业电气化率在50%以上、城镇全面电气化、农村以电力与生物质能为主、铁路基本全面电气化、电动车占乘用车比例提高到90%以上。

实施以氢能、生物燃料等作为燃料或原料的革命性工艺路线，并提前储备负排放技术。对于难以电气化的领域要突破固有思路，采用革命性工艺。工业部门研发氢气炼钢、生物基塑料等革命性工艺，2060年氢能使用率达到15%左右；交通部门研发以生物燃料和氢气为原料的航空航海交通技术，使其不晚于2050年得到规模化应用。

第三节　碳达峰碳中和与"两个一百年"的联系

全面建成小康社会，进而把我国建设成为社会主义现代化强国，是近代以来中华民族不懈奋斗的历史演进和中国特色社会主义发展的内在逻辑。党的十九大报告对实现"两个一百年"奋斗目标作出全面部署和战略安排，并对第二个百年奋斗目标设定了两个具体的发展阶段。这是以习近平同志为核心的党中央在决胜全面建成小康社会关键节点向全党全国各族人民发出的向着更加宏伟的目标继续奋勇前进的动员令。

　　"两个一百年"是习近平总书记自党的十八大以来发表的一系列重要讲话、重要文章中，出现次数最多、概率最高的特定关键词，其重要性非同一般。"两个一百年"奋斗目标，与中国梦一起，成为引领中国前行的时代号角。深入领会习近平总书记关于"两个一百年"奋斗目标的重要论述，以及实现"两个一百年"奋斗目标的必然趋势，就能科学把握"两个一百年"奋斗目标的科学内涵，这对于我们自觉坚持党的基本路线，全面建成小康社会，实现中华民族伟大复兴的中国梦具有重大现实意义。

　　一个国家、一个民族要更好地走向未来，必须持续奋斗，不懈努力，才能拥有美好幸福的生活。党的十九大报告在对决胜全面建成小康社会作出部署的同时，明确了从2020年到21世纪中叶分两步走全面建设社会主义现代化国家的新目标。这一目标描绘了建成富强民主文明和谐美丽的社会主义现代化强国的宏伟蓝图，对新时代中国特色社会主义发展作出战略安排，这充分彰显了中国共产党对国家民族未来的一种使命承诺。习近平总书记指出，实现中华民族伟大复兴，就是中华民族近代以来最伟大的梦想。为了实现这个伟大梦想，中国人民和无数仁人志士进行了千辛万苦的探索和不屈不挠的斗争。党的十八大明确提出了"两个一百年"的奋斗目标之后，以习近平同志为核心的党中央明确提出了实现中华民族伟大复兴的中国梦。实现中华民族伟大复兴的中国梦，就是要实现国家富强、民族振兴、人民幸福。既深深体现了今天中国人民的理想追求，也深深反映了中国人民自古以来不懈奋进的光荣传统。

　　党的十八大以来，习近平总书记提出"消除贫困、改善民生、实现共同富裕"，是社会主义的本质要求。可以说，共同富裕建设与"双碳"战略目标进入了同步发展阶段。众所周知，共同富裕首先要实现富裕，这就要创造更多的物质财富，又快又好地发展经济。"双碳"战略目标的提出，要求减少能源（尤其是化石能源）消耗，提升能源效率，大幅度提升节能减排效果。我国经济社会的发展依然主要依赖于能源、工业、交通、建筑、农业等行业，若要增加物质财富则要求大力发展上述行业，而上述行业恰是我国能源消耗的主阵地，是我国"双碳"战略目标实现的关注焦点。从共同富裕建设角度看，我国应加强经济发展步伐，但增加能源消耗和二氧化碳排放强度则与"双碳"战略目标相悖。因此，从表面上看共同富裕建设与"双碳"战略目标实现是矛盾的。究竟共同富裕建设与"双碳"战略目标是否矛盾？二者之间是何种关系？如何实现二者耦合协同发展？

当前，我国提出要通过高质量发展实现共同富裕，而高质量发展恰是在不违背，甚至是服务于"双碳"战略目标的早日实现，因此可以说共同富裕建设与"双碳"战略目标实现并不矛盾，而是相互促进、相辅相成的。

一、"双碳"战略是高质量发展的内在要求

"双碳"战略的提出，无疑要求各行各业都要节能减排，努力在10年内实现碳达峰，在40年内实现碳中和。绿色低碳发展是高质量发展的重要标志，"双碳"战略正是我国进入高质量发展阶段提出的新发展战略。碳达峰碳中和战略是倒逼中国经济走高质量发展道路，是高质量发展的内在要求。"双碳"战略要求我国坚持"绿色发展、循环发展、低碳发展"的理念，从以高环境代价的粗放型发展方式转变为依赖科技创新、数字化赋能等手段的高质量发展方式，通过减少能源消耗、提升能源效率、减少碳排放等措施增加物质财富，构筑良好的人居生态环境。上述高质量发展的概念界定中也体现出经济建设与生态环境的协同发展，这再一次说明"双碳"战略与高质量发展高度契合，耦合协同作用于共同富裕建设。

作为发展中国家，我国经济发展已从高速发展过渡为高质量发展，发展经济依然是重中之重。因此在"双碳"战略约束下，我国经济社会高质量发展就需要不断优化现代产业结构，大力发展绿色低碳产业；不断壮大绿色生态经济发展，实现乡村振兴；不断改变能源消费结构，减少化石能源消耗，大力发展清洁能源，为经济发展提供新动力；通过数字技术赋能和数字化创新，把数字孪生技术有效应用到科技创新和生产服务过程中，为经济社会高质量发展注入新动能。同时，高质量发展强调的经济社会与生态环境的协同发展理念反过来也能助力"双碳"战略目标的快速实现。

二、高质量发展是共同富裕建设与"双碳"战略耦合协同发展的纽带

高质量发展涉及物质财富创造、精神财富传承、生态财富积聚，扎实推进共同富裕建设，使人们从物质、精神和生态三个维度体验更多的幸福感、满意感和安全感，从满足人们的自然需求视角实现真正意义上的共同富裕。"双碳"战略促使高质量发展必须考虑到节能减排，即实现人与自然的和谐共生，生态承载力与生态足迹的动态平衡，不断推动高质量发展向纵深方向发展。因此，可以说高质量发展是共同富裕建设的内生动力，是实现共同富裕的前提和基础；而"双碳"战略是高质量发展的内在要求，因此高质量发展是连接共同富裕与"双碳"战略的桥梁和纽带。

三、共同富裕建设与"双碳"战略耦合协同发展的对策建议

如何发挥高质量发展的纽带作用，使共同富裕建设和"双碳"战略耦合协同发展？首先，寻找区域共同富裕与"双碳"战略协同发展的最佳耦合度。共同富裕建设势必要追求更多的物质产出，通过一次、二次和三次分配提升富裕程度，可能会在一定程度上增加能源消耗和碳排放；而"双碳"战略则要求高质量发展过程中不断降低能耗，减少碳排放。因此，片面强调物质财富产出或大幅度节能减排都不利于区域共同富裕与"双碳"战略目标实现，应利用最优化思想和方法确定共同富裕与"双碳"战略耦合发展的最佳契合度，寻求实现两个目标双赢的高质量发展战略。其次，确定契合区域共同富裕与"双碳"战略耦合发展的高质量发展方式。不同区域经济发展重点、发展方式等都存在较大的差别，应根据区域经济发展特点确定与之相适应的高质量发展方式。如区域以工业发展为主，则应考虑不断转变工业产业结构，不断向低碳产业转型或发展新的低碳产业；如区域以农业发展为主，则应考虑大力发展生态经济，通过生态产品价值实现与转换实现共同富裕与

"双碳"战略目标；如区域以服务业为主，则应尽可能提供绿色服务产品。再次，大力发展区域碳汇经济，助力高质量发展。共同富裕建设产生的碳排放除通过节能减排消除外，还可通过大力发展区域森林、草地和海洋碳汇，持续吸收排放出的二氧化碳，这样既保证了经济建设的高质量发展，同时也减少了碳排放。最后，充分发挥数字化技术赋能，创新高质量发展方式。数字经济时代，数字化技术和数字创新在经济发展中的作用越来越大，嵌入数字技术的高质量发展通过技术创新和管理创新既能增加更多的物质财富，又能通过产品生产或服务流程的数字化改造降低能耗、提升能源。"双碳"战略是高质量发展的内在要求，为节能减排提出了新要求。通过高质量发展推动共同富裕和"双碳"战略的耦合协同建设，促进了区域经济社会的良性发展。今后，可进一步对共同富裕与"双碳"战略耦合发展的路径和对策进行深入的探讨，以期为区域经济社会发展提供指导和帮助。

2020年，新冠疫情席卷全球，对世界经济造成严重冲击，疫情催化下反全球化浪潮与区域经济对抗对中国外部经济发展持续施压。在此基础上，我国适时提出了"双循环"新发展格局，将国内大循环的重要性提升到了空前的高度，供给侧结构性改革和需求侧管理进程加速。同时，《巴黎协定》构建的全球气候治理格局于2020年后开始发挥作用。我国提出了"3060"目标以应对气候变化风险，碳达峰碳中和工作为国内大循环优化升级和国际气候变化治理提供助力，绿色发展、低碳发展、可持续发展被提升到战略高度，与创新驱动战略、新型城镇化战略、数字化发展等供给侧转型路径一起协同促进高质量发展层级提高，我国"双碳"目标以赋能主体姿态发挥独特作用。

2020年，我国相继提出了"双循环"新发展格局与碳达峰碳中和"3060"目标，以应对国内大循环中存在的能源需求快速增长、化石能源占比过高、高耗能产业占比过高等问题，从整体到局部确定了我国高质量发展主基调，既以内循环为主体，深化供给侧结构性改革，提高需求侧管理水平，又以外循环为助力，在外部经济逆境中寻求外循环的平稳运行，继续坚持对外开放这一基本国策，始终坚持和平共赢的对外经济合作模式，反对零和博弈，但对于外部政治经济压力不予退让、积极应对。同时又将碳达峰碳中和工作融入双循环发展格局内，在国内大循环中充分发挥碳达峰碳中和对于供需两端的赋能效应，重点聚焦于电力、供热、交通等领域，建立健全绿色低碳循环发展的经济体系，又在国外大循环中引导世界经济在疫情时代的"绿色复苏"，为人类文明共同体建设贡献中国智慧与中国力量。

后疫情时代高质量发展呈现出与疫情前不同的需求与特点。在疫情前，整体经济框架下，部分模块中经济动能的运动变化是高质量发展方式的主要分析思路，将整体经济加以模块化可以有效考察不同模块对于整体经济的拉动作用，即经济动能带动经济模块的进步，进而带动整体经济的进步。然而在后疫情时代，新冠疫情对于经济的影响是环环相扣的，模块式的划分方法在研究某一经济动能的时候会出现覆盖漏洞，新的经济动能往往存在对整体经济的"赋能效应"。例如，新发展理念将高质量发展划分为"创新、协调、绿色、开放、共享"五大部分，按照传统分析思路，数字经济的进步主要在创新层面发挥作用，在划分中会将数字经济发展划分至创新范围内，但后疫情时代数字经济的飞速发展令其在社会发展的各环节发挥作用，其赋能效应体现在经济发展的方方面面。碳达峰碳中和目标也存在相似的"赋能效应"，并非可以按照传统的划分方法将其定位在"绿色"这一模块内，而是要关注其对整体经济环节的带动作用，在后疫情时代，碳达峰碳中和目标与双循环格局的互融互通是实现经济绿色低碳升级的重要环节，我国需要从零碳能源、零碳模式、供给侧、需求侧与发展格局等层面设计碳中和的最终实现路径，因此，碳达峰碳中和可成为实现高质量发展的重要因素。

（一）碳达峰碳中和目标对供给侧的赋能效应逻辑

对国内大循环来说，"双碳"目标作为独立的经济动能在供需两端发挥赋能效应。深化供给侧结构性改革是我国"十四五"时期供给侧工作要点，"双碳"目标沿着供给侧结构性改革战略的实行路径逐步渗透，提高我国供给侧韧性，其赋能效应在不同的经济环节存在不同的赋能形态。本文将"双碳"目标的赋能形态分为三种：第一种是"双碳"目标在整个执行过程中的最终影响，即执行此目标在结果层面的优化形态、作用与反作用。第二种是

"双碳"目标在执行过程中对于经济运行各动能的影响,即执行此目标在过程层面的优化形态、作用与反作用。第三种赋能形态是"双碳"目标对于我国经济社会整体的意义,即执行此目标在经济运行之上的优化形态、作用与反作用。上述赋能效应的影响层级由下至上递进,这种不同影响维度在发展国内大循环、供给侧的重要性由弱到强,影响路径由短期至长期,不同的作用形式之间又相互融合、相互包容,最终达到对供给侧的全方位赋能。

首先,碳达峰碳中和目标有效赋能我国生态文明建设,全面推进社会认知向绿色低碳角度升级,这体现了"双碳"目标的第一种赋能形态。高速发展阶段,我国环境约束持续收紧,环境质量迅速下行,以"速"为先的经济发展思想始终将生态环境保护置于次要地位,以牺牲生态为代价保速率、求发展是该时期的主要模式。高质量发展倡导人与自然的和谐共生、人和生态的平稳共存,从生态环境保护之中寻求发展,保持发展和生态保护之间的协调性。碳达峰碳中和目标是我国资源、能源应用上的优化升级,可以通过低污染能源的使用、资源回收、建设限碳控碳基础设施等方式协助我国目前各项污染防治措施的实施,有效减少污染存量,降低污染流量,进而实现全面协调可持续的发展。

其次,碳达峰碳中和目标可以有效赋能我国经济转型升级,增强供给侧结构性改革活力,推动技术、能源结构、产业结构、市场结构的高质量转型,这体现了"双碳"目标的第二种赋能形态。"双碳"目标对于我国创新驱动目标具有极强的推动作用,技术是实现"双碳"目标的绝对支撑,是增强"双碳"目标执行力的基础。此外,"双碳"目标可以有效提升企业活力,增强技术水平,有力推动我国创新驱动战略的实施。"双碳"目标还有助于我国能源结构调整,提高新能源、清洁能源的应用强度,降低化石能源的使用频率,改变我国"一煤独大"的局面,推动煤炭由基础能源到保障能源再到支撑能源的转化,通过新能源的使用与碳中和技术创新实现双向互动,推进智慧能源体系建设,并将互联网与智慧能源相结合,引领能源革命与技术创新。另外,"双碳"目标可以推进产业结构的转型升级,碳达峰碳中和创新驱动可以赋能三大产业同时实现高质量运转。农业是温室气体排放的重要来源之一，且受气候变化的影响较大，"双碳"目标可以实现农业化学制品的低碳化，有效减少农业碳排放，增强农业的经济与生态效益。对于第二产业，"双碳"目标催生的新能源、碳足迹规划、碳封存、碳节流等技术可以与之深入融合，从产业链的各个维度减少碳排放量，助力碳达峰碳中和在第二产业的实现。"双碳"目标催生的相关服务业本身就属于第三产业范畴，并为第三产业持续注入活力。另外，各大型互联网公司逐渐承担起减排重任，例如，数据中心的低碳化也可以助力第二产业发展质量的提高，三大产业之间优势互补、协同互动，有效提高了"双碳"目标的运行效率，推动以第三产业中低碳产业为主导的技术革命。同时，在市场层面，"双碳"目标可以有效推动我国排污权、用能权、碳排放权等权益的市场化交易，推进市场标准的法制化良性传导效应，也可以助力绿色金融产业的发展，实现全社会产业链的绿色化、低碳化。

最后，碳达峰碳中和目标保障了我国能源安全，有利于推动分布式能源与电子数字化，赋能我国独立的清洁能源供给系统的建立，这体现了"双碳"目标的第三种赋能形态。"双碳"目标可以推动我国能源供给与消费革命，新能源的使用必然意味着传统化石能源使用量的减少，这不仅有利于改变我国"一煤独大"的能源消费格局，还有利于改变我国经济社会不断发展而逐渐增大的对于油气资源的对外依赖，能源的独立、稳定供给涉及国家命脉，必须掌握在中国人自己的手里，"双碳"目标是我国实现能源独立、降低能源对外依赖的必然选择，也是我国实现安全可持续发展的战略抉择，更是为高质量发展筑基的重要举措。

（二）碳达峰碳中和目标对需求侧的赋能效应逻辑

2015年，供给侧结构性改革是我国经济发展转型的主要内容，中国特色社会主义进入新时代，供给侧与需求侧相互适应、协调发展对国内大循环的平稳运行具有重要作用。在新冠疫情全球冲击的背景下，"双循环"新发展格局重提需求侧重要性，扩大内需、增加有效投资等需求侧管理要求可以有效推动国内大循环供给的内在消化，并为扩大再生产创造需求动能。我国碳达峰碳中和目标同样对需求侧具有赋能效应。相比于"双碳"目标对于供给侧的赋能，需求侧赋能并不存在独立于经济运行之上的优化形态，而是深入构成社会主义市场经济的各种主体之内，其影响层级更为微观，影响方式更为细腻，碳达峰碳中和目标在需求侧的赋能形态更多地体现为第一种与第二种。

首先，"双碳"目标有助于培育全社会限温控碳的意识，形成各经济主体在绿色发展层面的共识，这体现了"双碳"目标的第一种赋能形态。碳达峰碳中和目标在消费环节的渗透有利于绿色消费观念在消费者维度的树立，低碳、零碳产品、绿色服务随着绿色消费观念的培育逐渐深入全社会消费环节的各种角度。消费层级较高地区在战略执行初期形成绿色消费示范效应，高质量发展在全国范围内的实现也将使绿色消费意识从发达地区逐渐扩散，进而深入人心。"双碳"目标在私人投资环节的渗透同样有助于培育投资者绿色投资、绿色建设的观念。地方各级政府执行"双碳"目标意味着公共资源投资与分配的绿色化，这无疑提高了政府资源的优化运用，将服务型政府的构建注入绿色、低碳动能，进而发挥政府优势调动其他主体的绿色化转型，实现全社会观念的绿色化，使高质量发展的观念深入人心。

其次，第二种形态的赋能效应重点在于扩大内需、增强有效投资水平，是碳达峰碳中和目标在需求侧影响的核心，也是沟通供给侧、形成循环的纽带。"双碳"目标使供给侧产品生产中低碳、零碳、绿色技术的应用常态化，绿色产品与服务的产出水平逐渐上升，产品种类逐渐增加，消费者可选择的产品增加，消费新业态新模式逐渐培育起来，进而促进了国内产品消费层级的上升，促进消费方式向绿色、低碳、安全、健康转化。新型城镇化的进程和物流网络建设在城乡的铺开推动了"双碳"目标在城乡不同经济区域的同步运行，供给侧城乡二元化结构问题的逐步解决也可以有效缩小城乡消费者之间的经济差距，释放消费活力，绿色产品和服务消费逐渐深入城乡不同经济区域之中，并成为消费主流。另外，供给侧能源结构的转化使高能耗工业企业、建筑行业走向绿色低碳化，新能源汽车的普及也降低了社会出行能耗，降低了交通环节的碳排放。绿色化、低碳化有效投资与绿色供给直接相关。投资者主动以绿色投资为导向，将更多资金从传统高排放、低能源使用效率行业中抽出来，提高绿色行业的投资强度，为新能源、CCUS等绿色技术研发提供资金支持。此外，尖端技术的绿色化应用将提升其投资热度，投资者将资金注入尖端技术的研发使"双碳"目标进一步深入投资环节，形成螺旋上升态。

最后，碳达峰碳中和目标对政府有两方面的赋能效应。一方面，可以拓展政府减排限碳支持政策与制度设计，推进投融资体制改革，增强政府的服务与监管水平；另一方面，可以提高政府投资水平与投资效率，加快推动基础设施、新型城镇化、交通水利等政府投资的绿色化，既促消费惠民生又调结构增后劲。消费、私人投资、政府投资的提升又同时促进了生产，"双碳"目标又回流进供给侧，实现碳达峰碳中和在整个国内大循环的赋能效应。

"3060""双碳"目标是我国经济发展的一个必经阶段，且能够彰显我国在国际上负责任的大国形象。在"以国内大循环为主体、国内国际双循环相互促进"的新发展格局下，碳达峰碳中和对内助力于国内大循环，从供给侧重视重构能源体系，保障能源安全，进一步优化能源结构，并加强技术创新；对外助力于国际大循环，健全产业链体系，推动产业链绿色升级，加强国际人才技术的引进与国内高端人才的培养，共同赋能经济高质量发展，并能更好地助力高质量发展实现质的飞跃。

从2020年到2060年的40年中，中国必将在努力削减碳排放、竭力实现碳中和的目标约束下推进经济改革与发展，这是最主要的特征，进而要求中国必须实现高质量发展，从重点强调数量转向重点强调质量，从重点强调速度转向重点强调效益。

高质量发展与绿色低碳循环发展、可持续发展是一组意义相近的概念，共同目标都是追求经济增长、社会包容与环境可持续。党的十九届五中全会勾画了一幅经济、社会、环境协调发展的蓝图。我国"十四五"时期经济社会发展主要目标包括"经济发展取得新成效""社会文明程度得到新提高""生态文明建设实现新进步"等，2035年的社会主义现代化远景目标包括"经济总量和城乡居民人均收入将再迈上新的大台阶""人民生活更加美

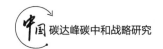
好""生态环境根本好转"等。

若要在碳达峰碳中和的"双碳"目标约束下实现高质量发展,从根本上讲,需要依靠技术创新和制度创新。所谓技术创新,是要通过增加研发投入,推动实现产品生产材料、装备、工艺等领域的创新,大力发展绿色技术,提高绿色全要素生产率,从而实现经济增长与资源消耗、环境污染以及碳排放之间的脱钩。

第四节　巧绘蓝图:零碳社会的未来愿景

生态文明建设的提出是期望能够有效地解决当前人类所面临的相关问题,在保障人类发展与利益的前提下寻求一种能够实现人与自然和谐相处、和谐发展的模式。生态文明建设与人类命运共同体是一脉相承的,所以人类命运共同体视域下的全球生态文明建设研究有着深远的影响与重要的意义。

人类活动持续排放的二氧化碳导致了气候变暖,在全球层面上形成了一个风险共同体。为减少碳排放量直至实现排放和吸收的均衡成为共识性的问题。寻找解决出路,这不仅需要各国探索各自的干预路径和策略,更需要打造一个全球治理共同体。在此方面,我国彰显出了大国的魄力与担当,明确给出了时间表:2030年前实现碳达峰,2060年前实现碳中和。按照一般的逻辑,"双碳"目标与环境治理属于自然科学范畴,洞悉自然规律、提升科学技术即可达到有效治理。然而事实并非如此,"双碳"目标的实现固然需要自然科学知识,但它同时也是嵌在经济、政治、文化、社会和个体生活脉络中的,是一项需要诸多要素协同演进的系统工程。如科学上需要不断提高节能减排等前沿性技术研发,探寻清洁型和可替代型能源;经济上要优化调整产业结构,完善碳交易制度和探索碳税政策,大力发展绿色金融,督促企业履行社会责任;政治上要加强应对气候变化的国际合作,建设绿色丝绸之路,打造风险应对共同体;文化上需要重新审视人与自然及环境的伦理问题,重估传统社会的环保功能,重构和谐共生利益链;社会层面要维护环境公平正义,关注自然风险和社会风险的相互转化,培育环保和志愿服务组织，推动社区教育，探索风险社会多元治理策略；个体层面则要进行生活方式"革命"，提倡简约适度和绿色低碳生活，打破生产主义和消费主义支配逻辑。综上，科学、经济、政治、文化、社会层面及个体层面都与社会保持一种互动互嵌关系，且以不同维度策略构筑着大社会运行体系，旨在构建一个零碳社会。

实现"双碳"目标，是以习近平同志为核心的党中央统筹国内国际两个大局作出的重大战略决策。推动零碳社会建设，党和国家一直在行动，早在2005年，习近平总书记就提出了"绿水青山就是金山银山"的绿色社会建设思想。国家"十一五"规划首次提出节能减排概念。党的十六届五中全会提出建设资源节约型和环境友好型社会。国家"十二五"规划提出解决影响可持续发展的环境问题和危害群众健康的环境问题。党的十八大提出生态文明建设和"推动能源生产和消费革命"。党的十八届五中全会提出"创新、协调、绿色、开放、共享"的新发展理念。2015年，中国向联合国提交了国家自主贡献（NDC）方案。国家"十三五"规划提出能耗总量和能源强度双控目标，并将能源强度、碳强度列入了各地考核指标。2020年，中国又向世界作出了实现"双碳"目标的承诺。国家"十四五"规划和2035年远景目标纲要提出"广泛形成绿色生产生活方式，碳排放达峰后稳中有降"的目标。2021年，中共中央、国务院印发《关于完整准确全面贯彻新发展理念做好碳达峰碳中和工作的意见》，国务院印发《2030年前碳达峰行动方案》，逐步形成碳达峰碳中和的"1+N"政策体系。这些都为零碳社会建设营造了良好的制度环境并提供了具体的行动路线。

我国零碳社会建设总体上已形成"一体多元"的格局，即中央统一部署，各部委和各领域协同联动，社会组织和公众积极参与，坚持全面绿色转型，治污减碳与民生工程协同推进，取得了较为丰硕的成果。一是初步形成了系列性的制度体系和"社会政策丛"，涵盖了能源、产业、交通、技术等诸多领域；二是形成了系统性的理念和理论成果，如"两山"理念、美丽乡村理念、供给侧理论、全球治理理论、生态文明理论、人与自然和谐共生理论等；三是碳治理初见成效，基本扭转了碳排放快速增长的局面，2020年我国碳排放强度较2005年下降48.4%，超额完成向国际社会承诺的到2020年下降40%～45%的目标，累计少排放二氧化碳约58亿吨；四是碳治理的成功经验和典型案例开始形成，如我国是世界上第一个大规模开展PM2.5治理的大国，尤其是北京治霾经验可以为国内外各大城市提供借鉴和参考。同时，我国新能源汽车行业发展突飞猛进。再如2022年冬奥会场馆建设和使用全面贯彻了绿色低碳环保理念，大量使用了光伏和风能发电，树立了低碳和零碳奥运的典范。

2021年联合国气候变化大会，被认为是控制气候紧急情况的"世界上最好的最后机会"，《格拉斯哥气候公约》努力将全球升温控制在1.5℃（现已升温近1.2℃），以防止全球灾难性气候事件发生频率大幅上升。气候政治有望从关注目标和雄心转向重视行动和落实。

2021年3月，习近平总书记主持召开中央财经委员会第九次会议，其中一项重要议题，就是研究实现碳达峰碳中和的基本思路和主要举措。2021年5月19日，生态环境部发布关于《碳排放权登记管理规则（试行）》《碳排放权交易管理规则（试行）》《碳排放权结算管理规则（试行）》的公告。可见，目前我国的碳中和已经进入实质阶段。

《中美关于在21世纪20年代强化气候行动的格拉斯哥联合宣言》的内容也非常务实。呼吁各国加快向低碳能源体系转型，加快可再生能源部署。2021年，全球能源互联网发展合作组织在北京举行"中国碳达峰碳中和成果发布暨研讨会"，并重磅发布三份高质量研究报告：《中国2060年前碳中和研究报告》《中国2030年前碳达峰研究报告》《中国2030年能源电力发展规划研究及2060年展望》。

但严格意义上的"低碳社会"的定义还没有得到普遍认同，日本环境省2004年"面向2050年的日本低碳社会远景"的国家战略研究项目首次提出"低碳社会"一词。2007年2月，项目研究小组发表《2050年日本低碳社会远景：削减温室效应气体的可行性研究》的报告，报告提出构建低碳社会的三个基本理念：一是实现最低限度的碳排放；二是实现富足而简朴的生活；三是实现与自然和谐共生。

当前我国还处在国际产业分工的低端，传统产业升级的进程还未完成，生态环境总体恶化的趋势还未根本扭转。对处于不同发展阶段的国家来说其含义并不相同：对于发达国家而言，实现低碳社会意味着在温室气体排放大量削减的同时社会系统中的技术、制度、文化、生态、生活方式也随之发生低碳化转型；对发展中国家而言，经济的发展是实现技术、制度、文化、生产生活方式低碳化的现实物质基础与必要条件，因此实现低碳社会必须和更广泛的发展目标齐头并进。低碳协定已来，低碳社会还没构建起来，这成了今后一段时间最大的考验。具体来说，存在如下一些问题。

（一）技术制度的"碳锁定"效应而低碳制度激励创新发展进度缓慢

近代工业国家发展大多依赖高碳能源消耗，许多技术、制度都建立在碳能源基础上，在技术发展和制度构建中，长期依赖高碳能源的消耗而难以放弃，已形成"碳锁定"效应。对于发展中国家来说，高碳的"锁定效应"就是指在工业化过程中建成并装备了具有使用寿命长、排放强度大以及资本密集度高等特点的生产设施及技术，并且这种技术的高排放性特征将在长时间内被锁定，一旦放弃，就会导致巨大的重置成本。中国作为后发国家，也是能源消耗和碳排放大国，自身发展日益受到资源和环境的约束，同时也面临国际社会的压力。这种压力，一方面来自国际社会提倡的环境保护和遏制气候变化的压力；另一方面来自低碳技术、低碳标准所带来的全球低碳产品竞争和新的环境保护贸易壁垒。如果不及时采取有效措施，在低碳社会构建的理论研究方面作出有价值的探索和分析，那么不仅无法以现有的有限资源支撑高速发展的经济，而且更严重的是我们将要面临高碳发展的"锁定效应"，并将为此付出沉重的代价。我国某些方面处于国际分工的下游，制造业科技含量低、结构不合理、单位产品耗能高，当前处于高速扩张的一些制造业，大多只是简单复制了常规技术，创新技术较少。我国经济被锁定在碳密集的化石能源系统，从而使得经济发展对高碳有着一种强势的路径依赖。伴随着我国工业资本需求的不断增加与经济的快速发展，能源需求也在不断攀升，甚至已经出现了能源危机。为了应对这种困境，正在实行低碳化发展的道路，这是一个逐渐摆脱"碳锁定"的过程。虽然制定了一系列发展低碳经济的方针政策，但是在技术制度的惯性作用下，大家趋向于保守或不采取行动。因为解锁对于每一个人而言，都意味着损失与痛苦，无论是生活方式的改变，还是物价的上升。我们的低碳技术水平还比较低，发展低碳经济的配套政策也不健全，还没有在全社会形成以低碳意识为主流的价值观。因此，当前构建低碳社会面临着技术制度的"碳锁定"效应与解锁无力的困境，而低碳制度激励创新发展的过程又很缓慢。

（二）低碳项目投资多难度大而金融和社会评估配套跟不上

低碳项目所需的资金较多，而新技术性能的不确定性大，它们难以吸引足够的资金。大型国有企业的优势明显大于中小型企业，而且资金直接来源于中央和地方政府拨款。而中小企业低碳融资难，内部融资不够，外部银行不给贷款。很多低碳项目面临政策热、融资冷的现状。目前银行对低碳项目尚未形成统一、成文的贷款标准，依然依靠传统的贷款模式。由于碳减排项目存在资金和技术方面的风险，银行评审也很难通过，很多被当作扶贫项目来做，且贷款额度很低。最终，低碳项目很难成功，也没形成社会合力支撑。

（三）能源结构制约低碳社会转型

我国以煤炭为主要能源的能源结构、稀缺的零碳能源、矿产资源未来使用量短缺以及森林覆盖率较低对碳汇能力的影响都是导致中国低碳社会构建困境的深层原因。我国"贫油、少气、富煤"的资源条件决定了我国能源结构只能是以煤为主，并且这种能源结构在短期内不会发生根本性的改变。尤其是现阶段我国已经步入工业化的中后期，未来对原材料、资源、能源的需求会进一步加大，由此所产生的问题也会增多，特别是高环境影响的高碳经济的快速增长使我国国民经济发展的重要基础性、战略性资源如电力、水资源以及石油供应等能源资源进一步紧缺。虽然绿色植物属于碳中性物质，森林覆盖率越高，森林碳汇能力就越强，但中国人口基数庞大的现状决定了中国的农用耕地资源十分紧张，用以固碳和增加碳汇的用地更加缺乏，直接导致目前难以提高仅有的森林覆盖率，增加碳汇的空间较小。这就要求我国在加强国外资源利用和国内资源开发的同时，更要注重经济发展方式的转变，向生态化、低碳化、高效化转型，并大力实施节能减排，提高资源利用率，降低资源消耗。

传统发展理论认为，发展即经济增长，亦即国民生产总值和人均国民收入的增长。发展就是不发达国家加速经济增长，追赶发达国家。在这种发展观的影响下，为了促进经济的增长，人们不惜投入大量原材料，消耗大量能源，破坏了环境和生态。所以促进向低碳社会转变，需要有可持续发展和弹性发展的思维。零碳社会建设充分体现了我国致力于构建人类命运共同体的责任与担当。这一目标涉及多种相关利益主体近期与长远、局部与整体、直接与间接的利益问题，因此也面临诸多挑战。

首先，我国的"双碳"目标是在尚未完成工业化进程的背景下就提出并付诸实施的，是在碳排放量持续上升进程中的"紧急刹车"。因此相对于欧美发达国家，我国"双碳"目标实现的经济社会基础相对薄弱，时间周期短，任务艰巨，付出的经济社会成本也比较高。根据国际社会的经验，一个国家的经济社会发展程度与碳达峰碳中和的实施程度密切相关，即大部分国家是在步入发达国家行列之后才开始致力于节能减排和绿色社会建设，而且大部分国家从碳达峰到碳中和的时间周期都比较长。如欧盟在1990年实现了碳达峰，距离2050年实现碳中和有60年的时间；美国于2007年实现碳达峰，距离2050年实现碳中和有43年的时间。而我国碳达峰的实现时间比欧盟晚40年，比美国晚23年，比日本、韩国晚17年，并且我国碳达峰和碳中和之间的时间间隔仅有30年。由此可见，我国碳达峰起步时间比较晚，而实现碳达峰与碳中和的时间间隔又比较短，这使得我们需要用30年完成西方国家40年甚至60年的碳治理任务。这是一个前所未有的挑战，也是我国承诺为国际社会作出的巨大贡献。因此，如果不能按期实现"双碳"目标和建成零碳社会，对于我国的国际形象和声誉势必造成影响。

其次，当前我国经济正处于高速增长向高质量发展转型的关键时期，粗放式及高能耗发展向绿色发展转型是必然趋势，能源结构调整是转型的关键环节。然而就是在这种转型的拐点必然会面临中国零碳社会建设的社会学之思：内涵、挑战与出路的"转型之痛"，因为我国的经济增长惯性在一定范围内还将持续存在。这种增长在很大程度上是依赖于化石燃料和高碳排放的，尤其是煤、石油和天然气在经济社会发展中的贡献巨大，即遵循一种高能耗、高排放、高增长模式。但这种高碳发展模式背后潜藏着环境污染和社会风险。从经济学的相关研究可知，环境污染与经济增长遵循一种"倒U"形曲线，即在短期内，经济会随着环境的污染程度加重而出现高速增长态势，当环境污染达到一定峰值时，经济就会出现持续下行。因此，从短期看，碳治理在一定程度上会导致经济出现下行，触及多方面的利益，尤其可能与社会弱势群体的生存道义产生冲突，这也是零碳社会建设面临的巨大挑战。但从长远看，零碳社会建设是保持经济高速增长，实现人民共同富裕的必由之路。

再次，零碳社会建设需要建立完备的法律保障体系、制度政策体系、科学技术体系、宏观社会治理体系等。然而目前我国在这些体系建设方面尚处于探索阶段。从法律保障体系看，我国还没有专门的碳达峰碳中和立法，目前相关立法只有《环境保护法》（1989年颁布），2014年对之进行修订，增加了加大环境污染惩处力度的内容，但关于碳治理的相关内容依然缺乏。从制度政策体系看，我国相关的社会政策相继出台，逐步形成了"1+N"的政策体系，但政策的完整性、严密性和可行性还需要进一步强化。从科学技术体系看，目前的可再生能源发电技术、能源存储技术、电网基础设施与输电技术、氢能技术、智能化管理与服务技术、电动汽车关键零部件研发、替代原料研发、产业脱碳工艺流程研发等关键科学问题与技术还比较薄弱，需要进一步推动科技创新。从宏观社会治理体系看，当前我国的社会治理能力和治理水平有了很大的提升，但面对"碳治理"的新领域还需要大力提升统筹协调能力，提升对社会大众的动员能力。因此，法律保障体系、制度政策体系、科学技术体系、宏观社会治理体系的不健全也是制约我国零碳社会建设的主要因素。

最后，"双碳"目标已成为一种国家战略性目标，零碳社会建设某种程度上可以说是"气候政治"或"零碳政治"，它的实现依赖于国家治理体系和治理能力现代化水平的提升。不仅要变革生产方式，还需要将人们的生活方式纳入社会治理范畴。从长远看，零碳社会建设是民生工程，人民群众既是建设主体、变革主体，也是受益主体，这与国家的战略目标是并行不悖的。但就当下具体的生活而言，人们的生活方式总是受到自然环境、传统习惯及地域文化等多种因素的形塑，表现出一种固守性，转变是一个艰难蜕变的过程。这在一定程度上可能形成"双碳"长远目标与人们当下生活方式之间的张力。对此，需要在二者之间寻求一种动态平衡，一方面，不能以碳治理和环境保护的名义剥夺社会弱势人群的生存福利，完全不顾及弱势人群的可行能力与社会资源的弱获得性，以致酿成环境群体性事件；另一方面，不能片面强调人们生活方式的传统性而置生态破坏和碳排放于不顾。如何调节平衡二者之间的关系对于零碳社会建设是一种挑战。此外，我国民众的环保意识与零碳社会建设的客观要求总体上是不匹配的，民众还需进一步提升认识并将其转化为日常生活中的自觉性行动，实现从国家要求减碳到个体自觉减碳的转变。

第 二 章

元年征程：
"双碳"铸就未来版图

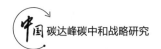

第一节 "十四五"规划对碳达峰碳中和的重要性

2021年是中国共产党成立100周年，也是"十四五"开局之年。实现"双碳"目标是我国向世界作出的庄严承诺，也是一场广泛而深刻的经济社会变革。中央要求各级党委和政府拿出抓铁有痕、踏石留印的恒心来推动和落实。"十四五"时期是我国实现"双碳"目标的重要基础期和窗口期。"十四五"时期是我国全面建成小康社会、实现第一个百年奋斗目标之后，乘势而上开启全面建设社会主义现代化国家新征程、向第二个百年奋斗目标进军的第一个五年。站在历史关键节点上，就"十四五"时期经济社会发展作出系统谋划和战略部署，对于推动我国社会主义现代化建设取得新的更大的成就具有重要而深远的意义。

"十四五"开启2060年碳中和目标下能源转型历史大幕的关键在于做好"两个统筹、三项布局"。"两个统筹"即统筹经济发展和能源转型之间的关系、统筹各个能源品种之间的关系；"三项布局"即加快需求侧改革布局、技术攻关布局和市场机制建设布局。在此基础上，不仅可以较好破解能源三角困境，也将为未来实现碳中和目标打下坚实基础、把握战略主动。

（一）"十四五"规划的时代意义

中国在1952年开始实施第一个五年计划，这是为"万丈高楼平地起"打基础的年代，也是边干边学、积累经验的时期，国民经济从以农业为主向以工业为主转变，重点是发展重工业，朝着这个目标，中国实施了五个五年计划，为经济社会发展打下了坚实的基础。1981年到2020年，改革开放使中国进入经济腾飞的阶段：前二十年除旧布新，蓄势待发；后二十年融入世界，经济发展一日千里，实现了小康目标，五年计划变更为五年规划，更具弹性和灵活度，这段时间完成了八个五年规划，奋斗了四十年。

中国政府高度定位"十四五"规划，这是中国开启四个现代化新征程的第一个五年规划，也是实现第二个百年奋斗目标进程的第一个五年规划。"十四五"规划，目标是强国富民，圆中华民族百年复兴之梦。"十四五"能源规划是社会、经济、民生的重要发展支柱之一，"十四五"时期是实现"双碳"目标的关键期，从2021年到2060年，新征程将要实施八个五年规划，要继续奋斗四十年，展望未来，迎接挑战，前景辉煌。

"十四五"能源规划要突出一个"新"字，即新征程、新挑战、新理念、新模式和新格局。

1. 立足新征程

新的目标要与2035年、2050年和2060年的目标对齐，建成社会主义现代化强国，实现中华民族伟大复兴。在能源建设中，继续狠抓节能，提高能源效率，实现以新能源为主体的电气化，促进经济高质量增长和社会全方位发展，将人类命运共同体的理念发扬光大。

2. 迎接新挑战

当前，世界经济贸易全球化、联合国国际规则与秩序面临严峻挑战，在我国现代化进程中，外部政治和经济环境存在巨大的不确定性，应对气候变化的进程与全球温控1.5℃的愿景差距很大，中国在国际气候谈判和"一带一路"倡议中的引领作用受到制衡，"双碳"目标在实施过程中将不可避免地遇到各种困难和阻力，同时，能源规划不容易摆脱传统规划模式的窠臼。

3. 贯彻新理念

旧有的经济社会发展模式必须改变，"双碳"目标是促进新经济、新技术、新基建、新投资的驱动力，我国要把建设美丽中国、健康中国，实现碳中和目标和促进绿色低碳能源转型结合起来。未来，中国经济的发展要摆脱化石能源的约束，改变能源规划中约束性指标的约束力不强、规划思想偏保守的定式，以生态环境红线与气候变化约束助推能源转型。

4. 发展新模式

遵循能源发展"四个革命、一个合作"战略思想，推动能源消费、供给、技术和体制革命，全方位加强国际合作，有效利用国际资源，努力实现开放条件下的能源安全，技术、管理和监管方式需要改革创新，绿色金融和新业态将成为经济的新增长点，能源供应和消费模式必然出现创新性发展，市场经济和计划指导融为一体，低碳、绿色和循环经济成为主体经济的内涵。区域性和世界性能源互联网稳步发展。能源规划将引领变革，在电力、油气领域和政府监管体制方面推动新一轮改革。

5. 构建新格局

在大变局中，我国要顺应浩浩荡荡的历史潮流，勇立改革潮头，引领新的国际政治、经济和贸易格局。中国的发展必定会突破国内外现有的条条框框的限制，引起连锁反应，因此要加强能力建设，以适应更强的竞争、对抗和制衡的环境。能源转型将打破有限的化石能源资源的约束，减少对环境生态及气候的危害，使中国生产力得到进一步的大力发展。

石化产业既是国民经济的重要支柱产业，也是资源型和能源型产业，石油、天然气、煤炭等化石资源都是石化产业的基本原料。因此，"双碳"不仅是石化产业面临的重大课题，也是我国实现第二个百年奋斗目标征途上的一个重大课题。

石化产业担负为实现工业强国、航天强国、国防强国提供关键材料的任务艰巨，所以实事求是、科学严谨地制订"双碳"的方案、路线图和时间表非常关键。要经过客观科学的测算，统筹各地区、各行业能源消耗总量和碳排放总量，并对比世界先进水平，决策达峰的峰值来确定达峰的时间表。另外，有的产品如电石、烧碱、纯碱、合成氨、化肥等及其子行业，因为总产能处于过剩状态，又都属于高耗能产品，在认真研究新增产能严控措施的前提下，应认真研究提前达峰的方案和时间表；而对于国内短缺的化工新材料、专用化学品等高端产品，在确保全行业如期达峰和中和的前提下，应科学确立发展目标，进而制订"双碳"的方案及其路线图和时间表。

从现在起，应严格禁止高耗能、伴有高碳排放产品的扩能，加速淘汰落后产能，大力推广绿色节能新技术、新工艺、新设备，加大发展循环经济和节能减排的力度。石化产业和广大企业、园区要贯彻好《中国石油和化学工业碳达峰与碳中和宣言》的六项倡议和承诺，带头探索碳中和实施路径，推动形成石化产业低碳产业链、供应链；勇于承担社会责任，努力实现从能源资源生产到化工产品制造等各个环节的低碳化，实施CCUS的全产业链示范项目建设，发挥引领和带动作用。

"十三五"时期，在"四个革命、一个合作"能源安全新战略指引下，我国能源行业发展成绩显著。能源消费总量有效控制在规划目标内，能效水平显著提升，能源供给体系多元化、清洁化水平明显加强，能源技术进步显著，体制机制改革取得重要进展，国际合作迈上新台阶。

（二）提质降速的五年

从总量上看，"十三五"期间节能降耗取得显著成效。2020年我国能源消费总量预计为49.4亿吨标煤。"十三五"期间能源消费年均增速为2.8%，较"十二五"期间降低1.1个百分点；能源消费强度控制在了0.54吨标煤/万元，较"十二五"期间降低13%；碳排放量年均增速为1.69%，较"十二五"期间下降1.1个百分点。

值得关注的是，"十三五"期间，我国以2.8%的能源消费增速支撑了5.8%的经济增长。尽管中国产业结构转型会使得能源消费增速下降具有一定的自然性和必然性，但目前我国人均能源消费仍处于偏低水平。对比能源消费增速处于相同阶段时的德国，其人均能源消费为我国目前的两倍。换言之，我国仍处于人民改善生活的进程中，对能源有较强的需求。在此背景下，"十三五"期间能源消费增速控制在相对较低水平可谓取得了令人瞩目的成绩。

（三）加快转型的五年

"十三五"时期，我国新增能源需求出现结构性反转，尤其是煤炭与非化石能源的变化。煤炭由增量发展，进入真正的零增量，甚至是减量发展阶段。2020年，我国煤炭在一次能源中占比比2015年下降7个百分点，世界占比同期下降3个百分点。非化石能源进入爆发式增长阶段，首超化石能源成为新增能源消费的主力。"十三五"期间，50.2%的新增能源消费由非化石能源来满足，而"十三五"时期之前，我国新增能源消费80%以上均是由化石能源满足。此外，石油处于稳定增长期。天然气发挥了能源转型的桥梁作用，新

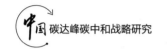

增需求占到能源消费增量的26%左右。

（四）内涵发展的五年

在能源安全新战略的带动下，"十三五"时期我国在体制、技术、国际合作等方面取得了大量阶段性成就，为未来长期发展奠定了坚实基础。体制方面，实质性推动了市场化改革，长期酝酿的《能源法》呼之欲出。技术方面，风光电技术进步推动成本快速下降，油气勘探开发理论、技术与装备均有突破，智慧能源跨入实践阶段。国际合作方面，我国在积极参与国际能源治理的同时，继续扩大自身的开放格局。

"2060年碳中和愿景"将能源革命推动到更高层次，赋予能源行业新的使命与担当。目前，中国碳减排压力较大。从时间上看，欧洲主要国家从碳达峰到碳中和需要约80年，而留给中国的时间仅有30年。从速度上来看，欧洲主要国家碳达峰后的30年，碳排放年均下降速度约为1%，而中国可能需要达到年均下降4%以上才能达到2060年碳中和目标。难度最突出的一点，欧洲主要国家碳达峰时人均能源消费量较高，而目前我国人均能源消费量仍较低，因而需要在改善人民生活的大背景之下同时实现碳中和，这使得碳减排压力陡增。为最终顺利达成碳中和愿景，需要理性科学地规划我国能源行业走向碳中和的节奏、路径及"十四五"时期的首要发力点，同时兼顾不同能源品种间的多元平衡。

能源是经济社会发展的动力，也是碳排放的主要源头。"十四五"时期是我国实现碳达峰碳中和目标的重要基础期和窗口期。"十四五"能源规划要突出"新"字，体现为新征程、新挑战、新理念、新模式和新格局。"十四五"时期，能源规划要与气候规划、环境规划紧密衔接，相互平衡、相互制约和相互促进，改善环境和应对气候变化是能源转型的双动力。中国能源转型之路可以概括为：摆脱煤炭依赖，跨越油气时代，融入新能源电气化的未来。"十四五"时期，推动能源转型，实现碳排放达峰，应继续强化实施能源强度控制与化石能源消费总量控制的"双控"目标，重点路径体现在煤炭消费下降、石油消费达峰、清洁能源替代和推进电气化发展四个方面。在能源转型过程中，必须加强保障措施：开展全国煤炭消费总量控制目标的行业分解；以"禁燃""净塑""定标"作为控制石油消费的三大抓手；积极开展地方示范，有效压实地方责任；健全市场机制，促进清洁能源的加速发展；以碳中和为抓手，促进技术创新和体制机制创新；突出强调公正转型。

二氧化碳排放力争于2030年前达到峰值，努力争取2060年前实现碳中和的目标是我国向世界作出的庄严承诺，实现"双碳"目标的过程将是一场广泛而深刻的经济社会变革。能源是经济社会发展的动力，也是碳排放的主要源头。"十四五"规划是中国开启四个现代化新征程的第一个五年规划，"十四五"时期是实现"双碳"目标的重要基础期和窗口期。"十四五"时期的能源规划在推动经济社会转型、实现"双碳"目标中发挥承上启下、革故鼎新的作用，对贯彻落实"四个革命、一个合作"能源安全新战略具有开拓性意义。

第二节　"双碳"升级定位顶层设计

实现碳达峰碳中和，是以习近平同志为核心的党中央经过深思熟虑作出的重大战略决策，事关中华民族永续发展和构建人类命运共同体。"双碳"目标是我国基于推动构建人类命运共同体的责任担当和实现可持续发展的内在要求而作出的重大战略决策，展示了我国为应对全球气候变化作出的新努力和新贡献，体现了对多边主义的坚定支持，为国际社会全面有效落实《巴黎协定》注入强大动力，重振全球气候行动的信心与希望，彰显了中国积极应对气候变化、走绿色低碳发展道路、推动全人类共同发展的坚定决心。这向全世界展示了应对气候变化的中国雄心和大国担当，使我国从应对气候变化的积极参与者、努力贡献者，逐步成为关键引领者。

实现碳达峰碳中和是一项系统工程，也是一场广泛而深刻的经济社会变革，将对我国经济、能源、技术、政策体系带来深刻影响和挑战。这既要发挥我国制度优势，全国一盘棋通盘考量，又要发挥各方首创精神，调动各方积极性主动性。为此，实现"双碳"目标应把握好整体与局部的关系，制定碳达峰碳中和顶层设计政策文件，强化中央的政策制定、指导和监督作用，压实各方主体责任，统筹地区、行业间协同发展，避免不同行动方案的冲突，促进技术进步、商业模式创新、政策扶持保障所作用方向的一致性，发挥政策叠加的最强正向效果。

一、"双碳"目标的提出是中国主动承担应对全球气候变化责任的大国担当

新中国成立以来，特别是改革开放以来，中国共产党在领导并推动中国发展进程中，始终致力于维护世界和平、促进全球发展。

1992年，中国成为最早签署《联合国气候变化框架公约》的缔约方之一。之后，中国不仅成立了国家气候变化对策协调机构，而且根据国家可持续发展战略的要求，采取了一系列与应对气候变化相关的政策措施，为减缓和适应气候变化作出了积极贡献。在应对气候变化问题上，中国坚持共同但有区别的责任原则、公平原则和各自能力原则，坚决捍卫包括中国在内的广大发展中国家的权利。2002年，中国政府核准了《京都议定书》。2007年，中国政府制定了《中国应对气候变化国家方案》，明确到2010年应对气候变化的具体目标、基本原则、重点领域及政策措施，要求2010年单位GDP能耗比2005年下降20%。2007年，科技部、国家发展改革委等14个部门共同制定和发布了《中国应对气候变化科技专项行动》，提出到2020年应对气候变化领域科技发展和自主创新能力提升的目标、重点任务和保障措施。

2013年11月，中国发布第一部专门针对适应气候变化的战略规划《国家适应气候变化战略》，使应对气候变化的各项制度、政策更加系统化。2015年6月，中国向公约秘书处提交了《强化应对气候变化行动——中国国家自主贡献》文件，确定了到2030年的自主行动目标：二氧化碳排放2030年左右达到峰值并争取尽早达峰；单位国内生产总值二氧化碳排放比2005年下降60%～65%，非化石能源占一次能源消费比重达到20%左右，森林蓄积量比2005年增加45亿立方米左右。并继续主动适应气候变化，在抵御风险、预测

预警、防灾减灾等领域向更高水平迈进。作为世界上最大的发展中国家，中国为实现公约目标所能作出的最大努力得到国际社会的认可，世界自然基金会等18个非政府组织发布的报告指出，中国的气候变化行动目标已超过其"公平份额"。

在中国的积极推动下，世界各国在2015年达成了应对气候变化的《巴黎协定》，中国在自主贡献、资金筹措、技术支持、透明度等方面为发展中国家争取了最大利益。2016年，中国率先签署《巴黎协定》并积极推动落实。到2019年底，中国提前超额完成2020年气候行动目标，树立了信守承诺的大国形象。通过积极发展绿色低碳能源，中国的风能、光伏和电动车产业迅速发展壮大，为全球提供了性价比最高的可再生能源产品，让人类看到可再生能源大规模应用的"未来已来"，从根本上提振了全球实现能源绿色低碳发展和应对气候变化的信心。

2021年9月至10月，《中共中央、国务院关于完整准确全面贯彻新发展理念做好碳达峰碳中和工作的意见》（以下简称《意见》）、《国务院关于印发2030年前碳达峰行动方案的通知》（以下简称《方案》）相继出台，从顶层设计层面，为未来中国的碳达峰碳中和目标实现，明确了路线图、施工图。

二、构建碳达峰碳中和顶层设计

《意见》是党中央对碳达峰碳中和工作进行的系统谋划和总体部署，覆盖碳达峰碳中和两个阶段，是管总管长远的顶层设计，在碳达峰碳中和政策体系中发挥统领作用。《方案》是碳达峰阶段的总体部署，在目标、原则、方向等方面与《意见》保持有机衔接的同时，更加聚焦2030年前碳达峰目标，相关指标和任务更加细化、实化、具体化，共同构成贯穿碳达峰碳中和两个阶段的顶层设计。

《意见》明确实现碳达峰碳中和目标，要坚持"全国统筹、节约优先、双轮驱动、内外畅通、防范风险"的工作原则；提出了构建绿色低碳循环发

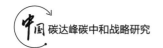

展经济体系、提升能源利用效率、提高非化石能源消费比重、降低二氧化碳排放水平、提升生态系统碳汇能力等方面的主要目标,确保如期实现碳达峰碳中和。

实现碳达峰碳中和是一项多维、立体、系统的工程,涉及经济社会发展的方方面面。《意见》坚持系统观念,提出10个方面31项重点任务,明确了碳达峰碳中和工作的路线图、施工图。

一是推进经济社会发展全面绿色转型,强化绿色低碳发展规划引领,优化绿色低碳发展区域布局,加快形成绿色生产生活方式;二是深度调整产业结构,加快推进农业、工业、服务业绿色低碳转型,坚决遏制高耗能高排放项目盲目发展,大力发展绿色低碳产业;三是加快构建清洁低碳安全高效能源体系,强化能源消费强度和总量双控,大幅提升能源利用效率,严格控制化石能源消费,积极发展非化石能源,深化能源体制机制改革;四是加快推进低碳交通运输体系建设,优化交通运输结构,推广节能低碳型交通工具,积极引导低碳出行;五是提升城乡建设绿色低碳发展质量,推进城乡建设和管理模式低碳转型,大力发展节能低碳建筑,加快优化建筑用能结构;六是加强绿色低碳重大科技攻关和推广应用,强化基础研究和前沿技术布局,加快先进适用技术研发和推广;七是持续巩固提升碳汇能力,巩固生态系统碳汇能力,提升生态系统碳汇增量;八是提高对外开放绿色低碳发展水平,加快建立绿色贸易体系,推进绿色"一带一路"建设,加强国际交流与合作;九是健全法律法规标准和统计监测体系,完善标准计量体系,提升统计监测能力;十是完善投资、金融、财税、价格等政策体系,推进碳排放权交易、用能权交易等市场化机制建设。

如何提升城乡建设绿色低碳发展质量?《意见》提出3点要求。

一是推进城乡建设和管理模式低碳转型。在城乡规划建设管理各环节全面落实绿色低碳要求。推动城市组团式发展,建设城市生态和通风廊道,提升城市绿化水平。合理规划城镇建筑面积发展目标,严格管控高能耗公共建筑建设。实施工程建设全过程绿色建造,健全建筑拆除管理制度,杜绝大拆大建。加快推进绿色社区建设。结合实施乡村建设行动,推进县城和农村绿色低碳发展。

二是大力发展节能低碳建筑。持续提高新建建筑节能标准，加快推进超低能耗、近零能耗、低碳建筑规模化发展。大力推进城镇既有建筑和市政基础设施节能改造，提升建筑节能低碳水平。逐步开展建筑能耗限额管理，推行建筑能效测评标识，开展建筑领域低碳发展绩效评估。全面推广绿色低碳建材，推动建筑材料循环利用，发展绿色农房。

三是加快优化建筑用能结构。深化可再生能源建筑应用，加快推动建筑用能电气化和低碳化。开展建筑屋顶光伏行动，大幅提高建筑采暖、生活热水、炊事等电气化普及率。在北方城镇加快推进热电联产集中供暖，加快工业余热供暖规模化发展，积极稳妥推进核电余热供暖，因地制宜推进热泵、燃气、生物质能、地热能等清洁低碳供暖。

聚焦2030年前碳达峰目标，《方案》将碳达峰贯穿于经济社会发展全过程和各方面，重点实施能源绿色低碳转型行动、节能降碳增效行动、工业领域碳达峰行动、城乡建设碳达峰行动、交通运输绿色低碳行动、循环经济助力降碳行动、绿色低碳科技创新行动、碳汇能力巩固提升行动、绿色低碳全民行动、各地区梯次有序碳达峰行动等"碳达峰十大行动"，并就开展国际合作和加强政策保障作出相应部署。

实现碳达峰碳中和是一场硬仗，也是对党治国理政能力的一场大考。中央层面成立了碳达峰碳中和工作领导小组，作为指导和统筹做好碳达峰碳中和工作的议事协调机构。按照统一部署，正加快建立"1+N"政策体系，立好碳达峰碳中和工作的"四梁八柱"。《意见》作为"1"，是管总管长远的，在碳达峰碳中和"1+N"政策体系中发挥统领作用。"N"则包括能源、工业、交通运输、城乡建设等分领域分行业碳达峰实施方案，以及科技支撑、能源保障、碳汇能力、财政金融价格政策、标准计量体系、督察考核等保障方案。一系列文件将构建起目标明确、分工合理、措施有力、衔接有序的碳达峰碳中和政策体系，助力国家碳达峰碳中和目标的实现。

"双碳"目标的提出，既体现了我国的大国担当与责任，也是努力推动构建人类命运共同体而向世界各国人民作出的庄严承诺，极大提振了全球各国应对气候变化的信心，同时也展示了我国应对气候变化的积极态度与落到实地的行动，体现了我国坚定不移走绿色低碳发展之路，贯彻新发展理念，加快形成资源节约和环境保护的生态优先、绿色低碳的高质量、可持续发展道路的决心。

在目标的具体部署中，国家二氧化碳排放达峰行动方案中表示，重点行业、企业和地方可率先分批次达峰，鼓励重点行业领域、地方结合实际情况提出具体目标、制订实施方案；支持基础较好的地方探索开展近零排放和试点示范；发电行业作为突破口率先开展碳排放权交易。

作为发展中国家，我国目前已成为全球最大的能源生产国、消费国，我国经济发展与碳排放存在强耦合关系，因此重点行业领域的碳减排行动尤为受到关注。本文以钢铁、新基建与新能源三大行业领域为例，深入分析其实现碳达峰碳中和的路径。

推动钢铁行业低碳发展。我国钢铁行业碳排放量占全球钢铁碳排放总量的60%以上，占全国碳排放总量的15%左右，2019年全国钢铁基础设施（包括炼焦、烧结、球团、炼铁和炼钢设施）锁定碳排放量为672亿吨。钢铁行业若要如期实现"双碳"目标，必须进行科技创新，建立开放式创新平台、国际合作平台等，从能源结构、工艺结构和材料技术等多方面取得前沿性、突破性的成果；大量回收利用废钢，少用化石能源或以税收和配额等措施限制高碳复合产品出口；建立能耗总量、碳排放等约束机制，以此来倒逼产业结构布局、用能流程等不断优化。多家钢铁企业积极探索低碳发展路径，中国宝武、河钢集团等都提出碳达峰碳中和目标，中国宝武提出于2023年实现碳达峰，2035年实现减碳30%，2050年实现碳中和的目标。

新基建投资对碳达峰碳中和的影响。在工业领域，新型基础设施建设的大量投入可能延缓钢铁、水泥等高耗能行业的碳排放峰值到2025年左右，但"5G+工业互联网"等技术的应用或将较大幅度提高工业领域的减排潜力。在交通领域，城际高铁和轨道交通、新能源汽车充电桩的建设将极大地改善交通运输结构和电气化水平，5G、车联网和自动驾驶技术将深远地改变交通消费模式，随着电力结构的绿色化和低碳化，将使道路交通的碳排放峰值提前至2030年前。在建筑领域，智能终端的普及将在一定程度上拉动能耗需求的增长，但"BIM+AI"等技术的应用将极大推动建筑的智能化管理和运行。在能源领域，网络化、信息化、智能化水平的提高将加快高比例、分布式可再生能源的消纳，能源结构的调整幅度可能快于规划目标，这将有可能使我国的碳排放峰值提前实现，峰值水平进一步降低。

构建以新能源为主体的新型电力系统。新型电力系统的核心特征在于新能源占据主导地位，加速替代化石能源成为主要能源形式。未来将通过灵活发电、改进电网基础设施、需求侧响应以及部署储能技术来实现高比例新能源消纳：改革电力市场、设置合理的定价机制；增加调峰电源；改进输配电基础设施；数字化改革平衡电力供需；需求侧响应，鼓励更广泛的能源系统整合，增强与终端部门（如电动汽车和智能建筑技术）的协同；储能上，电网级电池储能系统可应对短期突发事件，抽水蓄能和压缩空气储能系统作为长期储能选择，当可变可再生能源占发电比例很高时，使用合成燃料和氢能也可作为季节性储能的选择。

2021年3月，习近平总书记在中央财经委员会第九次会议上强调，实现碳达峰碳中和是一场广泛而深刻的经济社会系统性变革，要把碳达峰碳中和纳入生态文明建设整体布局，拿出抓铁有痕的劲头，如期实现2030年碳达峰、2060年碳中和的目标。

这是习近平生态文明思想指导我国生态文明建设的要求，体现了我国走绿色低碳发展道路的内在逻辑。我们要坚定不移贯彻新发展理念，坚持系统观念，处理好发展和减排、整体和局部、短期和中长期的关系，以经济社会发展全面绿色转型为引领，以能源绿色低碳发展为关键，加快形成节约资源和保护环境的产业结构、生产方式、生活方式、空间格局，坚定不移走生态优先、绿色低碳的高质量发展道路。

"双碳"目标对我国绿色低碳发展具有引领性、系统性，可以带来环境质量改善和产业发展的多重效应。着眼于降低碳排放，有利于推动经济结构绿色转型，加快形成绿色生产方式，助推高质量发展。突出降低碳排放，有利于传统污染物和温室气体排放的协同治理，使环境质量改善与温室气体控制产生显著的协同增效作用。强调降低碳排放人人有责，有利于推动形成绿色简约的生活方式，降低物质产品消耗和浪费，实现节能减污降碳。加快降低碳排放步伐，有利于引导绿色技术创新，加快绿色低碳产业发展，在可再生能源、绿色制造、碳捕集与利用等领域形成新增长点，提高产业和经济的全球竞争力。从长远看，实现降低碳排放目标，有利于通过全球共同努力减缓气候变化带来的不利影响，减少对经济社会造成的损失，使人与自然回归和平与安宁。

我国在实际工作中也正是按照"3060""双碳"目标而扎实推进的。在《中共中央关于制定国民经济和社会发展第十四个五年规划和二〇三五年远景目标的建议》中，明确地将"碳排放达峰后稳中有降"列入中国2035年远景目标。2020年12月的中央经济工作会议，把"做好碳达峰碳中和工作"列为2021年重点任务之一，对应对气候变化工作作出明确部署。2021年全国两会通过的"十四五"规划纲要，进一步明确要制订2030年前碳达峰的行动计划。在中央财经委员会第九次会议和中央政治局第二十九次集体学习时，习近平总书记围绕碳达峰碳中和、生态文明建设发表了重要讲话，对当前和今后一个时期乃至21世纪中叶应对气候变化工作、绿色低碳发展和生态文明建设提出更高要求，有利于促进经济结构、能源结构、产业结构转型升级，有利于推进生态文明建设和生态环境保护、持续改善生态环境质量，对于加快形成以国内大循环为主体、国内国际双循环相互促进的新发展格局，推动高质量发展，建设美丽中国，具有重要促进作用。

为人民谋幸福，就是要求党和政府既要创造更多的物质财富和精神财富以满足人民日益增长的美好生活需要，也要提供更多的优质生态产品以满足人民日益增长的优美生态环境需要。全心全意为人民服务和人民利益至上的宗旨原则，促使中国共产党逐步深化对现代化与资源环境关系的认识。经过多年探索，最终形成了新时代统筹推进经济建设、政治建设、文化建设、社会建设和生态文明建设"五位一体"现代化总体布局，使"建设人与自然和谐共生的现代化"成为中国特色社会主义现代化事业的显著特征。探索过程中形成的习近平生态文明思想，是习近平新时代中国特色社会主义思想的重要内容。正是从中国现代化建设的全局高度，习近平总书记多次强调，应对气候变化不是别人要我们做，而是我们自己要做，是我国可持续发展的内在要求。

基于工业革命以来现代化发展正反两方面的经验教训，基于对人与自然关系的科学认知，人们逐步认识到依靠以化石能源为主的高碳增长模式，已经改变了人类赖以生存的大气环境，日益频繁的极端气候事件已开始影响人们的生产生活，现有的发展方式日益显示出不可持续的态势。为了永续发展，人类必须走绿色低碳的发展道路。虽然发达国家应该对人类绿色低碳转型承担更大的责任，但作为最大的发展中国家，中国已经不能置身事外。中国仍然处于工业化、现代化关键时期，工业结构偏重、能源结构偏煤、能源利用效率偏低，使中国传统污染物排放和二氧化碳排放都处于高位，严重影响绿色低碳发展和生态文明建设，进而影响提升人民福祉的现代化建设。

"双碳"目标的提出和落实，体现了中国作为一个负责任的大国，在发展理念、发展模式、实践行动上积极参与和引领全球绿色低碳发展的努力。习近平总书记指出，"十四五"时期，我国生态文明建设进入了以降碳为重点战略方向、推动减污降碳协同增效、促进经济社会发展全面绿色转型、实现生态环境质量改善由量变到质变的关键时期。

我们要深入贯彻新发展理念，按照推进生态文明建设要求谋划"双碳"目标的实现路径，坚定不移推进绿色发展，持续不断治理环境污染，提升生态系统质量和稳定性，积极推动全球可持续发展，提高生态环境领域国家治理体系和治理能力现代化。为此，必须坚持全国统筹，强化顶层设计，发挥制度优势，压实各方责任，根据各地实际分类施策。坚持政府和市场两手发力，强化科技创新和制度创新，深化能源和相关领域改革，形成有效的激励约束机制，有效推进生态优先、绿色低碳的高质量发展。

在深入贯彻新发展理念方面，要突出强调创新驱动的绿色发展，因为科技创新是走向碳中和的终极解决方案。党的十八大以来，随着国家创新体系不断完善、相关产业政策的精准支持，我国绿色低碳领域的创新发展取得了明显成效。目前我国风电、光伏、动力电池的技术水平和产业竞争力总体处于全球前沿。根据美国战略与国际研究中心最近一篇报告，中国在全球清洁能源产品供应链中占主导地位。太阳能光伏制造业中，中国拥有全球90%以上的晶圆产能、三分之二的多晶硅产能和72%的组件产能；在风力发电机的价值链中，中国拥有大约一半的产能；中国的锂电池制造业约占全球供应量的四分之三。这些支撑我国建成了全球最大规模的清洁能源系统、最大规模的绿色能源基础设施、最大规模的新能源汽车保有量，并为全球清洁能源产品的快速扩散和应用提供了坚强的后盾。中国科学院科技战略咨询研究院等机构发布的相关报告指出，中国在风能、光伏、氢能、地热、能源互联网等领域科研实力也比较雄厚，论文数量、入选前10%的优秀论文数量、专利数量等都名列前茅。这表明中国在新能源领域技术创新的潜力巨大。

我们要充分认识到，推进能源绿色低碳转型已经成为全球经济竞争的关键领域，美国等发达国家在科学技术方面仍然整体领先，在前沿技术、高端设备、先进材料领域具有较大优势，并试图通过科技脱钩阻止中国在绿色低碳领域巩固现有成果和进一步实现突破，我们绝不能掉以轻心。但同时也要看到，新中国特别是改革开放以来的持续努力，让我们具备了坚实的产业生态基础、较强的技术能力以及丰富的人力和科技资源，我们完全可以在中央顶层设计和统筹协调下，以更加开放的思维和务实的举措推进国际科技交流合作，加快绿色低碳领域的技术创新、产品创新和商业模式创新，实现多点突破、系统集成，推动以化石能源为主的产业技术系统向以绿色低碳智慧能源系统为基础的新生产系统转换，实现经济社会发展全面绿色转型。中国共产党的百年奋斗史和改革开放史表明，拥有市场优势、产业优势和制度优势的中国，在中国共产党领导中国人民努力实现第二个百年奋斗目标的征程中，通过创新驱动和绿色驱动，一定会实现"双碳"目标，成为绿色低碳转型和高质量发展的成功实践者，为人类应对气候变化、构建人与自然生命共同体作出巨大贡献。

第三节　碳达峰碳中和开启未来低碳社会

当前碳达峰碳中和已经被纳入我国生态文明建设整体布局，这充分展示了我国作为负责任大国的担当，是党中央统筹国内国际两个大局作出的重大战略决策，为推动国内经济高质量发展和生态文明建设提供了有力抓手，也为国际社会应对气候变化和全面有效落实《巴黎协定》注入了强大动力，更为疫情后全球实现绿色复苏和共建地球生命共同体增添了新的动能，得到了国际社会的高度赞誉。

党的十九大报告指出，我国经济已由高速增长阶段转向高质量发展阶段，高质量发展需要贯彻"创新、协调、绿色、开放、共享"新发展理念，绿色低碳发展不仅是衡量高质量发展成效的重要标尺，也是促进高质量发展的有效手段。在可预见的技术经济条件下，为实现碳中和愿景，转变发展方式和低碳结构性变革是核心，降低二氧化碳及温室气体排放是根本，碳汇和负排放措施是补充。实现中长期深度减排，不仅有助于减缓气候变化，更能带来经济、社会、环境等多重收益，而中国从碳达峰到碳中和的时间只有30年左右，这对经济结构转型、技术创新、资金投入以及消费方式转变等都提出了更高的要求。

碳中和目标将为我国加快发展方式转变和经济结构调整提供战略导向，但这一目标的实现非常具有挑战性，其带来的深刻影响也将超越我们的想象。达到净零排放需要一种完全不同于迄今为止所采用的发展模式和思维方式，需要系统的顶层设计和科学制定长期规划，并将短中长期目标有机结合，识别关键部门、行业和地区的转型路径和优先事项，有序推进系统分类转型和投资未来竞争力，同时加强法治、行政、经济等多重制度政策和体制机制改革，促进国际国内政策的协调，为全面推进绿色低碳转型、实现具有韧性和可持续的高质量发展、保障总体国家安全并引领全球气候治理体系变革，奠定坚实的基础。我国作为最大的发展中国家，发展不平衡不协调不充分问题仍然突出，现行减排体系还存在诸多短板弱项，气候投融资体系尚处

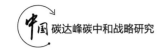

于发展阶段，要实现2030年碳达峰目标与2060年碳中和愿景，在减排体系建设和产业链绿色化转型方面必须有重大突破。

目前，在新一轮技术革命和能源革命浪潮下，产业链供应链利益链面临绿色重构，我国在能效、储能、消纳、负排放等许多关键低碳技术和软实力方面还存在很多短板和缺陷，企业创新能力和创新动力不足，科研机构成果转化面临障碍。以我为主，重塑全球产业链和构建绿色价值链，在新一轮国际竞争中占据制高点面临诸多困难。绿色技术和产业转型不足，将严重限制我国提高自然资源使用效率、深层次解决产业结构和能源结构固化所带来的环境污染和生态破坏问题的能力。从某种程度来讲，中国仍需要走一条中国特色的低碳发展道路。碳达峰和碳中和目标顺应了全球可持续发展的潮流，但中国要实现零碳社会，实现美丽中国任重而道远，需要比发达国家付出更艰辛的努力。我国认为低碳转型的方向，与减少环境成本，建设环境友好型、资源节约型社会的目标是一致的。进一步讲，作为世界上最大的发展中国家和最大的温室气体排放国，我国要想在国际社会中提高话语权，成为国际规则的制定者而非被动执行者，需要承担国际社会的共同义务，在应对全球气候变暖的国际问题上，彰显出负责任大国的形象，主动承担起节能减排的重任。与此同时，我国所面临的外部经济关系也正发生着深刻变化。我国的经济外向度超过了60%，已经成了世界经济体和全球产业链分工中不可或缺的重要一环。因此，实现经济发展方式的转变，构建低碳社会成为我国当前一项重大而紧迫的任务。

生态系统退化、自然灾害频发、极端天气日益增多等大量事实表明，高碳资源耗费和环境污染将触及粮食、水资源、能源、生态以及公共安全，甚至直接威胁到人类的生存和发展。我们正在没有选择地走向"低碳经济"和"低碳生活"。人类能源利用的发展轨迹，就是一个从高碳时代逐步走向低碳时代的过程，从第一代能源薪柴，到第二代能源煤炭，再到第三代能源石油、天然气和核能，就是从不清洁到清洁、从低效到高效、从不可持续走向可持续、从高碳经济走向低碳经济的过程，是从高碳社会走向低碳社会的过程。低碳社会的发展转向涉及生产模式、生活方式、思想观念等各个方面。

从社会政策的研究视角来审视低碳社会的发展转向，改变能源结构、改变生活方式，建立以可再生能源为主的无碳或低碳能源结构的低碳社会，需要全社会共同努力。

一、低碳经济与低碳社会的概念

低碳经济是以低能耗、低污染、低排放为基础的经济模式，是以较少的自然资源消耗和环境污染，获得整个社会较大的经济产出，从而实现更高的生活标准和更好的生活质量，是人类社会继农业文明、工业文明之后的一次重大进步。作为具有广泛社会性的前沿理念，低碳社会是通过消费理念和生活方式的转变，在保证人民生活品质不断提高和社会发展不断完善的前提下，致力于在生产建设、社会发展和人民生活领域控制和减少碳排放的社会。低碳社会强调日常生活和消费的低碳化，强调通过理念和行为方式的转变，达到人类社会与生态自然的和谐发展。低碳经济与低碳社会的发展是一种为解决人为碳通量增加引发的地球生态圈碳失衡而实施的人类自救行为。因此，发展低碳经济和低碳社会的关键在于改变人们的高碳消费倾向和碳偏好，减少化石能源的消费量，减缓碳足迹，实现低碳生存。

"低碳经济"与"低碳社会"提出的大背景，是随着全球人口和经济规模的不断增长，能源使用带来的能源枯竭和环境污染问题不断地为人们所认识。在此背景下，"碳足迹""低碳经济""低碳技术""低碳发展""低碳生活方式""低碳社会""低碳城市""低碳世界"等一系列新概念、新政策应运而生。而经济结构、能源结构、生活结构及价值观发展转向的结果，将为逐步迈向生态文明走出一条新路，即摒弃20世纪的传统增长模式，直接应用21世纪的创新技术与创新机制，通过低碳经济模式与低碳生活方式，实现社会可持续发展及人与人和人与自然的充分和谐。

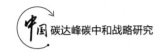

二、低碳社会发展的紧迫性及社会行动

当前人类正面临能源短缺和环境恶化的双重威胁。金融危机实际上是由能源和环境危机造成的，是大自然给人类的一个警示。面对既不能为了发展而牺牲环境，也不能为了保护环境而牺牲发展的艰难选择，我们必须认真反思人类未来发展道路究竟应该怎样走。

气候异常、环境恶化威胁着人类的生存与发展。从世界范围来看，现代化的发展既给人类社会创造了丰富的物质条件，也给人类社会制造了大量的社会风险。经济的畸形增长、技术的片面发展、贫富的过大差距、生态环境的损害等社会风险在不断引发社会危机。当前我国社会也正处在发展和矛盾凸显并存的社会高风险时期。在这样一个特殊的发展阶段我们究竟生活在怎样一个世界里？近些年来，我国各地不断出现地震、台风、泥石流、冰雹、洪涝、干旱、高温等自然灾害，大气污染、水污染、食品污染等人类生存环境问题对人类的健康已经造成了很大破坏。不断有新的疾病刷新着人类疾病的历史记录，SARS、禽流感、H1N1流感、新冠疫情等各种疫情、各种癌症怪病频繁发生，都在威胁着人类的生存和发展。从社会角度看，高碳排放和其他伴生排放导致的环境污染已经造成严重后果。多项社会调查显示，环境污染已经和腐败、贫富差距扩大一起，跃升为影响社会稳定的前几位因素。"碳排放"已经不仅是一个单纯的经济问题，更是一个政治和社会问题。

实际上，根据历史经验来看，每一次大的经济危机都孕育着大的变革和机遇。经过此次经济危机，世界正处在一个向新能源、新产业、新生活方式过渡的转折点。向低碳经济转型既可以节约能源，又能减少对环境的破坏，还能提高综合效率。因此，从长远来看，低碳的可持续发展经济才是未来经济发展的方向。改革开放40多年，中国走完了发达国家一两百年才走完的工业化道路。但应该看到，我国目前的经济支柱产业基本都属于高能耗或高污染产业。作为世界上最大的发展中国家和最大的碳排放国家，无论是顺应国际潮流,还是出于环保容量的考虑,低碳发展都是我国未来发展的最佳选择。

低碳时代的到来不可避免,低碳发展将催生新的经济增长点,它将与全球化、信息技术一样,成为重塑世界的强大力量。我们既要从产业结构、能源结构调整入手,转变高碳经济发展模式,也要从产业链的各个环节上,从产品设计、生产、消费的全过程中寻求节能途径,推广节能技术;大力开发可再生能源,大力发展低碳产业、低碳技术、低碳农业、低碳工业、低碳建筑、低碳交通等,把低碳经济和低碳生活方式的理念渗透到社会各个领域,形成良好的发展低碳经济和低碳生活方式的社会氛围和舆论环境。

自然科学的发现总是推动着社会变革。但是,以社会运行与发展为研究主题的社会学却往往对于自然科学的发现及其影响缺乏必要的关注。在最近的几十年中,面对日益恶化的环境问题以及全球气候变化,社会学者缺乏与其学科地位相称的关心就是一个证明。自20世纪六七十年代环境问题进入社会和政治议程以来,科学界以及公众对于环境问题的研究与建构也在不断推进。最初人们更多关注的是工业废水、废气、废渣等"三废"问题,对于环境问题的发现和解决主要局限于地区性层次。20世纪80年代以来,随着科学研究的深入,人们发现环境问题有从区域性向全球性发展的趋势,全球变暖、臭氧层耗竭、生物多样性丧失等被认为是全球环境恶化的表征,以至于到了20世纪90年代,"全球环境变化"(Global Environmental change)成为一个相当流行的词汇。后来,各种极端气候现象的反复出现使得人们更多地关注全球变暖问题,而全球变暖这个词也随着科学研究的深入逐步被全球气候变化所取代。很多科学家发现,自工业革命以来,由于人为因素向地球大气层中排放的温室气体不断增加,这是导致全球气候变化的重要原因。为此,限制温室气体排放,特别是二氧化碳排放,就进入了各国政策议程,并成为国际环境外交的重要议题。

1992年6月,在巴西里约热内卢举行的联合国环境与发展大会上,150多个国家制定了《联合国气候变化框架公约》,确定了最终要将大气中温室气体浓度稳定在不对气候系统造成危害的水平的目标。1997年12月,《联合国气候变化框架公约》第三次缔约方大会在日本京都召开，149个国家和地区的代表通过了旨在限制发达国家温室气体排放量以抑制全球变暖的《京都议定书》。为了商讨《京都议定书》一期承诺到期后的后续方案，通过一份新的约束全球温室气体排放的共同文件，联合国于2009年12月7日至19日在丹麦哥本哈根召开世界气候变化大会。尽管这次被称为"拯救人类的最后一次机会"的会议没能通过具有法律约束力的文件，但是《哥本哈根协议》仍然维护了《联合国气候变化框架公约》以及《京都议定书》所确立的"共同但有区别的责任"原则，就发达国家实行强制减排和发展中国家采取自主减排行动作出了安排，并就全球长期目标、资金和技术支持、透明度等焦点问题达成广泛共识。

国际社会对于全球气候变化和温室气体减排的关注，催生了时下颇为流行的低碳经济概念。自2003年英国能源白皮书《我们能源的未来：创建低碳经济》发表以来，发展低碳经济逐步成为一些国家应对全球气候变化的一项重要经济政策。2008年的世界环境日主题确定为"转变传统观念，推行低碳经济"，更加引起了世界各国的关注。

究竟何为"低碳经济"？按照其字面的理解应该是碳排放较低的经济体系。有的学者将其简单地理解为"建立一个比较少地依赖化石能源、减少温室气体排放的经济体系"。大体上，"低碳经济"的概念容易给人这样一种印象，即将应对全球气候变化问题还原为一个技术问题，而且主要是能源资源使用技术问题。只要我们改变了现有能源结构，提高了能源使用效率，优化了产业结构，减少了温室气体排放，我们就可以成功应对全球气候变化，而且可以建立新的竞争优势，继续保持高速经济增长，享受建立在新工业技术文明基础上的美好生活。我们无须讨论和推动整个社会的变革，包括推动社会、文化、政治的变革，只要设计出新的鼓励技术创新的经济政策和制度就可以了。甚至，我们也无须对人类征服自然的观念进行什么反思，无须建立什么新的环境伦理，无须质疑工业化以来经济增长目标的合理性。总之，一切可以照旧，我们要做的事情很简单，就是继续推动技术创新。工业革命以来，我们的经济体系因应不同的需求已经推动了多次重大技术创新，当前所面临的全球气候变化，无非是推动技术创新的又一次机遇而已。

如果以上印象基本上是正确的，那么可以说，"低碳经济"概念相对于20世纪80年代所提出的可持续发展概念，既是进步了，又是退步了。这两个概念可以说都是在日益严重的环境威胁下提出的。就可操作性而言，可持续发展主张不如低碳经济主张，谈到可持续发展，人们往往觉得无从下手。低碳经济主张的进步性正是体现在这个方面，它直接说出了具体问题，给人们的行动指明了方向，更具有可操作性，以至于有人认为低碳经济是目前最可行的可量化的可持续发展模式。但是，就理念的合理性而言，可持续发展明显是更为全面的、更为深刻的、更为整体性的，它认识到了整体性社会变革对于应对环境威胁的必要性和重要性。而低碳经济主张则明显是强调局部的社会变革，主要是经济系统的变革。就此而言，低碳经济主张实际上比可持续发展主张退步了。

从社会学的角度看，经济系统只是大的社会系统的一个组成部分，经济系统与其他的政治系统、司法系统、宗教系统、教育系统等是密切相关的。在很大程度上，经济系统只是一个基础性系统，其功能在于满足其他系统的资源需求。由此看来，如果没有其他系统的变革，经济系统的导向机制就不会发生变化。在此情况下，经济系统内部的技术创新和制度变革可能提高单位经济产品的能效，降低单位经济产品的能耗和排放，但是其总能耗、总排放的趋势仍将是持续增加的。比如说，如果不改变人们消费汽车的价值偏好，不改变人们贪求住大房子的价值偏好，即使每辆汽车的能耗再低、每条道路修得再好、每套房子再节能，其总消费以及由此带来的总能耗还是会增加。

因此，我们在看到时下流行的低碳经济概念的合理性的同时，也要看到其局限性。如果低碳经济建设不与整个社会变革联系起来，只局限在技术层面，那么，一方面，我们很难看清楚低碳经济建设的复杂性，以及由此发现推动低碳经济建设的社会、政治和文化路径；另一方面，我们最终也无法实现整个人类社会的低排放，未来的结局很可能是在单位效率更高的经济基础上的高碳排放。

正是基于此种认识，我们在接受低碳排放理念的同时，要真正有效地应对全球气候变化，需要进一步拓展实现低碳排放的视界，不能仅仅局限于低碳经济，而应着眼于推动整个社会的变革，建设低碳社会。在此，低碳社会是指适应全球气候变化、能够有效降低碳排放的一种新的社会整体形态，它在全面反思传统工业社会之技术模式、组织制度、社会结构与文化价值的基础上，以可持续性为首要追求，包括低碳经济、低碳政治、低碳文化、低碳生活的系统变革。相对于低碳经济概念，笔者更加偏好使用低碳社会概念，认为推动这样一种社会建设，不仅是推动低碳经济建设的重要前提，实际上也是成功应对全球气候变化的必由之路。

碳中和不是说二氧化碳的零排放，而是指二氧化碳的净零排放。碳中和的定义是指当一个组织在一年内的二氧化碳排放通过二氧化碳去除技术应用达到平衡，就是碳中和或净零二氧化碳排放。净零排放的定义是当一个组织一年内所有温室气体排放量与温室气体清除量达到平衡，就是净零温室气体排放。可见，大多数情况下碳中和、净零排放的含义是一样的。

近年来，全球源自生活消费领域的能源消耗和碳排放逐步增加，特别是与居民生活息息相关的建筑与交通领域能耗快速增长。据《BP世界能源展望（2019年）》评估，随着全球生活水平的提高，到2040年建筑和交通部门将分别占全球能耗的29%和21%，控制消费端能耗和碳排放的重要性日益凸显。

低碳消费是"双碳"目标进程中的重要内容，对减少碳排放总量、提高碳汇吸收能力起到驱动作用。在具体实现方面，低碳消费活动围绕公众衣、食、住、行、用等生活领域展开，覆盖家庭、企业、社区等单位。

碳达峰是指源自生产和生活等领域二氧化碳排放总量达到峰值，经过一定平台期后持续下降的过程，强调碳排放总量的绝对降低，建筑、交通、家电消费作为当前排放大量二氧化碳的领域，理所当然成为减碳的重点领域。碳中和强调的是人为碳排放和人为碳移除相互抵消，实现人为零排放。碳中和目标的实现必然要求全方位全过程地削减生产端和消费端的碳排放量，同时提高生态系统的碳汇吸收能力。构建低碳消费助力"双碳"目标的作用机制。

低碳消费的"减碳机制"体现为直接和间接的双重效应，助力碳达峰尽早实现。一方面,公众低碳消费行为能够直接减少碳排放。消费者在购买、使用和处置产品的过程中充分评估二氧化碳排放量,以最低的碳排放作为决定消费行为的依据。在购买环节,主动选择购买低碳产品和服务,例如,购买节能家电、乘坐公共交通出行;在改造环节,针对传统高耗能产品进行节能改造或清洁能源替代,如以新能源汽车代替汽油车,使用屋顶光伏发电代替传统煤电等;在使用环节,推进产品循环利用,延长产品使用周期,节约能源资源。另一方面,公众低碳消费倒逼企业低碳生产,起到间接减排的作用,可被称为"引致低碳消费"。低碳消费代表消费品质的升级,消费者对产品碳排放、性能和效益的追求,将引导原材料开发利用、生产加工、运输和储存等环节严格遵守低碳准则,以低碳生产服务低碳需求,促进经济发展方式整体转型。

中国自"十一五"开始大力推动节能减排,从支持节能家电、新能源汽车等低碳产品,到着手建设低碳建筑、智慧低碳交通等重点领域转变公众生活方式,绿色、低碳消费理念逐步深入人心。但结合各地实践来看,低碳消费实际参与度较低,低碳消费可选择的产品和服务具有局限性,有必要完善相应的引导政策。

三、中国低碳消费政策变迁

(一)"十一五"时期:开启节能减排推动下的低碳消费

"十一五"时期,中国开启节能减排推动下的低碳消费,大力推动节能减排。"十一五"规划纲要提出降低能源强度的要求,针对消费端明确指出"政府应当提升节约意识,鼓励生产和使用节能高效的汽车和各类节能、节水产品,开发节约能源型和省地型的建筑物,建立节约型消费模式",旨在顺应节约能源、提高能效的基本准则。为了应对经济社会发展中突出的资源能源约束问题,中国提出建设资源节约型、环境友好型社会,推动经济发展方式向集约型转变,以环境保护为导向的绿色消费逐渐进入公众视野。2005年,《国务院关于落实科学发展观加强环境保护的决定》中指出:"在消费环节，要大力倡导环境友好的消费方式，实行环境标识、环境认证和政府绿色采购制度。"自此开始以制度规范引导绿色消费方式的构建。2009年，在哥本哈根气候峰会上，中国政府首次向世界宣布碳强度目标，从能源强度控制到碳强度控制，意味着从全方位应对气候变化的角度，推动能源消费结构转型、能源使用效率提升，在节能减排浪潮下，更多节能节电产品走入公众生活，低碳建筑、新能源汽车的建设进程逐步加快。

（二）"十二五"时期：建立绿色生活方式和消费模式

"十二五"时期，我国低碳消费从更广泛的维度着眼于形成绿色生活方式，服务于应对气候变化的要求。"十二五"规划纲要明确提出"倡导文明、节约、绿色、低碳的消费理念，推动形成与我国国情相适应的绿色生活方式和消费模式"。基于扩大内需、提高能源资源利用效率的现实国情，推动绿色消费也是激发经济增长动力、缓解环境压力的重要内容。2015年，国务院政府工作报告着重强调推动绿色消费，随后，《关于加快推动生活方式绿色化的实施意见》《关于促进绿色消费的指导意见》《绿色生活创建行动总体方案》等文件相继出台，将绿色消费阐释为以节约资源和保护环境为特征的消费行为，为绿色消费的宣传教育、市场建设和政策支持作出系统部署。低碳消费也是一种绿色消费方式，更侧重节约能源和减少碳排放。2015年，中国政府在《强化应对气候变化行动——中国国家自主贡献》文件中正式提出向公众推广低碳消费，强调了应对气候变化兼顾生产端和消费端变革的系统性及其受众群体的广泛性。

（三）"十三五"时期：将低碳消费纳入现代化经济体系

"十三五"以来，我国低碳消费制度建设逐步完善，低碳消费成为构建绿色低碳循环发展现代化经济体系中的重要内容。党的十九大报告指出"加快建立绿色生产和消费的法律制度和政策导向，建立健全绿色低碳循环发展的经济体系"，针对绿色生产、流通、消费等环节的政策制度逐步完善。在扩大内需的战略导向下，促进消费的相关体制机制日趋完善。2018年，生态环境部等五部门联合发布的《公民生态环境行为规范（试行）》，倡导公民"践行绿色消费，选择低碳出行，坚持简约适度、绿色低碳的生活方式"，强调公民个人践行生态环境责任。2020年，国家发展改革委和司法部联合发布《关于加快建立绿色生产和消费法规政策体系的意见》，从绿色采购、认证标识、税收优惠等方面，为全国和地方绿色消费制度建设提供了指导，低碳消费作为其中一项重要内容，针对低碳产品供给、市场交易标准等相关配套政策逐步完善。

（四）"十四五"时期："双碳"目标导向下加快低碳消费部署

"十四五"时期，我国"双碳"目标驱动下的经济社会整体变革与高质量发展要求具有一致性。一方面，以生产端减排为主、以消费端减碳相协调，双侧发力推动碳排放总量和强度双重控制，缓解能源约束压力和减排压力。2020年12月，国务院新闻办公室发布的《新时代的中国能源发展白皮书》明确指出"在全社会倡导勤俭节约的消费观，培育节约能源和使用绿色能源的生产生活方式"，大力推动能源消费革命，加大能源需求侧管理。2021年7月，全国碳市场上线交易启动，未来居民低碳行为有望更多纳入碳市场，以市场机制培育绿色低碳消费习惯。另一方面，把握新时期消费扩大和升级要求，以"碳"为量化约束倒逼消费品质提升，有利于激发经济活力，畅通国民经济大循环，与新发展格局相适应。2021年2月，国务院出台《关于加快建立健全绿色低碳循环发展经济体系的指导意见》，提出构建涵盖国民经济循环的绿色生产、流通、消费体系，鼓励绿色产品消费和绿色生活创建活动，强调绿色、低碳和循环三者的相互协同。随着"线上线下"消费新业态新模式的发展，新型消费模式将成为新时期促进消费的一大亮点，消费者以更低的能耗和排放获得更优质的消费体验，而新型消费本身倡导的数字化、便捷化，也将为低碳消费带来更多机遇。

自工业革命以来，人类在自然界获得了极大的自由，创造了巨大的生产力，实现了经济飞速发展。但是，恩格斯早在19世纪就警示我们：不要过分陶醉于我们人类对自然界的胜利。对于每一次这样的胜利，自然界都会对我们进行报复。中国正处在工业化和城市化大规模、高速并进发展时期，资源禀赋、人口状况、技术水平、经济基础和产业结构决定了中国的化石能源使用和碳排放不可避免地要经历一个高速增长的历史阶段。正因如此，我们要真正有效地应对全球气候变化，在接受低碳排放理念的同时，需要进一步拓展实现低碳排放的视界，不能仅仅局限于低碳经济，而应着眼于推动整个社会的变革。因此，低碳社会构建的提出与实现人类社会发展的低碳化转型已经成为国际社会的共识。

第四节　全球气候治理的中国贡献

随着人类命运共同体理念逐步成为中国特色大国外交思想的重要基石，作为人类命运共同体理念的题中应有之义，生态文明理念及其国际维度日益受到国际社会的关注。在2018年5月召开的全国生态环境保护大会上，习近平总书记提出了新时代推进生态文明建设必须坚持的六项原则。其中第六项明确强调了"全球生态文明建设"的概念，标志着我国对生态文明及其建设的界定或理解具有了一种国际甚或全球视域的所指。在全球生态文明建设中，气候变化问题日益被视为全球环境治理中的首要议题，使当代人类社会生存发展面临着系统性的气候危机挑战。中国"3060""双碳"目标的提出彰显了中国作为全球生态文明建设的重要参与者、贡献者、引领者，在"绿水青山就是金山银山"的理念下，不仅自身坚持走绿色发展之路，同时还要推进全球可持续发展及零碳排放优化方案的形成。在迈向全球碳中和目标的进程中，以太阳能、风能、生物质能、潮汐能、绿色氢能、核能为代表的新能源革命加速了全球能源转型与碳中和社会的实现。中国作为新能源生产与绿色投资均居世界首位的大国，需要利用自身的绿色结构性优势，通过灵活多元的新能源外交来加快新能源国际合作和全球新能源善治步伐，从而塑造一种绿色、公正、包容、安全的气候能源治理新秩序。

当今国际关系正经历深刻复杂变化，全球治理体系变革正处在历史的转折点上。中国与世界的相互影响程度之深前所未有。一个十几亿级人口的国家整体崛起在世界历史上还是第一次。这对世界意味着什么？这是中国和世界都在深入思考的大课题。中国政府郑重承诺，中国的和平发展将是人类之福，而非世界之祸。中国将深度参与全球治理，推动全球治理体制向着更加公正合理的方向发展，为全人类的美好未来作出更大贡献。全球气候治理是全球治理的重要组成部分，巴黎气候大会之后形成的全球气候治理新体制为如何推进其他领域的全球治理提供了有益的启示和借鉴。中国在深度参与全球治理的进程中，无论如何积极作为，都不可能同时在所有领域的全球治理中发挥引领者的作用。综合而论，全球气候治理是中国最有条件扮演全球治理引领者角色的领域，也是最具显示度地展示中国和平发展对世界的积极意义的领域。

随着气候变化、跨界水污染、海洋酸化等全球环境问题的凸显，没有一个国家可以单独应对弥散性、跨界性和复杂性的环境挑战，人类命运共同体的大国外交理念也必然首先集中体现为共保绿色家园和共创美丽世界等可持续发展的生态治理诉求。鉴于目前全球环境治理体系的结构性僵化、治理碎片化以及"南北方"国家治理诉求差异不断拉大，全球生态文明理念的国际扩散为全球环境善治提供了一套系统性解决方案。在目前碳中和背景下，全球气候能源战略转型态势不断加速，不仅新能源发展成为应对气候变化、疫情后经济复苏、能源安全等多重危机的重要一环，新能源外交更成为推进全球生态文明建设的关键抓手和践行路径。"十四五"时期是中国碳达峰的关键期和窗口期，一方面，我们需要构建清洁低碳安全高效的能源体系，完善绿色低碳政策并提升绿色低碳技术和绿色发展实力；另一方面，我们需要通过新能源外交推动绿色能源大国向绿色能源强国转变，为中国绿色"一带一路"建设提供良好的国际环境，并系统性提升中国在全球气候能源治理中的制度性话语权，有力回击西方某些媒体和政客对中国的歪曲言论。

目前不可忽视的是，在全球环境治理体系中，欧美发达国家在既有治理秩序中的话语理念仍然处于主导性优势地位。国际社会对于全球生态文明理念的广泛接纳不仅有赖于生态文明内在逻辑的系统性建构以及促进其多元多维的国际传播，更需要通过灵活务实的外交合作来将全球生态文明理念全面嵌入国际环境合作的制度体系中。在迈向碳中和的进程中，发达国家与发展中国家之间的低碳治理能力和绿色创新技术之间的差距可能会不断扩大而非缩小，全球新能源革命所带来的收益并非均质化分布的，而是"马太效应"

下的南北差距拉大。鉴于此，新能源外交的开展基于全球生态文明理念来重塑国际政治经济新秩序，从而建构一个更加绿色、公正、包容、安全的气候能源治理新格局。唯有此，才能分阶段有步骤地打破全球环境治理中日益固化的西方知识权力结构与治理路径偏好，通过卓有成效的外交合作实践来推进国际社会对于全球生态文明理念的接纳，采纳中国智慧和中国路径来应对全球低碳转型和碳中和目标实现过程中的多维困境与现实挑战。

目前，全球碳中和态势意味着碳约束和能源转型已经成为全球生态文明建设中无法忽视的首位要务。2021年3月15日，习近平总书记在中央财经委员会第九次会议上强调，实现碳达峰碳中和是一场广泛而深刻的经济社会系统性变革，要把碳达峰碳中和纳入生态文明建设整体布局。基于此，碳中和背景下的全球生态文明建设具有如下三重内涵。

第一，全球生态文明建设的首要目标是基于可持续发展、环境正义、生态安全等理念来不断推进全球环境治理体系的优化，从而塑造一种基于更加绿色、公平、合理、包容、安全的国际经济政治秩序的全球生态环境安全共同体。基于此，全球生态文明建设进程必然需要我们不断推进各国特别是广大发展中国家的经济社会现代化战略与生态环境保护战略进一步密切结合，在谋求发展的过程中不以牺牲环境为代价。与此同时，我们需要通过强调环境正义来克服目前全球环境治理中的"南北差距"，这意味着在实现人与自然和谐共生的现代化绿色治理的同时，塑造基于人类命运共同体理念的具有包容性和公平性的全球环境治理新格局。习近平总书记指出，保护生态环境，应对气候变化，维护能源资源安全，是全球面临的共同挑战。碳中和背景下的全球生态文明建构意味着在坚持"共同但有区别性责任"原则的前提下不断对全球气候能源治理秩序进行优化。如鉴于发达国家与发展中国家间的不同能力和历史责任，我们需要格外注重推进全球范围内的气候与能源公正转型。在新冠疫情冲击下，发达国家应向发展中国家提供新的、额外的、持续的、可预测的、充足的和及时的资金支持，以及技术开发与转让和能力建设支持。同时，2023年首轮全球盘点应包括《巴黎协定》的所有长期目标，即温度、减缓、适应和资金必须全部成为全球盘点的核心。

第二，碳中和背景下全球生态文明建设推进的动力源于中国"两山"生态治理理念和低碳治理最优实践的国际化外溢。面对气候变化等全球性的环境问题，中国生态文明理念不仅要融入国内的经济社会发展各个方面，同时作为负责任的大国，中国更要以实际行动来引领国际环境与发展新格局。比如作为国际碳排放大国，中国积极实施应对气候变化战略，有效扭转二氧化碳排放快速增长局面。数据显示，截至2019年底，中国碳排放强度比2015年下降18.2%，提前完成"十三五"约束性目标任务，与此同时，提前完成向国际社会承诺的2020年目标，为全球生态文明建设作出示范引领和重要贡献。基于此，全球生态文明建设要注重"理念"和"行动"双重维度：一方面，中国要在凝练和升华本土生态文明实践经验的基础上，进一步完善生态文明的制度体系，注重自身治理理念和政策路径的科学化和逻辑性，为全球环境善治提供源源不断的新的知识供给；另一方面，中国生态文明实践中所形成的可复制可推广的有效经验，可以为世界提供中国方案的借鉴参考，特别是全球生态文明理念所承载的制度规范扩散必然伴随着相应的绿色最优实践、绿色准则和绿色标准的推广。这需要我们从国际视野出发，在国际生态指标体系建构、生态文明与可持续发展的标准对接、新能源产业链重塑、"南南合作"创新等领域作出更多的治理性示范。

第三，碳中和背景下全球生态文明建构需要把握目前国际绿色对话空间不断扩展的契机，推进气候能源外交模式的不断创新。当下碳中和议题成为中美欧之间的重要大国共识，且各方都将新能源发展视为应对气候危机和推进后疫情时代绿色复苏的重要抓手。在美国宣布重返《巴黎协定》后，总统气候问题特使约翰·克里便于2021年4月15日至16日到访中国，同中方共同发布了《中美应对气候危机联合声明》，指出"两国计划采取适当行动，尽可能扩大国际投融资支持发展中国家从高碳化石能源向绿色、低碳和可再生能源转型"，明确突出了新能源在两国脱碳化能源转型和气候能源合作中的重要作用。与此同时，4月16日，中法德领导人也举行了视频峰会。这是继2019年3月巴黎会晤和2020年12月气候雄心峰会视频会晤以来，中法德领导人第三次共同举行会晤。三国领导人强调要加强气候政策对话和绿色发展领域的多边合作，将其打造成中欧合作的重要支柱。基于此，中国应该把握国际社会在气候变化应对和新能源发展等方面对话空间拓展的历史性契机，在包容性共识中不断推进全球生态文明跨国合作开展。

2021年4月22日是第52个世界地球日，习近平主席以视频方式出席领导人气候峰会并发表重要讲话。4月17日，中国气候变化事务特使解振华与美国总统气候问题特使约翰·克里在上海会谈，会后发表《中美应对气候危机联合声明》。在国际气候治理舞台上，中国以习近平生态文明思想为指导，以坚定而自信的步伐走近世界舞台中央，为全球应对气候变化提供了中国方案，并通过实际行动作出中国贡献。

（一）领导人气候峰会召开的国际背景

全球气候变化是人类社会可持续发展面临的最严峻挑战之一。在2021年4月19日领导人气候峰会召开前夕，世界气象组织发布了《2020年全球气候状况》报告，以大量科学事实系统记录了令人担忧的全球气候系统的最新状况。2020年全球平均温度比工业化前（1850—1900年）水平约高1.2℃。陆地、海洋温度和海平面不断上升、融冰和冰川后退以及极端天气对社会经济发展、粮食安全和全球生态系统安全带来严重威胁。气候变化已经不仅仅是"变化"那么简单，而是如《中美应对气候危机联合声明》所言，是一场关系人类命运的"气候危机"。联合国秘书长古特雷斯曾呼吁各国宣布进入"气候紧急状态"直到实现碳中和目标。无论是"气候危机"还是"气候紧急状态"，都意味着国际社会必须加强合作，采取紧急的应对措施，维护共同的地球家园。

（二）全球应对气候变化的中国方案

习近平主席在领导人气候峰会上发表重要讲话，从人类文明的高度对气候变化等全球性问题产生的根源进行了深刻反思。工业革命在创造财富的同时，也带来了气候变化、生物多样性危机等诸多全球性问题。气候变化问题不是孤立存在的，是工业革命以来人与自然的深层次矛盾的一个集中体现。在此背景下，基于习近平生态文明思想，以下提出的"六个坚持"具体主张，简要而深刻地阐述了全球应对气候变化的中国理念和中国方案。

第一，坚持人与自然和谐共生。习近平总书记直击工业文明背后的深层次矛盾，强调构建人与自然生命共同体。这是习近平生态文明思想的核心要义，从人类可持续发展的高度占据了道义制高点。

第二，坚持绿色发展。习近平总书记以"绿水青山就是金山银山"的科学论断，深刻洞察到绿色发展是当代科技革命和产业变革的大方向。尽管绿色转型面临重重挑战，但他更多看到的是世界大势不可阻挡，只有通过创新驱动可持续发展，才能抓住绿色转型发展带来的重大机遇。

第三，坚持系统治理。山水林田湖草沙都是生态系统的要素，彼此依存，也是气候系统的重要组成部分。基于生态系统的整体性思维，习近平总书记强调保护环境必须重视增强生态系统循环能力、维护生态平衡。

第四，坚持以人为本。生态环境是最普惠的民生福祉，绿色转型也是为了人类可持续发展的长远利益，这是习近平生态文明思想的重要出发点。习近平总书记强调探索保护环境和发展经济、创造就业、消除贫困的协同增效，在绿色转型中努力实现社会公平正义，体现了为人民服务的根本宗旨和中国方案的鲜明特征。

第五，坚持多边主义。全球气候变化是人类面临的共同挑战，应对气候变化是各国利益分歧中难得的和稳定的"最大公约数"。实现碳中和目标，开启了全球绿色低碳发展的新征程。中国主张以国际法为基础、以公平正义为要旨、以有效行动为导向，维护以联合国为核心的国际体系，携手推进全球环境治理。中美重启气候合作，对全球应对气候变化无疑是一个积极信号。但当前国际环境治理面临的困难也是显而易见的。大国关系依然紧张，政治互信缺乏，某些国家气候政策随政府更迭严重摇摆，淡化或逃避履行国际义务，甚至还以单边措施相威胁。对此，我国立场鲜明地指出，要携手合作，不要相互指责；要持之以恒，不要朝令夕改；要重信守诺，不要言而无信。

第六，坚持共同但有区别的责任原则。共同但有区别的责任原则不仅是1992年通过的《联合国气候变化框架公约》确立的基本原则，也是全球可持续发展领域开展国际合作的基本遵循。我国重申共同但有区别的责任原则是国际气候治理的重要基石，强调发展中国家的多重挑战、重要贡献、特殊困

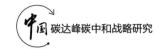

难和关切，呼吁发达国家从资金、技术、能力建设等方面帮助发展中国家推进绿色低碳转型，不应设置绿色贸易壁垒，其意在巩固发展中国家的团结协作，维护发展中国家发展的正当权益，体现了中国永远同广大发展中国家站在一起的基本政治立场。

（三）以实际行动为全球应对气候变化作出中国贡献

我国不仅提出了全球应对气候变化的中国理念和中国方案，更彰显了中国要做"行动派"，坚定走绿色低碳发展的道路，以实际行动为全球应对气候变化作出中国贡献。

在2030年前实现碳达峰、2060年前实现碳中和目标的郑重承诺，向国际社会展现了中国"言必信，行必果"的信心和决心。中国作为世界上最大的发展中国家，致力于实现全球最高碳排放与碳强度（单位GDP排放二氧化碳量）降幅。从碳达峰到碳中和只有短短30年时间，中国要以最快的速度来实现这一目标，是非常不容易的。中国提出碳达峰碳中和目标，不仅是履行国际义务，展现推动构建人与自然生命共同体的大国担当，更是符合自身可持续发展的内在要求，是加强生态文明建设、实现美丽中国目标的重要抓手。

碳达峰碳中和已纳入中国国家重大战略和生态文明建设的整体布局，目前中国国内各层面、各部门、各领域都在积极推进碳达峰碳中和工作。结合习近平总书记的系列重要讲话，中国在应对气候变化方面的主要行动可以概括为以下几个方面。

一是加强顶层设计，制订碳达峰行动计划，在广泛深入开展碳达峰行动的同时，支持有条件的地方和重点行业、重点企业率先达峰。区域发展不均衡是中国的现实国情，碳达峰碳中和要尊重科学规律，不可能"一刀切"。以点带面鼓励有条件的地方和重点行业、重点企业率先实现碳达峰，可以为全国整体碳中和留出必要的时间和空间。

二是以能源转型为重点，控制和逐步减少煤炭消费，推动构建以新能源为主体的新型电力系统。中国以煤炭为主的能源结构正在加速转变，煤炭在一次能源消费中的占比大幅度下降，2012年占比接近70%，到2020年已降至56.8%。近年来，中国可再生能源的快速发展令世界瞩目，可再生能源装机容量占全球30%左右，2020年可再生能源发电量达2.2万亿千瓦时。截至2020年底，中国碳强度较2005年降低约48.4%；非化石能源占能源消费总量比重达15.9%，超额完成了2020年的减排目标，为实现碳达峰碳中和目标奠定了较好的基础。习近平总书记强调中国将严控煤电项目，"十四五"时期严控煤炭消费增长、"十五五"时期逐步减少，发出了进一步加快能源转型的新号令。

三是拓展温室气体管控范围。2016年10月15日《蒙特利尔议定书》197个缔约方达成的《〈蒙特利尔议定书〉基加利修正案》（以下简称《基加利修正案》），就减排导致全球变暖的强效温室气体氢氟碳化物（HFCs）达成一致。中国是HFCs的生产和消费大国，制冷需求增长较快，与减缓和适应气候变化都密切相关。根据《基加利修正案》要求，中国2024年将氢氟碳化物的生产和消费冻结在基线水平，2029年在基线水平上削减10%，到2045年削减80%。中国决定接受《基加利修正案》，承诺加强非二氧化碳温室气体管控，相当于进一步提升应对气候变化的行动力度。

四是启动全国碳市场上线交易。碳市场建设是发挥市场机制，优化资源配置作用，激励减排，完善碳达峰碳中和政策体系的重要一环。2005年启动的欧盟碳排放交易体系经过循序渐进式的发展，对推动欧洲绿色转型起到了重要作用，也积累了不少经验。自2011年在北京市、天津市、上海市、重庆市、广东省、湖北省、深圳市启动碳市场试点以来，中国碳市场建设在借鉴欧盟碳市场做法的同时不断积累自身经验，截至2020年11月，试点碳市场共覆盖电力、钢铁、水泥等全国20余个行业近3000家重点排放单位，累计配额成交量约为4.3亿吨二氧化碳当量，累计成交额近100亿元。基于长期试点经验总结，2021年1月5日中国生态环境部公布了《碳排放权交易管理办法（试行）》，2月1日全国碳市场终于正式启动，目前覆盖了2225家发电企业和自备电厂，未来还将扩展到其他部门。中国碳市场将成为全球最大的碳市场，助力中国实现碳达峰碳中和目标。

除此之外，中国对全球应对气候变化的贡献还体现在通过大力推进南南合作来帮助其他发展中国家。中国作为全球生态文明建设的参与者、贡献者、引领者，坚定践行多边主义，努力推动构建公平合理、合作共赢的全球

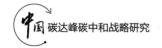

环境治理体系。

中国一直积极、建设性地参与国际气候治理进程，从《坎昆协议》到《巴黎协定》，中国的减排行动目标以及自主贡献目标不断提升。同时，中国坚定维护以《联合国气候变化框架公约》为主渠道的应对气候变化国际多边机制，积极推动包括《京都议定书》《巴黎协定》等气候公约的签署、批准和实施。中国作为正在经历城市化、工业化进程的发展中国家，不仅自身采取系统行动控制温室气体排放、走低碳发展道路，还积极分享发展经验，向发展中国家提供资金、技术、能力建设培训等，帮助发展中国家走低排放的可持续发展道路。2021年4月22日，习近平主席在领导人气候峰会上，基于中国建设生态文明和应对气候变化实践，提出了"坚持人与自然和谐共生""坚持绿色发展""坚持系统治理""坚持以人为本""坚持多边主义""坚持共同但有区别的责任原则"的中国方案，为中国参与国际气候治理明确了方向，也为打破国际气候治理僵局、推进全球气候治理合作与行动提供了解决思路和行动路径。中国在绿色低碳转型发展、能源结构调整、温室气体管控、全国碳市场建设等领域取得的成果和经验，为全球气候治理贡献了巨大碳减排成果。同时，中国的实践路径、经验和成效，也为全球气候治理进程贡献了方案、提供了参考。全球碳中和新征程已经开启，未来不会一帆风顺，但国际合作已成为这一伟大进程的主旋律。无论征途上有多少艰难险阻，中国愿与国际社会携手共进、砥砺前行。

第三章
Chapter 3

突破囹圄：
"双碳" 面临的机遇与挑战

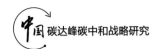

第一节 碳达峰碳中和的现行机遇

近年来，国家在战略层面持续推动碳达峰碳中和目标的实现，推动经济社会发展建立在资源高效利用和绿色低碳发展的基础之上。2020年，我国将碳达峰碳中和目标写入"十四五"发展规划和2035年远景目标，表明了低碳转型的坚定决心，也体现了可持续发展的理念和作为负责任大国的担当。实现碳达峰碳中和，表面上是为应对由于温室气体排放带来的气候环境危机，实质上是一场以"核气风光水"为代表的新能源多元供给体系取代以石油、煤炭为代表的化石能源的革命。我国在实现碳达峰碳中和的过程中，能源的供给侧结构将实现根本性改变，能源的需求侧即整个社会也将发生生产方式和生活方式的重构。因此，这是一场广泛而深刻的系统性变革，倒逼我国各行各业加强生态环境保护，加速产业结构升级。

能源在国民经济中具有特别重要的战略地位。基于整个社会能源的供给、需求、循环回收链条找准定位、主动担当，有利于我们把握信息通信行业在宏观层面所处的位置，并在"双碳"行动当中发挥应有的战略作用。

在上游的能源生产、传输、存储方面，我国将加快能源结构调整步伐，以清洁能源代替化石能源，从源头减少温室气体的产生和排放。同时大力发展以"削峰填谷"为目的的分布式储能技术和以特高压技术为代表的输电技术。中游用能方面，包括高耗能、显性排放的交通、航空、冶炼、化工等行业和间接排放的建筑、通信、医疗、教育等行业。各行业需不断加强节能技术、数字化技术的研发及应用，提升工艺流程和能效水平，调整产业结构，实现降本增效。后端回收利用主要涉及一些环保行业，加强农林碳汇和可再生资源的循环利用，推行垃圾分类，推动减碳与减污同时进行。

信息通信行业作为间接排放的行业之一，在设备生产制造、安装运营维护等环节消耗电能。根据《中国能源统计年鉴》的统计口径,2019年我国工业(包括采矿业、制造业、电力、热力、燃气及水生产和供应业)仍然是我国能源消费比例最大的行业类型,占整个社会能源消费的66%,其中的子类型"计算机、通信及其他电子设备制造业"占整个社会能源消费的1.03%。信息通信行业所包含的信息服务等内容属于"其他"类型,而"其他"类型占整个社会能源消费的比例仅为5%。由此看来,信息通信行业自身占整个社会能源消费的比例并不算大。另外,信息通信行业作为新型基础设施,推动千行百业实现数字化转型、减少能源资源消耗,其能够撬动的减排量远远大于行业自身的消费量。

一、环保行业迎来快速发展

碳排放量将成为度量一个行业是否有绿色发展能力的重要评估标准。企业的技术路径选取和治理能力必须遵照正确的价值取向,才可以在市场对比中取得较大的发展优势。同时,社会环境对碳排放进行监管后,有很大可能会对环保企业发展提出更高的要求。因此,不能对环保企业的碳排放效益有过高的期盼,在市场严格监管下其发展可能也会受到阻碍。即便如此,环保企业也要未雨绸缪,积极研究更好的环保应对方案,以有效应对未来环保行业或许会出现的变化。

(一)沼气市场发展空间巨大

众所周知,沼气是利用动物粪便以及植物秸秆或各种厨余废弃物通过发酵产生的能量,整个过程不仅没有任何污染还处理掉了很多垃圾,且不说沼气能产生多少能量,就单单沼气处理掉的这些废弃垃圾就为减少碳排放作出了很大贡献。甲烷是沼气的主要成分,属于一种温室气体,20多倍的二氧化碳当量是完全可以被转化的。除此之外,用沼气发电不但可以减少温室气体排放,还能起到节约能源的作用,因此也可以纳入碳减排当量。从节能减排角度分析来看,未来沼气市场经济空间有很大发展潜力。

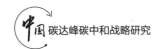

（二）注重服务的环保企业将登上舞台

由于引入生态文明建设和碳达峰碳中和目标的确定，环保行业未来必将从第二产业迈向第三产业。现代社会各行各业都追求卓越的服务，环保企业也不例外。而随着人们受教育程度的提升，个人社会责任感不断提高，对精神境界的追求也随之提升。因此未来各个行业将朝着提高运营服务质量的方向发展，较为传统的环境污染治理的市场行为将逐渐退出，环保行业将进入运维服务、提高质量、提高效率的时代。

（三）环保企业的超车时代

为使碳达峰碳中和目标可以完成，政府对各个行业提出了不同要求，各企业争相搭建绿色节能低碳的产业链，使企业自身的发展能够起到保护生态环境、减少碳排放的作用。然而，在这些有意识的企业还在准备阶段时，先一批成熟的环保企业已提前进入"跑道"，它们起点高，可以在响应国家政策的同时稳步提升自己的发展速度，迎来属于它们的"超车时代"。

二、节能减排相关行业发展迅猛

（一）新能源行业

据我国产业结构和能源结构分析，新能源开发是减少二氧化碳排放的主要动力。在能源结构方面，风、电、光伏等清洁能源比重大大提高，实现了"二氧化碳中和"目标，并且整体占有率目前在10%～70%，年均增加1.5%～1.6%。这也对碳排放和碳捕集产生了影响，从二氧化碳排放来看，新能源生产能力显著，在能源产业中的占有率不断增加，新能源汽车产业会逐渐取代传统汽车产业；从碳吸收的角度来看，帮助有能力配备家庭光伏项目储能设备的家庭进行配备，电网企业对家庭光伏发电项目进行保障并网消纳。国家正在努力稳步推进光伏发电普及各村各户，光伏发电减少了碳排放，符合国家发展理念。

（二）林牧业

在实现碳中和的过程中，在二氧化碳排放量无法再减少的情况下，便需要通过植树造林、种植草场等方式增加绿色植物对二氧化碳的吸收。也就是说，需要通过碳汇的方式来进行碳中和。

碳汇的意思是指通过植树造林、森林管理、植被恢复等措施，利用植物光合作用吸收大气中的二氧化碳，并将其固定在植被和土壤中，从而减少温室气体在大气中聚集的过程、活动或机制。森林吸收并储存二氧化碳的能力也很重要。近些年来，我国提倡大力发展农牧业，提高森林覆盖率，预计到2050年，森林面积将比2020年增加4700万公顷，森林面积的大幅度增加能够使森林碳吸收能力显著提高，实现中国森林碳汇能力维持基本稳定。由于碳汇需求的增加，林业和畜牧业将得到迅速发展。这些规划同时预示着未来几十年我国的林牧业将得到较为快速的发展。

（三）研究二氧化碳吸收的科研机构

从经济学角度看，解决任何一个经济问题，从单一角度是无法得到很好的解决的，只有从供需两方面共同努力才可以使问题得到有效解决。那么，为更好地解决碳排放问题，仅仅靠减少碳排放量是远远不够的，还需要使用高科技手段实现碳捕集和碳回收利用。此前，利用二氧化碳生产甲醇的示范项目已经启动，后续示范项目或将形成规模化发展，商业化进程也将加快，有望成为吸引资本投资的新产业。这一行业的发展壮大是一个必然趋势，因为这一研究技术是可以长期应用，并且可以更好提高效能的技术，符合国家发展要求，同时又有自身技术支持，可以说这是一个集地利、人和于一体的发展研究方向。

能源活动通常是碳排放的主要来源。在发达国家能源生产和消费活动能产生90%以上的碳排放和75%的温室气体排放。能源活动大部分依靠化石燃料的燃烧及其温室气体的排放，而二氧化碳主要是燃烧化石燃料产生的，为响应国家碳达峰碳中和相关号召，减少石油煤炭等化石燃料的燃烧是必不可少的。那么，可以预见未来对新能源需求将不断增加，新能源行业发展势不可当。

1. 光伏发电大力推进

为有效落实我国能源系统安全发展的新战略要求，需要建立并网消纳多元保障机制,如保障性并网、市场化并网等,加速推动相关项目建设,废除长期没有作为的企业项目,并稳步推动户用光伏发电发展。2021年为促进户用光伏发电发展,国家政府财政贴补达到5亿元。在此背景下,我国汽车行业始终保持着稳中求进的发展态势,从汽车类型来说,新能源汽车生产和销售的整体表现优于其他类型汽车,月产销量一直保持在20万辆以上,产销量持续刷新当月历史纪录。2021年1—4月,新能源汽车产销分别完成750000辆和732000辆,比上年同期分别增长2.6倍和2.5倍。其中,纯电动新能源汽车企业产销都出现了大幅度增长,同比分别增长3倍和2.8倍;增长速度紧随其后的是插电式混合动力汽车产销,同比分别增长1.2倍和1.4倍。燃料电池发展汽车市场产销量都出现了下降趋势,分别下降52.1%和32.9%。这些数据都表明,现在汽车发展大势已经转向新能源汽车领域,随着国家对新能源汽车的支持政策不断出台,再加上国民环保意识持续增强,新能源汽车充电设施不断完善,续航能力持续提高,这足以证明新能源汽车未来发展形势大好。

2. 新能源汽车迎来春天

毋庸置疑,在碳达峰碳中和的大背景下,新能源汽车仍将是长期持续成长的行业。近年来,在一揽子政策的推动和引导之下,我国新能源汽车呈现出爆发式增长的态势。《2020年新能源乘用车白皮书》显示,10年间中国新能源乘用车销量由2000台暴涨至114万台,中国已经成为全球最大的新能源汽车消费市场。业内普遍认为,随着新能源汽车产业发展从政策驱动走向行业自驱,未来配套设施的发展空间巨大。新能源汽车产销持续扩张将进一步拉动上游电池、设备以及电子元件的需求,同时对充电桩等配套设施的建设也将形成巨大推力。

由表1可以看出,从2000—2017年我国二氧化碳排放绝大部分来自煤炭和石油的燃烧,那么为了能在规定时间内实现我国的碳达峰碳中和目标,发展新能源势不可当。

表1 中国能源消费活动中产生的碳排放量的测算结果

年份	碳排放量/亿吨				增速/%
	煤炭	石油	天然气	碳排放总量	
2000	23.90	6.90	0.54	31.30	-0.60
2001	24.40	7.00	0.60	32.10	2.50
2002	27.00	7.60	0.64	35.20	9.80
2003	32.00	8.30	0.76	41.10	16.80
2004	37.00	9.60	0.84	47.40	15.30
2005	42.70	10.10	1.06	53.80	13.40
2006	47.40	10.80	1.23	59.40	10.40
2007	51.20	11.20	1.53	63.90	7.60
2008	54.30	11.40	1.77	67.50	5.50
2009	59.80	11.80	1.97	73.60	9.10
2010	61.30	13.30	2.35	76.90	4.40
2011	66.00	13.90	2.86	82.80	7.70
2012	67.60	14.50	3.25	85.40	3.20
2013	69.04	15.20	3.70	87.90	3.00
2014	68.53	15.80	4.05	88.40	0.50
2015	67.11	17.00	4.97	89.10	0.80
2016	66.24	17.40	5.34	89.00	-0.10
2017	66.28	18.10	6.14	90.50	1.70

尽管实现碳达峰碳中和目标面临着困难和挑战，但这也是推动生产方式、生活方式、消费模式加速转型的极好机遇，可以倒逼绿色低碳转型，技术和政策创新，向市场主体传递清晰信号，引导未来的资金技术投向绿色低碳循环发展领域。

3. 新能源区块链

当今世界各行各业都已经步入了大数据时代，尤其是常用的购物软件以及各种搜索引擎，在不知不觉中记录了我们的各种生活痕迹。可以说，大数据时代背后一定伴随着区块链的迅速崛起；区块链正在缓慢地融入各个行

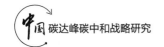

业，新能源行业也不例外。

能源也是一种资源和资产，我国的各项政策表明，未来能源的交易需求量将持续不断增加。但是能源具有很强的地域属性，通过传统手段很难解决能源的地域性和跨区域投资问题，而通过区块链独特的权利则完全可以实现这一点。新能源链上双代币方案的提出完美地解决了能源的地区属性和能源投资问题。新能源代币（TOKEN）化的具体方案是创造电力币和新能源币两种代币。其中，电力币是稳定的象征，一度电是1电力TOKEN方案，使电力TOKEN和电力资产可以更巧妙地锚定，通过锚定出的稳定的TOKEN便可以在投资市场上进行交易。除此之外还可以进行储存，交易之后便被销毁。这样，在任何时候的TOKEN电力总量都与互联网上的电力总量相等，相当于完全与TOKEN相对应的线下能源资产。但是对于投资企业来说，它们不需要看文件的价格，因为其抵抗风险能力较强，通常追求高风险高收益，这个时候双TOKEN方案（另一个TOKEN可以直接被消耗掉）对公司来说便是最好的投资选择。任何实体不需要改动就可以直接连接到区块链，这一项目只要求现在的新能源项目可以连接到国家电网。因此，与其他项目相比，这种方式不需要进行线下电力系统网络的大规模改造，且各个经济合作企业都非常容易直接接入区块链，必然是企业所需的新能源区块链的发展新趋势。

碳达峰碳中和的提出将带动一批企业如雨后春笋般发展起来，如上文提到的环保行业、新能源行业、林牧业以及各个碳排放研究所都将得到快速发展。其他行业想要借此东风发展，就要紧跟党和国家要求积极响应低碳环保、节能减排政策，减少企业碳排放，承担企业应承担的责任，在国家发展大计面前作出自己的贡献。

第二节　碳达峰碳中和面临的严峻挑战

随着世界各国越来越意识到气候变化给人类社会带来了严重且不可逆的挑战，如何应对气候变化成为当前全球可持续发展中的焦点和紧迫性议题。2015年《巴黎协定》的达成，标志着全球气候治理进入一个以国家自主贡献方式协同应对气候变化的新阶段。中国为《巴黎协定》的签署、生效和深入实施作出了重要贡献。2020年12月，中国提出新的面向2030年的四项具体目标，内容涵盖国内生产总值、碳排放、碳汇、可再生能源等方面。2021年4月，中法德三国举行了气候峰会，习近平主席在此次峰会上明确把碳达峰碳中和纳入中国生态文明建设整体布局。同时，中国还宣布接受《基加利修正案》，加强非二氧化碳温室气体的管控。2021年7月，全国碳市场启动上线交易。2021年9月21日，习近平主席在第七十六届联合国大会上进一步宣布中国"不再新建境外煤电项目"，再次为全球碳中和进程注入强心剂。在党中央一系列部署下，"双碳"目标在中国迅速推进。

目前，日本、英国、法国、美国等发达国家温室气体排放已经达峰，全球温室气体排放总量以及中国等大部分国家的温室气体排放仍然处于增长阶段。中国经济尚处于发展阶段，与发达国家仍有差距，能源消费持续增长是不可避免的。首先，当前中国产业结构类型以工业和制造业为主，能源需求量大、耗能高，工业和制造业的碳达峰是中国实现碳达峰的关键行业。其次，中国能源消费结构以化石能源为主，其中煤炭的消耗占一次能源消费总量的近60%，中国需加速能源结构转型，由化石能源结构转向可再生能源结构。最后，中国排放总量较大，单位能源二氧化碳排放强度较高，当前中国已经成为全球温室气体排放量最大的国家，实现碳排放下降甚至净零排放，面临基数大、技术难度较高的困难，因此，中国2030年前实现碳达峰极具挑战。

表2　全球主要区域碳达峰时间一览

国家和地区	欧盟	日本	英国	法国	美国
达峰时间	1990年	1994年	1991年	1991年	2007年

多数研究认为，经济发展要求、产业结构问题、技术创新不足等是阻碍碳达峰碳中和目标实现的主要因素。产业结构方面，2019年，中国服务业增加值占GDP的比重为53.9%，欧盟碳达峰时服务业的比重为63.7%，美国为73.9%，中国明显偏低。能源结构方面，中国以煤炭等化石能源为主，2019年

煤炭消费占比为58%，石油消费为19%，而美国和欧盟的煤炭消费仅为12%、11%。技术创新方面，与发达国家相比，中国的绿色低碳、清洁能源技术创新能力还偏弱。

还有不少研究认为，在碳达峰碳中和政策背景下碳排放的控制将导致GDP下降，且碳达峰碳中和不仅影响经济运行，在社会层面也面临诸多问题。如席细平等认为目前实现碳达峰碳中和目标面临的挑战包括：碳达峰时间要求非常紧迫、二氧化碳排放增量空间非常有限、能源消费结构调整困难重重、产业结构面临深度绿色低碳转型、碳中和目标实现难度大。

胡鞍钢教授认为我国实现碳达峰目标面临着多重挑战：全球实现碳排放达峰的国家基本上是发达国家或后工业化国家，中国是带头提出碳达峰碳中和目标的发展中国家；中国与欧美国家处于不同的发展水平与经济增速阶段，中国需要在进入中高速发展阶段加速发展绿色能源；中国与欧美国家产业结构类型、GDP能耗水平、能源消费结构等不同。

还有一些研究梳理了碳达峰碳中和过程中具体行业面临的问题。如有研究以风力发电为例，中国在基础理论和应用研究、关键设施等方面与世界先进水平差距还较大。产业体系绿色现代化进程还需要加速，特别是中国未来5～15年还有一大批交通、水利、能源、减灾、生态修复等重大工程要建设，在减排中还要消耗大量的能源。在交通领域，有研究认为目前我国城镇化进程尚未完成，仍处于机动化快速发展阶段，依然存在公共交通规划与城市融合不够、以小汽车依赖为导向的经济管理体系、慢行系统的网络建设和路权管理不到位、公路占据货物运输主导地位等问题，交通排碳难度仍然很大。

尽管中国与发达国家处于不同的经济增速阶段，具有不同的产业结构类型、能耗水平、能源消费结构及总量基数，但根据当前多数机构研究结果，中国具备在2030年前实现碳达峰的条件。根据世界银行发布的数据，中国于2014年出现碳排放峰值，尽管此后每年排放量仍较高，但几乎未超过2014年。北京智库布鲁金斯清华公共政策研究中心也预测，中国的二氧化碳排放可能在2025年达到峰值。2020年10月底，生态环境部应对气候变化司司长李高在北京举行的新闻发布会上表示，截至2019年底，中国碳强度较2005年降低约48.1%，非化石能源占一次能源消费的比重达15.3%，中国提前完成2020年控制温室气体排放目标。因此，预计在2030年前实现碳达峰压力较小。

一、"双碳"目标下中国面临的挑战

中国实现"双碳"目标，不仅关系到产业结构，还关系到整个社会经济的治理体系，关系到发展的动力系统的转变，这必将面临和带来方方面面的困难与挑战。

第一，碳减排压力大、难度高。从全球角度看，中国碳排放总量、人均碳排放、碳强度等关键指标都较高。目前，中国二氧化碳排放总量约占全球的30%，位居第一。碳强度是全球平均水平的130%、欧美国家的2~3倍，人均碳排放也已经超越欧盟。实现"双碳"目标，意味着中国要完成全球最大总量、最高强度的碳排放降幅，任务艰巨，难度极大。

第二，实现目标的时间极为紧迫。欧盟从碳达峰到实现碳中和历时71年，美国为43年。中国提出的碳达峰到碳中和时间，只有30年左右。而且，欧美等发达国家是在人均GDP达到20000美元之后开始转型的，从碳达峰向碳中和过渡时，已实现了经济发展与碳排放的脱钩，各方面压力较小。而我国尚处于人均GDP刚过10000美元的经济上升期，截至2019年底，我国二氧化碳排放总量仍超过100亿吨，远超欧盟及美国，排放尚未达峰，工业化、城市化仍处于快速发展进程中。要求用30年的时间来实现能源结构、产业结构、经济社会发展模式和生产生活模式的转型，时间极为紧迫。

第三，转型代价较高。中国目前仍属于发展中国家，工业化进程较晚，仍处于工业2.5阶段，许多领域在全球产业链、价值链分配中仍处在较低端水平，资源型、高耗能产品占比较高。从经济规律来看，大规模传统产业的发展存在一定惯性，要实现"双碳"目标，必须以极其有力的决心、行动和措施对其进行调整，这个过程近似于脱胎换骨，必然要经受阵痛。

第四，碳中和技术刚起步，技术储备不足。中国各领域仍使用大量传统技术，特别是部分传统技术的投入还未实现其投资回报，或尚未达到使用寿命周期，这意味着转换到碳中和技术可能要放弃前期投资、承担经济损失。更为重要的是，实现"双碳"目标是一场新的革命与竞争，需要在核心技术和颠覆性技术方面实现突破。如果保持国内当前的政策、标准和投资水平都不变，依靠现有技术，尽管能够实现2030年前碳达峰，但与2060年前碳中和目标尚有较大距离。我国在一些碳中和技术领域处于领先位置，但同时在很多领域的技术储备并不充足，如果不能把握好碳中和技术发展的战略机遇，将在全球新一轮技术变革与技术竞争中处于不利位置。

第五，企业结构和区域发展不平衡对"双碳"目标的实现形成压力。在企业结构方面，以制造业为例，中国制造业仍以中小企业为主，企业数量占中国企业总数的95%以上，经济规模约占GDP的55%，就业占比约75%。这些企业历经2020年新冠疫情影响，目前又叠加"双碳"目标高质量发展的需求，面对这些约束挑战，中小企业亟须进行经营管理模式转型，转型中面临资金、技术、人才等多重压力，特别是因就业问题可能导致的社会压力。在区域发展方面，中国仍存在显著地区差异。尽管脱贫攻坚战取得了胜利，但未来一段时间部分地区防止返贫的任务仍然较重。西部地区经济和工业基础相对薄弱，实现跨越式发展需要时日。以上事实均意味着，中国的"双碳"目标不能在全国同步推进。如何认识到客观存在的区域差异，如何设计公平合理的分区域、分步骤实施方案，均考验着中国达成目标的战略智慧。

第六，发展的能源需求与传统资源禀赋存在矛盾，摆脱"碳锁定"成本较高。中国目前的能源供给仍以煤炭为主（占比约56.7%），石油和天然气对外依存度分别为73%和43%。随着经济的增长，能源需求仍在不断增加。如若实现"双碳"目标，最理想的情况是新增能源需求主要依靠新能源来满足，但对中国而言用新能源替代化石能源的困难比其他国家艰巨许多，替代化石能源生产的供应体系建设将是一个相当庞大的工程。在能源投资方面，中国能源领域投资还未达到周期性回报的时间。发达国家煤电机组运行时间超过30年的占80%以上，超过40年的约占50%，最长的达到60年，现在已经到煤电淘汰的窗口期。而中国情况不同，据统计，中国的煤电发电少于10年的煤电机组占40% ~ 56%，在10 ~ 20年的占40%左右。特别是大于1000MW的大型机组共97台，其中90台小于10年，最长的机组也仅为12年，这些投资都尚未达到回报周期，因此，摆脱"碳锁定"面临着艰难抉择。

第七，碳定价机制仍不成熟。中国碳市场经过一段时期的发展，已经形成了基本构架。全国碳市场在线交易后的发展情况尚待观察。单纯从试点碳市场近几年运行情况来看，其发展速度较慢，尚存在一些问题亟须厘清。一是在碳配额方面，其属性是什么？究竟是一种碳排放权，还是可以转换为资本的资产？二是在碳价方面，存在"碳价该怎么定"的问题。中国目前的每吨碳价是40 ~ 50元，发达国家目前价格是50欧元左右。截至2021年9月23日，全国碳市场累计配额成交量848万元，累计成交额4.18亿元。碳价是基于市场供需和国家政策双因素决定，如果未来配额紧张，则碳价可能还会提高。三是碳市场与碳税的关系问题。针对碳减排是采用碳市场或碳税单一市场工具推动还是双重工具同时推动？这个问题也需要考虑。

第八，实现"双碳"目标是一个系统性变革，涉及复杂的利益调整。碳达峰碳中和既是自然科学问题也是社会科学问题，既是近期问题也是长远问题，需要科技、法律、制度、金融、国家安全、社会稳定等全方位的互动、协调和统筹，也包括对既得利益的调整。对我国这样一个有着14亿人口的大国而言，进行这种规模的转变极其复杂。

综上，实现"双碳"目标面临多重困难和挑战，需要付出极其艰巨的努力。尽管如此，实现"双碳"目标仍是中国进入新发展阶段的重要选择，是中国推进现代化的必由之路，对全球应对气候变化和构建人类命运共同体具有重要意义。

二、新发展格局下实现碳达峰碳中和面临的挑战

（一）低碳技术发展不足

当前中国低碳创新技术不足，非化石能源存在技术关隘，基础研究方面的技术短板凸显，实现"双碳"目标面临滞碍。供电方面，电力电子技术与

可再生能源发电技术遭遇瓶颈，短期内难以实现技术性突破。以东北地区为例，随着城市的高速发展，城区配电网线负荷增大，但受限于现有技术，配电网结构较弱，建筑与线路矛盾较大程度影响了配电网的安全运行，导致供电能力不足与低压现象。由于风能、水能、太阳能等可再生能源具有随机性、波动性、间歇性等特点，在接入电网时存在显著峰谷差，供电稳定性较差，而解决调峰问题的技术仍未取得有效突破。储能方面，储能技术主要包括化学储能、电磁储能、供热储能，其中供热储能是一种理想的供热期燃煤替代技术。但在实践中，上述储能技术尚无法实现有效应用与普及。电网建设方面，由于电网建设与可再生能源发电特性适应性较差，导致分布式发电项目并网存在诸多阻碍；省际联网线路少、运输通道功率低、电网负荷水平弱等技术短板给电力外送带来较大阻碍。

（二）建筑能耗趋高

建筑能耗是中国能源消耗的重要组成部分。随着中国社会经济高速发展，城镇化发展尤其是基础设施建设带来了大量的能源消耗，导致国内碳排放压力急剧加大。国家统计局数据显示，1999—2020年中国城镇化率呈逐年增长态势，由1999年的30.89%增至2020年的62.9%，但这一水平与美国、加拿大、英国、日本等城镇化率超过80%的发达国家相比，仍有一定的差距。为此，中国加快了城镇化建设步伐，国家发改委在《2021年新型城镇化和城乡融合发展重点任务》中提出，要加快培育现代化都市圈，规划重点城市群城际铁路以及各类货运枢纽。城乡规划基础设施建设及交通枢纽布局将消耗大量碳密集型建材与能源，进而加大碳排放压力。据《中国电子报》报道，当前中国每年在建筑使用过程中的碳排放量达到21亿吨二氧化碳，约占到总碳排放量的20%。搜狐网数据显示，中国建筑能耗由2012年的7.4亿吨二氧化碳增至2019年的10.6亿吨二氧化碳，能耗占比由18.4%升至21.81%。能源急剧消耗将导致温室气体大量释放到大气中，加剧全球温室效应，阻碍中国低碳发展进程。

（三）碳交易体系不完善

碳交易体系不完善给中国实现"双碳"目标带来较大挑战。一是碳交易主体单一。中国于2011年开启碳排放权交易工作，管控时间较短、经验少，导致碳交易主体较为单一。在碳交易工作开启初期，在较长时间内中国碳交易市场处于零交易状态，极大制约了碳交易工作的顺利开展。随着碳排放工作的持续推进，电力、石油石化等领域的企业逐渐进入碳交易市场。但与发达国家相比，中国碳交易市场交易主体显然过于单一。二是碳排放数据监测机制缺失。中国主要通过政府与交易所收集碳交易数据，使用"历史法"，对碳排放量进行计算。中国碳交易主要依托于核查指南、利用第三方核查机构进行现场核查。但基于现阶段碳排放单位监测数据不足，无法满足"历史法"的核算要求，给碳排放监测带来一定难度。此外，在碳交易核查指南中缺少监测方式相关内容，加之企业对碳排放的监测要求不明确，导致核查机构无法顺利开展监测工作。三是碳排放价格尚未统一。从2019年7个碳试点市场线上成交价格看，北京碳市场成交价格最高在80元/吨二氧化碳左右；其次是上海，价格在45元/吨二氧化碳左右；深圳与湖北碳市场交易价格在30元/吨二氧化碳左右；广东、天津、重庆碳市场交易价格分别在25元/吨二氧化碳左右、15元/吨二氧化碳左右和10元/吨二氧化碳左右，其中重庆碳市场交易价格在第四季度有所提升，达到30元/吨二氧化碳左右。各地区碳交易价格不统一、差距较大，成为亟待解决的问题。

（四）能源系统结构性问题凸显

新发展格局下，实现"双碳"目标成为开启绿色低碳发展的关键。当前中国能源系统结构性问题日益凸显，对实现"双碳"目标带来一定干扰。一是能源电力市场受到挤压。现阶段，中国各省份基本实现了电力自足，甚至出现产能过剩的情况。如内蒙古能源发电不仅可以满足本区域内的电力使用，还可以向京津冀地区供应电力能源；山东省火力发电远胜于内蒙古自治区；四川省与云南省水力供电远胜于以三峡、葛洲坝水电站闻名的湖北省；广东省核能发电在全国各省份居于首位。产能相对过剩，加之可再生能源与化石能源相比缺少价格优势，致使可再生能源电力市场需求被不断挤压。二是可再生能源发展与电网建设不适配。可再生能源发展虽然远超预期，但储能电站、燃气发电等灵活性电源发展显著不足，与规划水平相差甚远；电网调度模式与可再生能源发展不匹配，分布式项目发电上网尤为困难。三是可再生能源与负荷中心分布不均衡。《中国2030年前碳达峰研究报告》显示，中国有70%的电力消耗源于中部与东部沿海地区，但可再生能源资源主要集中在西部地区。对于电力受端地区而言，电网系统跨区域、跨省份消纳协调难度较大且成本较高，并非最优选择。

（五）技术创新的可持续性压力明显

中国碳达峰碳中和目标的顺利实现离不开能源结构的优化转型，而能源结构的优化转型离不开技术创新的持续性支持。从现有发展看，随着智能技术的广泛应用，中国煤炭开发技术处于世界发展水平前列，油气开采技术和装备能力获得大幅提升，天然气水合物实验采集成功，这些技术创新为中国实现碳达峰碳中和战略目标奠定了坚实的技术基础。但综合来看，中国低碳发展的创新技术和世界先进水平尚存在一定差距，在一些核心指标上离发达国家水平相较甚远。如以广东、江苏和上海地区为例，虽然节能技术处于国内领先水平，但拥有核心知识产权高附加值的节能产品仍然供给不足，在一些节能产品的核心零配件方面仍受制于发达国家。不仅如此，中国当前开发出的核心技术还存在着融资生产困难和有效推广使用困难的双重压力，虽然中国人民银行要求金融体系的信贷资金向绿色技术和绿色产业发展倾斜，但这些企业的投资风险较大，整体上金融体系的资金支持力度仍有待加强。在此背景下，无法量化生产的技术往往被束之高阁，难以真正大面积推广使用。虽然中国低碳发展及绿色发展技术取得了不少突破，但是尚未形成由点及面的规模效应，在一些基础问题研究和核心技术研究方面仍存在显著短板，例如在风电领域中关键的叶片设计技术和世界先进水平还存在不小差距。为有效解决该问题，国家发改委和科技部在2019年联合颁布了《关于构建市场导向的绿色技术创新体系的指导意见》，在该意见中明确提出绿色技术创新的市场导向和可持续发展问题。基于上述讨论，中国碳达峰碳中和目标的顺利实现离不开具有可持续性的技术创新，只有技术创新保持可持续性，才能真正实现低碳发展的战略目标。

（六）经济结构转型阻力较大

经济结构是指经济系统中各个组成要素之间的空间关系和经济联系，一般包括产业结构、就业结构、区域结构等。与发达国家不同，中国经济发展总体水平尚未真正实现和碳排放的完全脱钩，在实施低碳发展的碳达峰和碳中和目标引领下，如何稳步推进经济发展结构转型成为未来发展的核心难题。从产业结构看，产业结构发展的低碳转型是实现碳达峰碳中和战略目标的核心动能，但中国目前产业结构转型仍存在能力不足的问题，如部分经济发展速度较慢省份的产业结构仍以资源密集型产业为主，其服务业主要是传统服务行业，由于这些省份基础设施和公共服务体系的限制问题，其完全依赖自身能力实现产业结构优化升级较为困难。另外，一些经济发展水平较高的省份可能存在土地要素制约的困境，这进一步增加了产业结构优化升级的难度。另外，以美国为代表的部分发达国家提出了"再工业化"的发展理念，并对部分高新技术实施出口限制，这给中国产业结构低碳化转型带来了新的挑战。从就业结构看，根据国家统计局资料，2019年全国煤炭产业价值链上工人总量在300万人以上，碳达峰碳中和战略目标的实现可能会造成数以百万计的煤炭行业工人失业，这部分工人的就业转型压力巨大。从区域结构看，碳达峰碳中和需要大量的财政资金投入和绿色金融的扶持，那些经济发展水平高的省份受到的资本制约较低，但是经济发展水平低的省份可能受到较高的资本投入制约，从而形成新的区域结构发展问题。综上，为实现碳达峰碳中和战略目标，包括产业结构、就业结构和区域结构在内的经济结构转型压力较大。

第三节　碳达峰碳中和现有体系冲突和技术困境

习近平总书记针对我国碳达峰碳中和目标战略提出了系列要求（见表3），无不彰显出我国将"可持续发展观"贯彻落实到减排行动中的思想内涵。绿色、低碳、循环、可持续发展是实现我国碳达峰碳中和目标战略的核心要义，是"绿水青山就是金山银山"生态文明理念融入经济社会发展的重要桥梁之一。由温室气体排放引发的全球气候变化已经给全人类的可持续发展带来了严峻的现实挑战，减排温室气体已经成为世界共识。碳达峰碳中和目标的提出，顺应了绿色低碳可持续发展的全球大势，充分展示了中国负责任的大国担当，也开启了中国新一轮能源革命和经济发展范式变革升级的倒计时。碳达峰碳中和重点任务和目标的确定，是对我国下个阶段在持续推动经济发展方式变革、能源结构深度调整、生态系统动能高效提升等方面提出的新的更高要求，其通过碳减排、碳吸收具体描绘了我国努力建成绿色中国、美丽中国的发展愿景。

表3 有关碳达峰碳中和重要讲话及政策文件的沿革梳理

时间	发表重要讲话及文件的名称	内容摘要
2020年9月22日	习近平在第七十五届联合国大会一般性辩论上的讲话	要加快形成绿色发展方式和生活方式，建设生态文明和美丽地球。中国将提高国家自主贡献力度，采取更加有力的政策和措施，二氧化碳排放力争于2030年前达到峰值，努力争取2060年前实现碳中和
2020年11月22日	习近平在二十国集团领导人利雅得峰会"守护地球"主题边会上的致辞	二十国集团要继续发挥引领作用，在《联合国气候变化框架公约》指导下，推动应对气候变化《巴黎协定》全面有效实施。中国将提高国家自主贡献力度，力争二氧化碳排放2030年前达到峰值，2060年前实现碳中和。中国言出必行，将坚定不移加以落实
2020年12月12日	继往开来，开启全球应对气候变化新征程——在气候雄心峰会上的讲话	中国将提高国家自主贡献力度，采取更加有力的政策和措施，力争2030年前二氧化碳排放达到峰值，努力争取2060年前实现碳中和
2021年1月25日	习近平在世界经济论坛"达沃斯议程"对话会上的特别致辞	中国将全面落实联合国2030年可持续发展议程。加强生态文明建设，加快调整优化产业结构、能源结构，倡导绿色低碳的生产生活方式。力争于2030年前二氧化碳排放达到峰值、2060年前实现碳中和

续表

时间	发表重要讲话及文件的名称	内容摘要
2021年3月12日	"十四五"规划和2035年远景目标纲要	完善能源消费总量和强度双控制度，重点控制化石能源消费。实施以碳强度控制为主、碳排放总量控制为辅的制度，支持有条件的地方和重点行业、重点企业率先达到碳排放峰值。推动能源清洁低碳安全高效利用，深入推进工业、建筑、交通等领域低碳转型。加大甲烷、氢氟碳化物、全氟化碳等其他温室气体控制力度。提升生态系统碳汇能力。锚定努力争取2060年前实现碳中和，采取更加有力的政策和措施
2021年3月15日	习近平主持召开中央财经委员会第九次会议	实现碳达峰碳中和是一场广泛而深刻的经济社会系统性变革，要把碳达峰碳中和纳入生态文明建设整体布局，拿出抓铁有痕的劲头，如期实现2030年前碳达峰、2060年前碳中和的目标
2021年4月22日	习近平出席领导人气候峰会并发表重要讲话	中国将生态文明理念和生态文明建设纳入中国特色社会主义总体布局。中国正在制订碳达峰行动计划，广泛深入开展碳达峰行动，支持有条件的地方和重点行业、重点企业率先达峰。中国将严控煤电项目，"十四五"时期严控煤炭消费增长、"十五五"时期逐步减少。此外，中国已决定接受《〈蒙特利尔议定书〉基加利修正案》，加强非二氧化碳温室气体管控，还将启动全国碳市场上线交易
2021年5月1日	习近平在中共中央政治局第二十九次集体学习时强调保持生态文明建设战略定力努力建设人与自然和谐共生的现代化	实现碳达峰碳中和是我国向世界作出的庄严承诺，也是一场广泛而深刻的经济社会变革，绝不是轻轻松松就能实现的
2021年7月6日	习近平在中国共产党与世界政党领导人峰会上的主旨讲话	中国将为履行碳达峰碳中和目标承诺付出极其艰巨的努力，为全球应对气候变化作出更大贡献

　　实现碳达峰碳中和目标是一场广泛而深刻的经济社会系统变革，将推动中国能源产业和经济结构转型升级以及发展范式的全面改变。中国拥有全世

界规模最大的清洁可再生能源体系，同时又是以煤炭为主体能源的世界第一大能源消费国。加快构建清洁低碳、安全高效的能源体系，对我国实现碳达峰碳中和目标，在新一轮能源革命中掌握转型发展先机具有重大意义。

结合近年来我国在国际、国内两个层面为应对气候变化开展的一系列绿色碳汇行动，碳达峰碳中和目标的提出又有着更加丰富的内涵与意义。碳达峰碳中和目标的提出意味着我国未来将在一段较长时间里努力应对经济"脱碳"的严峻挑战。实现经济增长与碳排放深度脱钩，对传统能源消费行业尤其是煤炭消费领域形成巨大压力。疫情导致国内外经济形势不确定性风险增加，进一步对经济"脱碳"等应对气候变化的全球行动和国家方案带来消极影响。当然，挑战与机遇并存。碳达峰碳中和愿景的提出恰逢我国即将全面进入"十四五"时期的重大节点，生态文明建设实现新进步、国家治理效能得到新提升等"十四五"时期经济社会发展主要目标加持又为愿景实现提供了重要机遇。

此外，碳达峰碳中和的总体愿景也为持续倒逼我国深化绿色经济转型、加快能源结构调整及推进碳市场建设等提供有效驱动，并与生态文明建设协同并进，形成合力，共同实现"美丽中国"建设目标。

标准是经济活动和社会发展的技术支撑，是国家基础性制度的重要方面，也是落实各项任务的保障措施。标准化不仅促进科技进步、支撑产业发展、规范社会治理、便利经贸往来，而且也将在实现碳达峰碳中和目标中发挥不可替代的作用。

从国际看，联合国政府间气候变化专门委员会指出，技术标准是当前减缓和适应气候变化的一种重要技术途径。欧洲标准化委员会和欧洲电工标准化委员会指出，欧洲标准在确保实现绿色协议目标方面将发挥关键作用。美国在回归《巴黎协定》后也强调，标准、激励措施、制度、创新等在政府气候战略中具有重要作用。

从国内看，2021年3月15日，中央财经委员会第九次会议指出，要加强应对气候变化国际合作，推进国际规则标准制定，建设绿色丝绸之路；2021年5月27日，全国碳达峰碳中和工作领导小组第一次全体会议指出，当前要围绕推动产业结构优化、推进能源结构调整、支持绿色低碳技术研发推广、完善绿色低碳政策体系、健全法律法规和标准体系等，研究提出有针对性和可操作性的政策举措。2021年10月12日，中共中央、国务院印发的《国家标准化发展纲要》明确提出"建立健全碳达峰碳中和标准"。2021年9月22日，《中共中央、国务院关于完整准确全面贯彻新发展理念做好碳达峰碳中和工作的意见》出台，明确提出"完善标准计量体系"等要求。2021年10月26日，国务院印发《2030年前碳达峰行动方案》，明确提出"健全法律法规标准"。"标准"已成为实现碳达峰碳中和的重要政策工具和技术手段。针对碳中和标准体系尚不健全、部分碳达峰碳中和关键标准仍有空白等问题，"标准"供给已不能满足我国新时期绿色低碳发展转型需要。

（一）我国碳达峰碳中和标准化所面临的问题

1. 碳达峰碳中和标准体系建设不全面不完善

实现碳达峰碳中和是一项涉及多领域、多部门的系统工程，目前我国尚未形成全面、完善的碳达峰碳中和标准体系。具体体现在：（1）我国碳达峰碳中和标准体系缺乏统筹协调。因为碳达峰碳中和工作涉及范围广，其对应的标准体系的范围和边界需要动态调整，且各领域标准体系独立存在，缺乏彼此间的协同。（2）我国碳达峰碳中和不同层级标准之间容易产生交叉与矛盾。由于现阶段我国碳达峰碳中和标准体系的层级还是按照国家标准、行业标准、地方标准、团体标准、企业标准五个层级划分，标准层级多，标准制定主体也不同，标准相关指标、内容等易出现重复、交叉或矛盾的问题。（3）我国碳达峰碳中和标准统计分析不全，无法分析我国现有碳达峰碳中和标准与国外的差距和薄弱环节以及未来主攻方向。

2. 碳达峰碳中和关键标准亟待制定修订

通过分析国际国内碳达峰碳中和标准化发展现状，现阶段我国碳达峰碳中和关键标准存在缺失和亟须修订的问题。如在能源领域，到2060年，我国非化石能源消费比重达到80%以上，现有能源相关标准已远远不能满足推进新能源和可再生能源替代化石能源的需求。在能源管理和节能领域，能耗限额、产品设备能效强制性标准、工程建设标准等面临着更高的节能降碳要求，亟待标准升级更新。在温室气体管理方面，不同层级的碳排放核查核算标准亟须制定修订，重点行业和产品的温室气体排放标准有待完善。有关碳捕集与碳封存等低碳技术与设备，碳汇相关标准仍处于正在制定或缺失的状态。此外，环境保护、循环经济等相关标准均需进一步修订，补充完善碳减排相关指标要求。

3. 碳达峰碳中和标准实施效果欠佳

目前，我国碳达峰碳中和标准实施效果欠佳。具体体现在：（1）从项目准入看，2021年上半年，由于未能以能耗、能效强制性国家标准和工程建设标准为抓手实施好项目审查和评价，全国部分"两高"项目上马有一定的"抬头"倾向。（2）从标准制定和实施看，碳达峰碳中和标准制定和实施涉及发展改革、科技、工信、财政、自然资源、生态环境、住建、交通、农业农村、商务、金融、市场监管、能源等多个行政主管部门，同时涉及能源管理和节能、新能源与可再生能源、温室气体管理、绿色金融、环境保护等多个领域的标准化工作，这导致标准制定较为分散，产业链上下游标准无法有效贯通应用，标准实施难度加大。（3）节能领域强制性国家标准实施情况的统计分析仍有待加强，团体标准、企业标准的自我声明公开（尤其是相关技术指标公开）仍不足。

我国在可再生能源等领域相关国际标准参与度和影响力有待提升。重要国际标准话语权不足，将导致我国未来在技术、市场等方面存在一定风险。通过对比分析国际国内相关标准，在碳排放权和碳交易市场建立的国际规则框架下，碳排放的核查核算标准已成为各国关注焦点。目前，我国国内碳排放核算方法与国际标准仍不完全接轨，如果相关核算方法标准不能得到国际社会的广泛认可，可能会极大影响中国在碳减排成效方面的国际认同。

（二）我国碳达峰碳中和标准化发展对策建议

结合国内外碳达峰碳中和标准化进展，针对我国碳达峰碳中和标准化所面临的问题提出如下建议：

1. 建立健全碳达峰碳中和标准体系

实现碳达峰碳中和的关键在于能源绿色低碳转型，可按照"能源生产端—能源消费端—固碳端"的序列组织方式,加快构建我国碳达峰碳中和标准体系。具体建议如下:一是需要打破"各自为战"的标准体系界限,努力建成全面系统、统筹协同的碳达峰碳中和标准体系。二是在标准层级设置方面,应以碳达峰碳中和标准体系的构建为契机,按照《国家标准化发展纲要》的要求,简化标准层级,逐步实现由国家标准、行业标准、地方标准、团体标准、企业标准的五级标准体系向国家标准和团体标准的二元标准体系过渡,并注重提升团体标准作用和地位。三是尽快开展我国现有碳达峰碳中和标准统计分析,通过与国际国外标准比较分析,明确碳达峰碳中和的关键标准和未来主攻方向。

2. 抓紧制定碳达峰碳中和关键标准

针对碳达峰碳中和关键标准缺失和修订的问题,需要从以下几个方面完善:一是以新能源和可再生能源等非碳能源为重点,加快完善新能源和可再生能源相关标准。二是实现节能标准更新升级,加快修订能耗限额、产品设备能效强制性标准,再提升重点产品能耗限额要求,扩大能耗限额标准覆盖范围;在交通、建筑等重点领域,提高燃油车船能效标准和新建建筑节能标准;完善能源核算、检测认证、评估、审计等配套标准。三是在重点领域以"可测量、可报告、可核查"为基本原则,加快完善不同层面(国家、地区、行业、园区、企业等)碳排放核查核算标准以及产品碳足迹标准,并与国际标准接轨。围绕重点部门(能源、电力、工业、建筑、交通等)和产品制定温室气体排放标准,完善低碳产品标准、标识和认证制度。四是针对难以实现碳中和的关键环节,研究制定CCUS标准。五是围绕"减污降碳"协同,在环境保护、循环经济等领域补充完善碳排放相关指标,提升碳减排和其他环境指标的协同作用。

3. 构建碳达峰碳中和标准实施体系

从项目准入出发,以强制性标准为重要审核依据,对标国际先进标准指标,从源头严格控制"两高"项目。从强制性国家标准出发,结合行业特点,利用能耗限额和能效等强制性标准形成标准集成应用指南,建立以国家强制标准为核心的立体的实施模式。同时,开展碳达峰碳中和国家强制性标准实施情况统计分析，建立标准信息反馈和评估机制，及时修订相关强制性标准。从团体标准和企业标准出发，利用全国标准信息公共服务平台，加强团体标准和企业"领跑者"标准声明公开，增强团体先进标准实施应用和企标"领跑者"的推广和对标。开展碳达峰碳中和标准化实施应用试点示范，加强产学研用结合，强化标准与产业政策、法规的协调，加强标准宣贯和实施。

4. 加强碳达峰碳中和国际标准合作与交流

欧美等国家和地区依托可再生能源技术和市场方面的优势建立起现今国际标准和规则体系，我国需做好欧美等国家和地区将国际标准用于"政治化"的准备。同时，我国需要秉承开放合作的积极态度，融入国际标准和规则体系，推动科学的碳排放责任核算方法。在国际标准制定上，我国首先需要在已有相关TC（标准化管理）基础上，推动成立由中方牵头的工作组并形成达成广泛共识的国际标准；积极争取成立相关领域新TC，并承担秘书处工作。结合国情适当转化国际标准，同时注重我国国家标准外文版推广。在区域标准化合作上，重视如上海合作组织、亚太经合组织（APEC）等区域组织在碳达峰碳中和标准化方面的重要作用，利用好中国"一带一路"倡议以及《区域全面经济伙伴关系协定》（RCEP）等机制，坚持"南南合作"，推动形成有价值的区域标准化合作。在人才培养和资金支持上，应建立国际标准化人才培养体系，加大相关领域人才参与国际标准项目的资金支持。

碳达峰碳中和既是习近平生态文明思想的重要内容，也对我国气候变化治理体系和治理能力的现代化提出了新的更高要求。当前，我国碳达峰碳中和行动的法制框架的发展仍然存在关键缺失，尤其以下列缺失为要。

第一，应对气候变化的国家专门立法缺失。

当前，我国应对气候变化的规范依据仍然停留于国家政策层面，促进碳达峰碳中和的主要举措也主要依靠国家政策和部分地方立法规范来进行，尚未完成从国家政策依据和地方立法规范向国家法律依据和中央专门立法的转变。从规范性文件的属性来看，以《中华人民共和国国民经济和社会发展第十四个五年规划和2035年远景目标纲要》《中国应对气候变化国家方案》为代表的还只是中央层面的规范性文件，并非法律，也鲜有明确的法律规则和具体的制度安排。由全国人大常委会于2009年发布的《全国人民代表大会常务委员会关于积极应对气候变化的决议》也仅具备法律的雏形，其内容多为宣示性规范和倡导性表述，且过于抽象而致可操作性不足。在全面依法治国的宏观背景和现实要求下，无论是作为尚未立法的气候变化应对法的实施，抑或作为具体目标的碳达峰碳中和的如期实现，均需要具体的法律规则和体系化的法律制度。由此，制定专门法律为应对气候变化提供全面法律支撑和稳定法律依据的紧迫性前所未有。

采取制定国家层面的专门立法以规制影响气候变化行为，调整与气候变化有关的权利义务关系，推动碳达峰碳中和的实现已成为国际通行的立法实例。英国、德国、法国、加拿大、墨西哥等国家和地区已经制定了应对气候变化法或低碳发展促进法，既规范了本土气候变化应对工作，也转化了《联合国气候变化框架公约》及《巴黎协定》中的相应规定，同时还促进了应对气候变化工作的规范化，获得国际社会的充分肯定。事实上，《联合国气候变化框架公约》有关节能减排的原则性规定和国际排放贸易机制、联合履行机制和清洁发展机制的设计，以及《巴黎协定》中温控目标的硬性规定和各个国家自主减排的要求，均对世界各国强化国内应对气候变化专门立法提出了持续性要求，释放了促进国内专门立法的明显信号。

当前，从应对气候变化的现实压力、执政党意志和国家意志的强力推动，以及近年来应对气候变化立法研究的知识积累所提供的理论助力来看，我国制定以气候变化应对法为载体的专门立法的各项条件已经具备。一方面，我国始终以负责任大国的形象积极参与气候变化治理；另一方面，我国始终坚持《联合国气候变化框架公约》规定的"共同但有区别的责任原则"，主张据此在发展中国家和发达国家间合理分担减排责任。此外，为应对气候变化，实现碳达峰碳中和，中共中央、国务院近一年来密集召开了高层级的会议，出台了一系列重磅文件。

第二，减污降碳协同增效的基础性规则缺失。

温室气体与"大气污染物"的认定标准不统一，减污降碳协同增效缺少基础性规则支撑。减污降碳协同增效既是中央确定的方针，也是将碳达峰碳中和纳入生态文明总体布局的具体要求。中国气候变化和污染排放问题基本上是同根同源，节能减排是应对气候变化和治理大气污染所要求的共同任务。然而，如何实现减污降碳协同增效，理论界仍然莫衷一是，现行立法也语焉不详。对这个问题的认知取决于对温室气体是否属于"大气污染物"这一问题的判断。在这个问题的判断上，学界有不同的认识。否定论者认为，不宜将二氧化碳界定为污染物。因为一旦二氧化碳在立法上被作为污染物，西方发达国家就会要求我国的环境立法建立排放标准和超标排放处罚制度，这将不利于我国工业的发展。肯定论者认为，根据大气污染物的认定标准，温室气体可被视为大气污染物，这既是大气污染防治法为应对气候变化做出的反应最便捷的途径，也是以美国为代表的发达国家的立法经验。2007年，美国联邦最高法院曾就马萨诸塞州诉美国联邦环保局案作出判决，认为二氧化碳属于空气污染物。

国际上对温室气体的认定大多以《京都议定书》为准。《京都议定书》列明的主要削减的温室气体包括二氧化碳、甲烷、氧化亚氮、氢氟碳化物、全氟碳化物及六氟化硫。作为《京都议定书》的缔约国，我国在继承《京都议定书》对温室气体的认定的基础上，于2020年12月发布了《碳排放权交易管理办法（试行）》，该办法第42条将三氟化氮也列为温室气体。适当扩大温室气体的范畴，这既反映了科学研究的最新成果，也表明了我国在削减温室气体问题上秉持更为负责任的态度，彰显了我国积极承担更大减排责任的决心。而关于"大气污染物"的认定，我国大气污染防治法既未对"大气污染"作出界定，也未明确"大气污染物"的范围。《中华人民共和国大气污染防治法（释义）》虽将"大气污染"界定为由于人为活动，使某些物质进入大气，达到一定浓度，从而导致其化学、物理、生物或者放射性等方面的特性改变，产生危害人体健康、破坏生态环境、损害物质财富后果的大气质量恶化现象，但这个定义也只是给出了判断"大气污染物"的指引性规则。

一方面，"大气环境质量标准"和"污染物排放标准"共同构成大气污染防治法的科学性支撑。就"大气环境质量标准"而言，该法援引的规范依据是国务院原环境保护领导小组制定的《大气环境质量标准》。另一方面，从《中华人民共和国大气污染防治法》第2条第2款"对颗粒物、二氧化硫、氮氧化物、挥发性有机物、氨等大气污染物和温室气体实施协同控制"的表述来看，该法采用了将温室气体与颗粒物、二氧化硫、氮氧化物、挥发性有机物、氨气等大气污染物并列的立法体例。

综上所述，推动减污降碳协同增效仍同时面临认知层面的障碍和法律规则层面的缺失，碳达峰碳中和行动的法制框架的基础性规则缺失明显。

第三，相关立法目的之间缺乏协调。

每条法律规则的产生都源自一种目的，每条法律规则的产生都需要目的为其提供价值支撑。现有碳减排相关立法涉及污染防治法、资源法、能源法、税法、科技法等多个体系，这些立法都涉及温室气体控制，但囿于其自身的立法目的和立法时机，缺乏对碳达峰目标和碳中和愿景的统筹考虑，立法目的无法有效衔接。无论是应对气候变化，抑或碳达峰碳中和都还未被纳入现行环境保护法、自然资源法和能源法的立法目的中。具体来看：

其一，环境保护法及其制度体系是碳达峰碳中和行动的法制框架发展的制度基础，理应对碳达峰碳中和的社会目标有所回应。但受立法滞后性的影响，现行环境法体系仍然缺少对碳达峰碳中和的法律回应。环境保护法立法目的条款中"保护和改善环境，防治污染和其他公害，保障公众健康"的表述为将碳达峰碳中和纳入该法的规制对象奠定了基础。因此，实现碳达峰碳中和属于环境保护法的立法目的当无异议。从立法技术和立法规范来看，立法目的需有一定数量的具体法律规则予以彰显和支撑。然而，在环境保护法的具体规则中，碳达峰碳中和的直接关联性规则暂付阙如，间接性关联规则也语焉不详，这些缺失限制了环境保护法在促进碳达峰碳中和中的功能发挥和妥当适用。另外，从大气污染防治法的立法目的条款来看，该法的立法目的条款中"大气污染物和温室气体实施协同控制"的表述也只是间接地确证了该法协同控制温室气体的意图。

其二，从自然资源法体系的各单行法来看，以森林、草原法等为代表的自然资源单行法虽然能为应对气候变化提供有限的规制功能，但这些法律并未明示应对气候变化的立法意图，其具体规则中更是缺少直接作用于碳达峰碳中和的制度安排。在中央明确提出碳达峰碳中和后，于2021年1月20日提请全国人大常委会审议的湿地保护法（草案）也鲜有应对气候变化的内容，更未对促进碳达峰碳中和作出表述。事实上，湿地生态系统在碳的全球固存中发挥着至关重要的作用。可见，该立法目的的表述忽视了对提升湿地碳汇能力的追求，无法承载碳达峰碳中和对湿地保护法的功能期待。

其三，在能源法体系内，能源基本法缺失，相关立法也未能直接且明确地将碳达峰碳中和纳入立法规制的范畴，在制度构设中也鲜有针对性的安排。2020年4月3日，《中华人民共和国能源法（征求意见稿）》发布，该意见稿关于立法目的的表述为"规范能源开发利用和监督管理，保障能源安全，优化能源结构，提高能源效率，促进能源高质量发展"，基本上沿袭了能源法历次草案版本的表述，并未直接对应对气候变化的内容作出规定。

国家能源局发布的《2020年法治政府建设年度报告》仅表示，要"积极推动能源法制定，使其列入2021年国务院立法工作计划"。2021年4月21日，全国人大常委会公布了2021年度立法工作计划，将能源列为预备审议的法律项目，为能源法的尽早出台释放了积极的信号。"立改废释并举"是法治建设与时俱进的必然要求，是推进全面依法治国的根本举措。在定位为能源领域基本法的能源法暂时缺位的情况下，我国能源法领域的各单行法的立改废释均受到影响。这也意味着，能源领域内碳达峰碳中和行动法制框架的缺失在短期内难以得到有效的弥补。

实现碳达峰碳中和是党中央统筹国内国际两个大局作出的重大战略决策，为中国未来40年的发展定下绿色低碳发展基调。标准是实现碳达峰碳中和目标的重要技术支撑。现阶段，应根据国家碳达峰碳中和顶层设计文件相关要求，加快出台标准计量体系领域的行动计划、实施方案以及保障方案，补齐"1+N"政策体系的"N"，并进一步完善碳达峰碳中和标准体系，抓紧研究制定碳达峰碳中和关键技术标准，积极开展相关国际标准合作，为助力实现碳达峰碳中和目标提供"中国智慧"和"中国经验"。

第四节　绿色交通书写节能减排新思路

绿色交通是指以资源环境承载力为基础，在规划、建设、运营、养护等各环节贯彻节能环保理念，最终实现"低消耗、低排放、高效率、高效益"等目标的交通系统。目前，我国货物运输结构尚不尽合理，不利于绿色交通运输体系建设。在此背景下，充分发挥铁路在节能减排方面的优势，引导中长距离货物运输由公路向铁路有序转移（以下简称"公转铁"），已成为当前我国交通运输业改善货物运输结构的重点任务，对促进绿色交通发展、打赢蓝天保卫战、服务交通强国战略和生态文明建设具有重要意义。"公转铁"的减排潜力评估本质上属于货运方式转移的环境影响分析范畴。

一、"公转铁"的减排原理

实践中，政府通常采取柔性引导和刚性推动两种模式，促使一部分原本选择公路运输的托运人主动或被动选择铁路运输，从而使一部分公路运量转移到铁路，实现"公转铁"。其中，柔性引导模式依靠政府出台鼓励性政策、创造有利条件，通过完善铁路设施、提高服务水平、下浮铁路运价、提供财政补贴等柔性化手段，吸引一部分公路托运人主动选择铁路运输货物；刚性推动模式则依靠政府出台抑制性政策、设置约束条件，通过提高准入标准、加强监管执法、实行绿色税收等强制性手段，迫使一部分公路托运人放弃公路转而选择铁路。

由于运输设施、载运工具、运输能力、作业模式、能源类型等方面的差异，铁路运输的能耗强度和排放强度分别约为公路的1/7和1/13，明显低于公路。因而，"公转铁"具有显著的节能减排效果（单位周转量大约可节能86%，减排92%）。

通常情况下，公路运输可以直达目的地，其典型作业活动包括公路干线运输和端点装卸。铁路运输不能直达目的地，其典型作业活动包括铁路干线

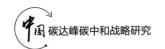
运输、端点装卸、公铁中转和集装箱卡车短驳。

港口集装箱集疏运系统中，陆路集疏运方式主要为公路运输与铁路运输，两种运输方式具有可替代性，因此形成了相互竞争的关系。但是长期以来，我国港口集疏运系统中，公路所占比重一直居高不下，而铁路集疏运的分担率明显偏低，几乎形成了"公路一家独大"的局面。因此，针对节能和环保两方面的因素，结合公路运输和铁路运输进行对比，集装箱海铁联运节能环保的优势巨大。

作为经济社会发展的重要战略资源、交通运输的重要枢纽和现代物流体系的关键节点，以及能源消费和碳排放的重点环节，港口行业理应为"双碳"目标的实现作出更为积极的贡献。而随着新形势新理念对港口绿色低碳发展提出了新的更高的要求，"近零碳港口"的全新概念也应运而生并逐步成为行业发展热点。

"近零碳港口"是指在港口生产经营活动中通过一系列手段减少二氧化碳等温室气体排放并使其逐步趋近于零的港口，其不但是新时期有效探索港口"近零碳"排放发展模式、支撑建设世界一流港口的重要抓手，也是绿色生态港口内涵的进一步延伸和丰富，更可为全行业碳达峰碳中和工作起到示范引领作用。以下将以"近零碳港口"建设为切入点，系统总结国内外发展经验和趋势，并在科学分析问题挑战的基础上，有针对性地提出相关对策和建议。

二、国内外"近零碳港口"发展述评

随着世界各国对气候变化重要性认识的不断加深，各国政府以及港口也日益认识到港口发展与节能减排、环境保护的不可分离性，尤其是欧美发达国家的主要港口较早提出建设低碳绿色港口并制订了相关计划，国内港口虽然起步较晚，但总体上也结合高质量发展要求，充分发挥后发优势，呈现出后来居上的良好态势，多个领域已达到世界先进水平。

（一）国外"近零碳港口"发展

欧美发达国家碳达峰碳中和研究工作起步较早,在港口发展方面也更加注重生态环境保护和节能低碳。

荷兰鹿特丹港开展"里吉蒙地区空气质量行动项目",具体包括实施"清洁航运"计划、合理利用土地、鼓励港口企业使用清洁能源、提高能源利用效率、实施岸基船用供电工程、制订二氧化碳捕集与封存计划,并规划在2019—2025年每年捕获50万吨二氧化碳。

美国加州洛杉矶、长滩两港制订实施了"圣佩罗湾港口区清洁净空气行动计划",并计划于2030年实现碳中和。其主要政策包括保护、保持和恢复水生生态系统及海洋生物栖息地;减少港口的有害气体排放,改善港区的水质;去除、处理土壤(沉积物)的有害物质以使其能重新利用;就港口运营和环保规划与社区互动,并进行社区教育;将可持续发展的理念贯彻到港口设计、建设、运营和管理的各个方面等。

日本对于碳排放出台了强制立法《气候变暖对策基本法》,确定二氧化碳最低排放的低碳社会经济体制,规定自2019年12月起,以港口为单位,对温室气体排放量做到准确计算预报告,并向全社会公布。2019年底,全球首艘液氢运输船"SUISO FRONTIER"从日本神户港的船厂下水,开启了世界首次从日本神户到澳大利亚之间约9000千米液氢的运输实验。

马士基计划于2023年启用以甲醇为动力燃料的支线集装箱船舶,2030年前零排放集装箱船舶具有商业可行性,2050年实现净零碳排放。

（二）国内"近零碳港口"发展

虽然国内"近零碳港口"发展起步较晚,但是近年来,随着新发展理念的不断深化以及"双碳"战略的持续深入实施,国内诸多港口在绿色低碳建设方面进行了一些有益尝试并取得积极成效,为下一步开展"近零碳港口"建设工作积累了宝贵经验。

天津港于2021年建成全球首个"智慧零碳"码头——天津港北疆港区C段智能化集装箱码头,由"风光储荷一体化"系统实现绿电自主供应,率先实现码头全年生产消耗碳中和,较传统自动化集装箱码头能耗降低17%以上;

实施港口机械清洁化改造，推广使用电动集卡、加快光伏、风力发电、充电桩等清洁能源基础设施建设。2021年实现港口生产综合能源单耗同比下降7.9%、低排放港作机械占比同比上升7.6%。

上海洋山港四期自动化码头使用的桥吊、轨道吊、AGV（自动导引运输车）均采用电力驱动，使得码头装卸、水平运输、堆场装卸环节的尾气排放问题完全消除，环境噪声也得到极大改善。与此同时，装卸行程的优化以及能量反馈技术的大面积采用，进一步降低了码头的能耗指标。目前，洋山港四期的装卸生产设计可比能源综合单耗仅为1.58吨标煤/万吨吞吐量，达到国内先进水平，而第二代港口船舶岸基供电、节能新光源、办公建筑区域电能监控系统、太阳能辅助供热等技术的应用，使洋山港四期的能源利用效率迈上新台阶。

宁波舟山港已建成低压岸电设施170座、高压岸电装置9套，每年接岸电船舶超过3500艘次。龙门吊"油改电"项目已实现了主要集装箱码头的全覆盖，并成为全国首家全面投用"油改电"龙门吊且最先收回成本的港口。此外，还普及了LED照明、推进LNG集卡、LNG堆高机等流动机械的推广应用。数据显示，近5年来，港口万元产值能耗下降了10%，万吨吞吐量装卸能耗下降15%，节约标煤18.48万吨，减排二氧化碳等温室气体48万吨。

深圳港在国内率先推广低硫燃油及岸电使用，并建成亚太最大LNG海上加注中心，持续开展"绿色港口排放清单"研究工作，先行推广靠港船舶的低硫燃油及岸电使用。此外，还全面优化港口集疏运体系，开展结构性节能减排。现有60条驳船航线覆盖52个内河码头，20条海铁联运线路延伸至8个省份，挂牌6个内陆无水港。2021年1—7月，港口完成集装箱海铁联运吞吐量9.95万标箱，同比增长2.31%。

（三）国内外"近零碳港口"发展经验和趋势

从目前国内外港口"近零碳"发展来看，先进港口通常基于绿色生态、减排降碳、清洁生产等理念，通过降低能耗强度、调整用能结构、开展污染防治，不断推进绿色低碳港口建设走向深化。具体措施包括推广应用生产智能调度系统、供电设施节能技术、绿色照明灯具及照明智能控制技术、大型电动机械势能回收、装卸机械工属具改造、建筑制冷及采暖节能技术、机械装备"油改电"、码头水平运输流程化改造、燃煤锅炉退出、LNG动力集卡和氢能应用、船舶靠港使用岸电、推广使用新能源等。

同时，总体上看，国内外在绿色低碳发展领域处于领先地位的港口，基本上也都具备以下特征：制定了相对科学完备的发展规划，资金保障和建设运营管理体系较为完善、引入或储备了较为先进的低碳设施装备技术、加强节能减排基础设施和装备建设、大型重点港口或码头开展先行示范等。

三、"近零碳港口"建设问题分析

对标对表国家"双碳"战略目标以及新时期交通运输行业特别是港口高质量发展要求，"近零碳港口"建设仍存在政策创新、治理能力、技术水平、基础设施等方面的短板，需要进一步加强。

（一）行业层面

1. 政策创新亟待加强

目前，国家和行业层面已发布了《关于建设世界一流港口的指导意见》《深入推进绿色港口建设行动方案（2018—2020年）》《绿色港口等级评价指南》等关于港口绿色发展的政策文件，但这些文件由于颁布时间较早或有其特定的历史作用和应用范围，其目标任务并不能完全满足新时期"双碳"战略和高质量发展的相关要求，时间节点与"双碳"目标节点也存在一定出入。因此相关顶层设计仍需进一步完善，以精确指导和规范港口低碳发展。

2. 治理能力亟待完善

"近零碳港口"建设涉及大量基础设施建设、工艺流程改造和设备更新换代，港口主体运营企业和各属地政府会承担较大的资金和财政压力，为充分调动各方积极性和能动性，相关针对性财税政策以及投融资服务亟须进一步完善。同时，为保障"近零碳港口"建设、运营规范和可持续发展，相关标准和规划、监测指标体系和考核评估机制也需要进一步健全。

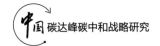

（二）港口层面

1. 技术水平亟待提升

"近零碳港口"建设涉及岸线利用规划、集疏运体系优化、能源消费结构调整、装卸工艺优化、设备效能提升、船舶减污降碳等多方面的具体技术工作。而随着生态环境保护要求的进一步严格，未来一段时间，传统的装备设施技术、运行维护技术、节能减排技术难以完全满足高质量发展的要求，需要结合大数据、云计算、物联网、人工智能、5G、新能源、新材料等前沿智慧科技实现进一步系统提升。此外，目前我国尚未建立针对港口基础设施的碳排放量化核算方法体系，存在核算边界不统一、核算颗粒度不清晰、核算方法杂乱、管理缺乏系统性等瓶颈制约，因此结合港口交通基础设施现状与特点，碳排放仍存在底数不清的问题。

2. 基础设施亟待补齐

目前，化石能源仍占据国内港口能源消费的50%以上，氢能、太阳能、风能等清洁能源使用比例仍然较低，港口能源消费结构总体上仍然不够合理。此外，部分港口生产、装卸、转运工艺流程较为落后，电力化、自动化、智能化程度不高，多式联运体系不完善，在前期建设过程中也未配套足够的节能降碳设施装备和管理运行机制，导致港口能耗和污染排放总体上仍居高位。

四、"近零碳港口"建设对策和建议

未来碳达峰碳中和等绿色低碳发展要求将会逐步提升，国家"能耗双控"制度继续深入实施，在经济增速放缓的大背景下，港口行业实现相关目标需要付出更大的努力。结合"近零碳港口"发展现状和趋势，针对其面临的主要挑战，分别从行业层面、港口层面、试点示范等方面提出对策和建议。

（一）行业层面

1. 加强顶层设计，实现规划引领

立足"双碳"战略和交通强国建设需求，由交通运输主管部门牵头制订

港口行业"双碳"工作行动计划或实施意见，制定与国家"双碳"战略目标时间节点、具体任务举措相匹配、可支撑的港口低碳或"零碳"发展实施路径，明确时间表、路线图，科学制定港口低碳发展、装备发展、设施发展、技术发展、低碳标准、港产城融合等相关规划，提升节能降碳规范化、科学化、数字化水平，为"近零碳港口"建设提供引领和指导。

2. 加强统筹协调，实现多方共治

加强政策支持，保障项目资金和合理用海、用地需求，强化部门沟通协调，形成推进"近零碳港口"建设部门协同会商机制。创新港口绿色发展投融资机制，引入社会资本参与港口低碳建设，形成政府主导、企业主体、社会参与的齐抓共建合力。稳步推进港口碳排放监测统计核算标准、碳排放限制标准以及相关装备设施技术标准的制修订，完善港口低碳发展考核评估体系。

3. 加强结构优化，实现能效提升

全面梳理整合港口资源，推动货主码头向公共码头转型、传统码头向智慧码头转型、通用码头向专业化码头转型，进一步提升岸线利用效率。按照"宜水则水""宜路则路""宜铁则铁"的原则，加快运输结构调整，优化港口集疏运体系，充分发挥水路、铁路等绿色运输方式的优势，稳步提高大宗干散货铁路、水路集疏运比例，减少公路运输产生的碳排放和对城市环境的影响。

（二）港口层面

1. 加强技术进步，实现创新驱动

加强港口能源、环境数据的监测和共享，建设基于5G、北斗、物联网等技术的信息基础设施，建立统一的港口码头能耗和碳排放核算方法体系。加强自主创新、集成创新投入，加大港作机械等装备关键技术、自动化集装箱码头操作系统、远程作业操控技术研发与推广应用，创新节能降碳技术研究和成果推广模式。推动港区内部集卡和特殊场景集疏运通道集卡自动驾驶示范，深化港产城联动。开展适用于港口的近海海洋碳汇开发和生态修复研究，进一步提高区域碳汇能力。

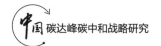

2. 加强基础建设，实现短板补齐

推进港口码头继续向专业化、自动化、电力化、智能化方向发展，优化港口集疏运体系，大力发展多式联运。加强绿色电力、绿色热力、绿色燃料等能源基础设施建设，构建安全多元、保障有力、稳定高效的能源供应系统，促进新能源和可再生能源的全方位、多元化、规模化发展。提升岸电覆盖率与使用率，加大港区绿色建筑改造和建设力度，加快淘汰耗能高、污染大、性能差的港机设备、运输装备、辅助设备。

3. 加强能源管理，实现智慧调度

优化港区"风、光、储、氢"等绿色能源融合系统网络构架，持续完善港口能源综合管控平台系统功能，实现多能源融合系统与港区负荷的匹配与优化控制。加强能源消耗数据与港口装卸生产数据的同步采集和关联分析，实现人、机、箱、货、流程等不同能源精细化考核，提升全过程能源管控能力。完善港区大气环境智能监测体系，增加碳排放监测点位，实时监测港区环境空气的碳浓度水平。构建港口碳排放管理信息系统，推动建立碳排放权核定、碳配额分配、履约边界、参与碳排放交易支撑体系。

（三）试点示范

结合国家港口发展战略布局，依托具有一定规模的重点绿色港口和码头，进一步推广港口节能降碳创新技术、设施装备、政策制度、多式联运、岸线综合利用、港产城融合等的试点示范应用，积极探索建立港口碳排放统计、核算、评估、考核以及碳交易体系，形成可复制、可借鉴、可推广的"近零碳港口"建设、运营经验，为全行业低碳绿色发展提供引领、借鉴和支撑，推动行业共同进步。

针对内陆地区，山西的企业也积极响应国家政策，为"双碳"战略奉献自己的能量。在山西大同三友煤制品有限公司煤炭发运站，一列崭新的集装箱列车吸引了在场所有人的目光，这便是正在准备装车的环保节能自备集装箱货运列车。跟以往铁路运输焦炭的敞口式车厢不同，环保节能自备集装箱货运列车采用封闭式集装箱进行运输，具有低损耗、高效率两大优点。据工作人员介绍，利用这种方式进行煤炭运输可实现装、运、卸紧密衔接，一体化运作，只需一次装箱即可实现不卸货多次倒转，使得煤炭装卸更加便捷，将有效避免重复装卸造成的扬尘污染和抛撒浪费，节约运输成本，提高运输效率。同时在运输过程中也将大大减少焦炭损耗，真正做到环保效益和经济效益双丰收。

据了解，此次山西大同三友煤制品有限公司共购置3列环保节能自备集装箱货运列车，每专列可载运70个集装箱，每个集装箱载重能力近30吨，每专列总周转时间确定为3~4天。为保证集装箱专列高效运行，从发货地到接收地建立一条“铁路绿色通道”，既畅通了焦炭运输渠道，又确保煤炭“产得出来、运得出去”。

山西大同三友煤制品有限公司首趟煤炭集装箱运输专列缓缓驶离，标志着企业由传统运输向新型绿色运输迈出了坚实一步。采用集装箱运输，不仅是积极响应国家号召，打赢蓝天保卫战，解决煤炭敞车运输和短驳运输污染的重要举措，还能进一步减少不同运输方式之间的装卸作业次数，减少煤炭的抛撒浪费，符合国家环境治理要求。山西大同三友煤制品有限公司牢固树立“环保也是效益、政绩”的理念，主动适应绿色发展的要求，大力推进运输结构调整，优化运输组织，畅通煤炭运输渠道，确保煤炭“产得出来、运得出去”，为下一步“公、铁、水”多式联运绿色物流体系建设奠定坚实基础。

“近零碳港口”建设为新时期港口行业践行“双碳”战略提供了重要抓手。港口区域相对集中，管理相对集约，涉及社会公众也相对较少，这些优势为其开展“近零碳”实践，进而以点带面、推动行业节能减排取得成效奠定了先行先试的基础。

作为一项系统工程，“近零碳港口”建设内容多、涉及面广，它将倒逼港口乃至全行业调整能源结构、推进技术创新和加强综合管理。港口行业需要进一步对标对表“双碳”目标要求，借鉴国外先进经验，梳理国内有益探索，针对新形势新要求，始终秉持资源节约、环境友好理念，以可再生能源替代、能效提升和电气化水平、碳抵消等相关措施为关键，重点围绕顶层设计、统筹协调、结构优化、技术进步、基础建设、能源管理和试点示范持续发力，提前谋划、提早布局、明确方向、制订方案，从更深层次、更广范围、更高要求建设绿色低碳港口，助力运输结构调整，为全行业减排降碳、节能增效提供示范引领和支撑参考。

第 四 章

中国路径：
以点带面助推"双碳"实现

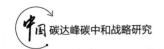
第一节　各行业脱碳的现实路径

能源是工业的粮食、国民经济的命脉。新中国成立以来特别是改革开放以来，我们能够创造经济快速发展和社会长期稳定两大奇迹，离不开能源事业不断发展提供的重要支撑。党的十九届六中全会审议通过的《中共中央关于党的百年奋斗重大成就和历史经验的决议》，在总结新时代经济建设的伟大成就时指出，保障粮食安全、能源资源安全、产业链供应链安全，在总结新时代维护国家安全的伟大成就时强调"统筹发展和安全"，指出"把安全发展贯穿国家发展各领域全过程"。2021年中央经济工作会议强调："要确保能源供应""要深入推动能源革命，加快建设能源强国"。在全面建设社会主义现代化国家、向第二个百年奋斗目标进军的新征程上开拓奋进，确保能源安全至关重要。

习近平总书记高度重视能源安全，在主持召开深入推动黄河流域生态保护和高质量发展座谈会上强调，要推进能源革命，稳定能源保供。在出席二十国集团领导人第十六次峰会时强调，中国将持续推进能源、产业结构转型升级，推动绿色低碳技术研发应用，支持有条件的地方、行业、企业率先达峰，为全球应对气候变化、推动能源转型的努力作出积极贡献。

以习近平同志为核心的党中央多次对保障国家能源安全作出部署安排。党的十九届五中全会强调要"保障能源和战略性矿产资源安全"。"十四五"规划和2035年远景目标纲要围绕"构建现代能源体系""提升重要功能性区域的保障能力""实施能源资源安全战略"等作出了一系列重要部署。《2030年前碳达峰行动方案》明确提出，以保障国家能源安全和经济发展为底线，推动能源低碳转型平稳过渡，稳妥有序、循序渐进推进碳达峰行动，确保安全降碳。"能源的饭碗必须端在自己手里"，这是对历史经验的深刻总结，是着眼现实的深刻洞察，更是面向未来的深刻昭示。

这些新理念新观点新要求，彰显了党中央驾驭社会主义市场经济的卓越能力，体现了对新的时代条件下保障我国能源安全的深邃思考，展现了维护国家安全发展的坚定意志，为新时代中国能源高质量发展指明了方向。在党中央坚强领导下，我们坚定不移推进能源革命，全面推进能源消费方式变革、建设多元清洁的能源供应体系、发挥科技创新第一动力作用、全面深化能源体制改革释放市场活力、全方位加强能源国际合作、以更大力度深入推进能源低碳转型，能源生产和利用方式发生重大变革，能源发展取得历史性成就，能源事业在高质量发展道路上迈出了新步伐。

改革开放以来，作为经济社会发展的动力源，中国能源建设和发展取得了历史性成就，建立了煤炭、石油、天然气、非化石能源全面发展的多元能源供应体系，成为全球最大的能源生产和消费国。近十年来，中国以较低的能源消费增速支撑了经济中高速增长，能源消费弹性系数一度低至0.2。当前中国能源发展仍面临煤炭所占比重偏高、油气供应海外依赖度过高、碳排放强度高、可再生能源供给不足以及管理体制机制障碍等问题。

未来中国经济和社会发展仍需要高质量的能源保障，以助力实现第二个百年奋斗目标和全面建成社会主义现代化强国。习近平总书记强调，能源安全是关系国家经济社会发展的全局性、战略性问题，对国家繁荣发展、人民生活改善、社会长治久安至关重要，并提出了"四个革命、一个合作"能源安全新战略。2021年10月，习近平总书记在视察胜利油田时指出，能源的饭碗必须端在自己手里。未来保障能源稳定供应、推进绿色低碳发展依然任重道远，需要更好统筹能源发展与能源安全。

一、"双碳"目标的实现对能源体系变革提出"四大要求"

实现"双碳"目标的关键在于推动能源体系的非化石化和加快化石能源清洁低碳化发展，构建清洁、低碳、安全、高效的现代能源体系。中国石油集团经济技术研究院立足国家、行业需求，研究构建了"世界与中国能源展望模型"。该模型可定量化模拟分析能源气候政策和技术演变对能源转型及碳排放的影响。立足"双碳"目标实现、能源安全供应和高质量发展,运用模型对能源体系演变进行模拟后的结果表明,现代能源体系构建需满足以下几个方面的要求:

(一)能源相关碳排放在尽快达峰后快速下降

在城镇化和工业化进程的推动下,中国一次能源消费总量和相关碳排放量持续上升。2020年,中国一次能源消费量为49.8亿吨标煤,约占全球的25%,消费量较2005年增长近85%;能源相关碳排放量达到100亿吨,约占全球的30%,排放量较2005年增长近80%。在"双碳"目标下,中国一次能源需求增速持续放缓,将于2030年后步入峰值平台期,约为60亿吨标煤,2060年逐步回落至58亿吨标煤。能源相关碳排放量将在2030年前达峰,峰值约为106亿吨,之后逐步回落,2050年降至27亿吨左右,2060年,能源相关碳排放量被森林碳汇或者碳捕捉等形式抵消,实现净零排放。单位国内生产总值碳排放强度下降较快,从2020年的8.6吨/万美元逐步降至2030年的5.0吨/万美元,2060年接近完全脱碳。

(二)加快煤炭减量和非化石能源替代

以煤为主的能源消费结构是导致中国碳排放量和强度较高的主要原因。在"双碳"目标下,煤炭中短期消费稳中有降,未来主要发挥"兜底保障"作用,2035年前重点开展煤炭清洁高效利用,煤炭占一次能源消费的比重将从2020年的56.8%降至2035年的约40%,2060年占比需进一步降至10%以下。石油中短期消费仍将持续增长,未来回归原料属性。天然气作为清洁低碳化石能源,中长期将快速增长,成为与新能源协同发展的最佳伙伴。

随着非化石能源技术不断进步,非化石能源投资及使用成本也在不断降低,消费规模将持续增长。从发电量看,2030年非化石能源发电量将超过5万亿千瓦时,非化石能源发电占比将从2020年的34%增至2030年的45%,2040年超过50%,成为电力供应主体,2060年进一步增长至16万亿千瓦时,占比近90%。从消费量看,2030年非化石能源在一次能源消费量中的占比将增至27%,2060年进一步增长至80%,成为能源消费主体。

（三）更好地统筹碳达峰和碳中和两个阶段性目标

2030年前为碳达峰的攻坚期，在这一阶段需要着力推进煤炭减量，加大煤炭清洁利用力度，加大石油替代、控制石油消费增长，继续加快天然气发展，并加大碳捕集、利用与封存（CCUS）技术攻关示范，加快清洁能源（天然气和非化石能源）发展，力争实现一次能源需求增量全部由清洁能源提供。2030—2060年为碳减排的加速期和碳中和的关键期，在这一阶段非化石能源发展将提质提量，对煤炭和石油在发电、工业燃烧、建筑和交通等用能领域形成大规模的替代，推动存量结构的优化调整。

（四）同步推进终端用能电气化和电力部门低碳化

终端电气化是工业、建筑、交通等领域实现脱碳的必然选择，未来终端电气化率将持续提升。根据测算，2030年和2060年终端电气化率将分别超过30%和60%，终端用电量在2030年和2060年分别达到11.3万亿千瓦时和14.6万亿千瓦时，人均用电量将于2035年超过日本等发达国家当前水平。

可再生能源主要以电能为载体被终端使用的特点，决定了电力部门的低碳化将是整个能源变革的先导，非化石能源规模化将推动电力部门低碳化，2035年风能和太阳能装机容量将超过18亿千瓦，2060年将超过60亿千瓦。2060年，"生物质发电+碳捕集、利用与封存"技术规模化应用将推动实现电力部门负排放。

二、在转型阵痛期中国能源安全供应同样面临"四大挑战"

（一）面临满足能源需求增长与推进低碳转型的双重挑战

随着中国经济增长步入高质量发展阶段，潜在经济增长率将趋于下降，经济由中高速增长转向高质量增长，但对于能源的需求依旧较高。国际经验表明，当人均国内生产总值达到2万～3万美元时，人均用能达到峰值。中国人均国内生产总值刚刚达到1万美元，人均用能水平仅约3.5吨标煤，较欧美等发达国家5～8吨标煤/人的水平还有较大提升空间。据测算，2030年中国能源消费量将达到60亿吨标煤左右，较目前水平再增长约10亿吨标煤。

能源结构中煤炭占比高导致能源结构低碳化任务艰巨。从不同化石能源碳排放因子看，煤炭的单位热值排放量最高，分别是原油和天然气的1.2倍和1.6倍。受资源禀赋影响，煤炭一直是中国能源消费的主体，煤炭年消费量较长时期在40亿吨水平波动，消费波幅在±5%。近年来，大气污染环境治理推动煤炭消费加快集中化和清洁化利用步伐，但煤炭仍是主体能源，是中国碳排放量巨大的首要原因。

产业结构偏重使得产业转型升级面临挑战。制造业是国民经济的基石，用能总量大，碳排放量高。高耗能产品产量大是制造业能源消费多的重要因素，例如中国粗钢、水泥、电解铝等产量分别占全球的53%、60%和56%。加之中国制造业用能以煤为主（占比达一半），使得制造业能源消费总量占全国一次能源消费总量的56%左右，能源相关碳排放量占全国总排放量的比重高达36%~38%。构建"双循环"发展新格局，需要建设完整的产业链和供应链，保持制造业比重基本稳定，不可能采取欧美等发达国家（第三产业所占比重达80%以上）将高耗能和高排放产业全部向外转移的模式，通过产业升级、能效提升以及循环经济深入发展，促进经济增长和能源消费脱钩的任务依然艰巨。

（二）近中期可再生能源仍受技术和系统成本制约，加剧了保障难度

电力供应从集中式数量相对较少的大型火电厂转向分散的、不稳定的风能、太阳能等可再生能源，系统出力波动性明显加大。在现有技术条件下，可再生能源的80%以上需要转化为电能进行利用，非水可再生能源（风、光）发电出力不确定性强，具有随机性、波动性特征，在遭遇极端天气时，这些脆弱性会加剧能源系统的安全风险。

随着新能源占比提升，极度稀缺和极度丰饶情况将频繁交替出现，电力负荷峰谷差大概率成为常态，电力系统不稳定性加剧。以欧洲为例，2020年，可再生能源发电在欧盟发电量中的比重达到38%，成为电源结构的主力。2021年上半年北半球天气反常，造成二季度欧洲部分地区新能源发电不及预期，风力发电量比5年平均水平低45%，英国风电出力由往年的25%降至2021年的7%，受天然气价格飙升影响的天然气发电积极性不足，导致电力供应紧张和电价大涨，对经济发展和居民生活产生明显影响。2021年9月，中国东北多地由于风电骤减，原本受煤价高企、电煤紧缺导致的电力供应缺口一度增加至严重级别，电网运行面临事故风险，为保证电网安全运行，不得已采取拉闸限电措施。

可再生能源发电大规模并网导致电力系统的可靠性维护成本大幅提升。尽管风能、太阳能等可再生能源发电成本较快下降，甚至达到平价上网，但电力系统的总成本并未下降。模型测算结果表明，如果独立电力系统中新能源电量占比达到40%，系统运行维护成本将与发电效益基本相当。

（三）推进转型过程中传统化石能源的压舱石作用易被忽视

"减煤"被视为能源绿色低碳转型的主要措施，但煤炭在中国能源安全中发挥着主体作用。"减煤"速度过快、力度过大，将削弱煤炭对保障能源体系安全运转的"托底保供"作用。受能源转型和行业去产能影响，近年来中国煤炭产能规模收缩，2020年受疫情影响，产能一直处于低位震荡，行业产能利用率为69.8%，低于2018年、2019年的水平，但煤炭消费受经济复苏带动持续增长，煤炭供应跟不上需求的增长节奏与规模，导致煤炭短缺和煤价上涨。2021年下半年以来，中国多个省市重现供电紧张，采取"有序用电""拉闸限电"手段，不得不启动煤炭阶段性增产增供措施。如果煤电退出操之过急，储能等电力峰谷调节技术没有大突破，今后更大范围、更深程度的缺电现象和电力价格波动将频频出现。

油气对外部资源的高度依赖较长时期内还不能从根本上改变。2020年，中国石油对外依存度超过72%，未来20年，中国石油和天然气的对外依存度将分别保持在70%以上和40%以上。在全球绿色低碳转型背景下，油气需求不被看好，企业投资积极性减弱，2020年全球油气勘探开发投资为3090亿美元，比上年减少1332亿美元，降幅为30%，供应能力较快下降的风险较大。中国天然气需求季节性强，储备和调峰能力建设滞后，进口价格快速攀升，跨境长输管道进口气还存在着减量和断供风险，中国天然气一直面临较大的保供压力。发达经济体贸易保护主义不断升温，逆全球化倾向加剧，将阻碍全球油气投资合作和贸易，油气产业链和供应链不稳定、不确定性因素增多。中美两国将在相当长时期内处于战略博弈态势，美国或将通过军事影响、经济制裁、金融霸权、长臂管辖以及操控油价等手段间接影响中国能源海外合作和稳定供应，可能对中国能源安全造成较大影响，包括存在着局部地区冲突造成海外项目、跨境管道以及海运风险。

（四）传统能源安全与新型资源供应安全和网络安全风险叠加

在油气对外依存度居高不下的背景下，新能源产业链和供应链面临更加复杂的安全风险。锂、钴、稀土等战略性矿产资源是新能源产业链和供应链的重要物质基础。除稀土外，中国镍、钴、铜等矿物储量并不丰富。目前，中国电动汽车大规模发展所需的电池材料镍、钴对外依存度分别超过80%和90%。预计2040年中国电动汽车保有量将达2亿辆，届时动力电池产业镍和钴累计需求量将分别超过370万吨和39万吨，分别是目前可采储量的1.2倍和4.8倍。中国关键矿产资源储量相对匮乏，但加工规模巨大，铜、镍和钴金属加工量分别占全球的40%、35%、65%。在原材料高度依赖国际市场的情况下，国际原材料价格的大幅波动会对产业链和供应链造成严重冲击，例如2021年初以来铜和钴分别涨价64%和36%以上。未来中国除了要应对油气供应保障压力，还面临关键矿产供应中断、贸易限制、价格波动或其他事态发展带来的风险。

除此之外，能源系统互联性和自动化程度提升，受网络攻击的风险便会加大。随着能源生产和运输方式的信息化和智能化发展，能源行业遭受网络攻击逐渐呈现频次多、影响大的双重特征。例如，2012年沙特阿美石油公司遭到一次破坏性网络攻击，企业内部计算机网络完全瘫痪，对生产运行产生较大冲击；2020年欧洲大型能源企业Enel Group公司两次遭遇勒索软件攻击，窃取数据多达5TB。2021年5月，美国最大的天然气和柴油运输管道公司科罗奈尔公司因遭受勒索软件攻击，暂停其在美国东海岸的输送业务，对当地油气供应造成很大影响。目前，勒索软件还停留在个体化的锁定能源交易和运输环节的关键数据、破坏操作计算机、瘫痪能源运营系统等层面，尚未对管道运输等进行物理损害。一旦敌对力量通过网络系统延伸至破坏管道压力和温度或篡改管输流向，则可能引发严重中断、泄漏甚至是爆炸等安全问题。

三、实现"双碳"目标需处理好"四大关系"

（一）能源需求增长与绿色发展的关系

中国经济增长尚未与能源消费增长完全脱钩，实现第二个百年奋斗目标仍需大量能源支撑。控制能源消费总量和控制能源消费强度（简称"双控"）是实现"双碳"目标的重要手段，但需处理好其与经济发展的关系，避免限产式能耗"双控"让经济进一步承压，才能确保低碳转型可持续。能耗"双控"是地方政府常规考核项目，2020年，由于受新冠疫情冲击，该指标增长率较低，部分省市放松了警惕。2021年部分地区前期能耗指标管控较松，抢上高耗能、高排放的"两高"项目，部分省份甚至在一季度就用完了上半年的能耗指标，"双控"形势十分严峻，也给后期"双碳"目标的实现增加了难度。近期，国家发展改革委直接点名上半年能耗强度同比不降反升的省区，另外有10个省份的能耗强度降低率未达到进度要求，各地相继出台严格的限电限产举措对"两高"行业进行限产，直接影响经济发展。

（二）化石能源与可再生能源发展的关系

在"双碳"目标下，以高碳能源为主体的传统能源产、供、储、销、贸格局将被打破，以可再生能源为主体的新的能源体系将逐步建立。构建清洁低碳安全高效的能源体系，需稳定化石能源保底供应，实现可再生能源增量替代，先立后破，有序转型。特别是要继续发挥好煤炭对保障能源体系安全运转的"托底保供"作用，加大国内油气勘探开发力度，尽快将原油年产量恢复到2亿吨，天然气年产量达到3000亿立方米以上。同时，应有序拓展可再生能源的消纳渠道，提升火电机组运行的灵活性，大力发展气电、抽水蓄能和新型储能等灵活性电源，支持风电、光伏发电等可再生能源快速发展。此外，化石能源产业链长、增值环节多、就业规模大，需要处理好传统能源基地新旧产业的接续。

（三）产业链上下游价格传导的关系

能源转型需要新的投资，用能成本可能出现阶段性上升，建立成本疏导和分摊机制十分关键。以欧洲为例，随着绿色低碳转型进程加速，可再生能源占比快速提升，电力系统的输配成本显著提升，终端电价随之不断攀升。2007—2020年，欧盟27个成员国居民终端电价从166.8欧元/兆瓦时涨至217.5欧元/兆瓦时，年均增长2.1%。2021年部分国家电价创历史新高，下游用户成本明显提升，引发民众对欧盟激进减排政策的抵触。目前，中国政府对能源价格实行管控，市场作用还不充分，对于公众而言，能源转型带来的成本上升、供应压力等还不明显，但对能源生产企业的影响较大。2021年6月以来，"市场煤""计划电"的价格机制导致上游煤炭成本无法有效疏导至电力终端用户，发电企业6月亏损面超过70%，煤电板块整体亏损。"双碳"目标推动经济发展方式由资源依赖转向技术依赖，需要形成能够反映能源资源稀缺程度、市场供求关系、生态环境价值和代际补偿成本的能源价格机制。

（四）绿色低碳技术与转型成本的关系

能源转型最终要依靠技术进步，不同的技术路线选择将导致能源成本的较大差异。实现碳中和目标，需要商业化应用可再生能源发电，氢能，先进储能，碳捕集、利用与封存以及其他碳汇等低碳（无碳）技术，能源基础设施和技术成本将增加。从现有技术趋势看，2025年后全社会用能成本将达到万亿元规模，考虑到新能源关键核心技术对外国依赖性较强，部分技术路线还不确定，技术投资和用能成本还将提升，需要全面梳理低碳、零碳、负碳能源技术体系，明确技术成熟度、"卡脖子"技术清单及关键核心技术攻关重点，确立安全可控的新能源技术实现路径，确保实现低成本转型。

四、统筹能源发展与能源安全的相关建议

（一）坚决有效执行顶层设计规划

中央已出台做好碳达峰碳中和工作的意见和碳达峰行动方案，各地区和各行业需要完整、准确、全面贯彻新发展理念，有效落实并科学执行顶层设计方案。一是经济社会低碳转型应建立在技术可行、经济合理、社会可承受、安全有保障的基础上，建议以先控碳排放强度后控碳排放总量的思路

有序推进低碳转型，在2035年中国基本建成社会主义现代化国家前，控制碳排放强度为主要约束指标，2035年后逐步加大碳排放总量约束。二是统筹考虑、科学分解国家碳减排总目标至各地区、各行业。三是坚持因地制宜，分清轻重缓急稳步推进各行业碳减排行动，例如能源行业要分阶段推进去煤化、天然气替代、煤油气退出等。

（二）构建安全可靠的能源储备系统

坚持"立足国内、补齐短板、多元保障、强化储备"，增强能源安全保障能力。油气核心需求依靠自保，夯实国内能源生产的基础性地位，加大油气勘探开发力度。不断完善石油应急管理协同机制，统筹建立国家战略储备、商业储备和企业生产运行库存动态监测体系，形成储备与生产、加工、运输和供应之间的联动应急能力。尽快建成一定规模的国家天然气战略储备，形成国家、资源企业、城市燃气企业三级储备主体，以及战略储备和商业储备相结合的天然气储备体系，同时增加储气规模，形成地下与地上相结合的储库系统。加快建立战略性矿产资源"产、供、储、循、替"新体系，提升调控市场供应、应对突发事件和保证资源供应安全能力。

（三）建立统筹兼顾的利益平衡机制

在可再生能源发电占比快速提升进程中，需要高度重视新能源和可再生能源利用的综合成本上升问题，建立成本疏导机制，以市场化手段化解成本增加问题。建议在综合考虑各环节成本与收益的基础上，以用户可承受、各类电力生产与运营主体有合理回报为原则，形成分主体、分季节、分峰谷的电力价格形成机制，使电价在各个环节能及时反映成本与供求关系变化。

（四）超前规划布局关键技术

科技创新是推动低碳转型和降低用能成本的根本动力。建议加强科技战略引领，制定新型低碳、零碳技术发展规划，围绕构建新型电力系统，二氧化碳捕集与封存/二氧化碳捕集、利用与封存技术布局等，持续攻克新型清洁能源发电技术和新型电力系统规划、运行及安全稳定控制技术，以及新型先进输电技术、新型储能技术、电氢碳协同利用技术、二氧化碳回收和利用技术等。

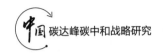

五、碳中和背景下的氢能发展机会

在低碳经济时代，氢能无疑是未来最具发展潜力的能源。但利用化石能源制氢，获得产物氢气的同时会排放大量的二氧化碳，这严重制约着氢能发展。碳捕集与封存技术（CCS）与氢能相耦合，有利于CCS与氢能产业协同发展。

氢能可通过可再生能源电解水制氢和化石能源转化制得。我国的氢能主要来自化石燃料的转化，因此从严格意义上讲这种氢能不属于清洁能源。氢能通过化石能源转化的过程（如煤制氢、天然气制氢等）中会排放大量二氧化碳，碳排放的问题将制约氢能的发展。

（一）氢能参与脱碳的必要性

世界上主要的经济体提出碳中和目标以来，氢能成为各国碳中和技术唯一的救命稻草。目前氢能产业存在的主要问题有：（1）绿氢在整个氢产业链中占比较少（仅为4%左右）；（2）绿氢成本较高，其受制于电解水制氢设备的价格和高昂的电价。尽管氢气的发展存在各种各样的问题，但是各国仍努力发展绿氢产业，以求最终降低其成本。因为在实现碳中和目标以后仍有30%左右的能源用户无法通过电气化满足。比如冶金行业就无法完全通过电气化实现脱碳，除使用可再生能源外，还需通过氢能来实现脱碳。大规模绿氢产业将带来较高的新增电力需求，加快绿氢的应用，也是我国构建高比例可再生能源电力系统的重要途径。

氢除了可在冶金等碳减排难度较大的领域有应用空间外，还可作为合成氨和甲醇的化工原料。以氢为燃料的氢燃料电池车在交通领域也有很大的应用空间，在交通领域能够发挥其能量密度高和续航能力强的优势。在发电和电网系统内，氢能可借助氢燃料电池发挥调峰和分布式供能的作用。实现碳中和的目标离不开氢的参与。

（二）氢能发展政策

近年来，包括我国在内的主要经济体都出台了氢能相关发展规划。我国

"十四五"开局以来，各地方、各企业纷纷出台相关文件支持氢能发展。很多企业，包括大型国企、私企等纷纷布局氢能产业，成立了氢能公司。比如国电投、中能建、隆基、阳光电源等都成立了自己的氢能公司，企业层面也体现出了对氢能发展的重视。

这些政策涉及氢能产业上下游的多个行业，多个文件都提到了有关氢能产业基础设施建设的指导性政策。比如"网源荷储一体化"政策就明确提出，在新增风、光等新能源布局的同时要建设一定比例的负荷端，这个负荷就包括制氢。我国很多地方政府都出台了对发展氢能有利的政策文件，这一系列的氢能指导意见都体现了氢能在我国的受重视程度非常高，也体现了我国对氢能产业发展的支持。山东省在2021年光伏支持政策中明确提出，建设光伏的同时考虑配置10%～20%的储能，其中氢能也可视同储能看待。这些氢能政策的正式印发也推动了氢能产业的快速发展，相关补贴政策的出台也体现了我国对氢能产业发展的重视。

（三）氢能参与脱碳的可行性分析

要想真正获得绿氢，必须解决氢能生产过程中碳排放的问题。根据氢能产业发展阶段可以把氢能的发展过程大致分为3个阶段：初期阶段（灰氢阶段）、中期阶段（蓝氢阶段）和最终阶段（绿氢阶段）。目前我们就处于初期阶段，氢气主要来源于灰氢，是通过化石燃料转化获得。例如通过天然气制氢、煤制氢等工艺得到的氢气称为灰氢，灰氢的生产过程中会伴随着大量的碳排放。中期阶段的氢气被称为蓝氢，这个阶段是灰氢与CCS技术相耦合，减少碳排放的阶段，这个阶段的氢能碳排放降低，但是投资较高。最终阶段的氢气被称为绿氢，这也是我们发展的终极目标。此阶段氢气是通过可再生能源电解水获得，新能源发电不消耗化石能源，没有碳排放。电解水所用的原料水在氢气消耗的过程中又会被生成，从这个角度看水也是可再生的、循环的。制氢过程可实现完全脱碳，这个阶段是氢能发展的最终目标。目前从价格上来看，氢气的价格高低排序为：灰氢—蓝氢—绿氢。考虑到成本和环保等因素，现阶段的主要方向是提升科技水平、降低绿氢成本，在逐步实现脱碳制氢的同时，进一步降低制氢成本。

在蓝氢和绿氢之间还有一种氢气，叫"蓝绿氢"，蓝绿氢有时也被称为"青氢"。青氢的制备原料是采用天然气，但不用水气转化法，而是采用热裂解技术，在高温反应器中甲烷被直接裂解为氢与固体碳。固态的碳不会排放到大气中，可以直接储存起来，或是用作冶金等。这种高温裂解工艺通常需要耗用大量化石燃料，从这个角度讲也会有碳排放；也可采用可再生能源或者碳中和能源来加热，这种方式能源转化次数较多，能量转化效率会降低。

目前工业上制氢的方式有电解水制氢、天然气制氢、煤制氢、工业尾气制氢和甲醇制氢等，各种制氢方式占总氢产能的百分比如下：工业尾气制氢为45%、煤制氢为41%、天然气制氢为10%、电解水制氢为4%。从数据可看出目前氢气的主要来源为工业尾气制氢，电解水制氢所占的比例最低。目前新能源电解水制氢的发展瓶颈主要是电解水制氢设备成本和度电成本较高，随着电解槽、电极、双极板成本的下降和新能源发电成本的降低，绿氢将成为一种脱碳的终极方案。

六、交通运输部门脱碳路径分析

（一）总体构想

交通运输部门碳中和目标的实现不可能一蹴而就，需要从供需两侧出发，统筹考虑近中期和中远期的目标。

近中期，应以结构调整和效率提升为重点，加快建立完善以高速铁路、公共交通为核心的交通运输基础设施体系，推动工业化、城市化，实现优化布局，加快电动汽车推广，适当推广车船用天然气，推动交通碳排放尽早达峰。同时，加快生物燃料、氢能等替代技术的研发示范推广力度，不断夯实碳中和前提基础。

中远期，推动形成以铁路为骨架的城间客货运，以轨道交通和公共汽车为主体的城市交通，以电动化、共享化及自动化为特点的私人出行，建成畅通成网、配套衔接的综合交通运输体系，大幅提高电力在交通用能中的比重，全面推进道路货运电动化、船舶运输氨氢化与电动化，民航领域以生物航煤、氢燃料、动力电池等去油化举措，摆脱交通部门对油品的依赖，争取交通部门尽早实现碳中和目标。

（二）脱碳路径

在交通部门实现碳达峰碳中和目标的过程中，应结合交通运输部门特点及技术发展趋势顺势而为，以高效化、智能化、去油化和电气化为抓手，从合理引导交通服务需求、优化调整交通运输结构、加快清洁燃料替代，以及显著提升交通设备能效水平等四条路径推进。

优化产业布局和城市化模式，实现源头减量。从国内外发展经验看，降低工业化发展对重化工行业的依赖，推行大中小城市协调发展的城市化模式，能够明显降低煤炭、铁矿石等基础原材料运输的需求，并减少不必要的运输距离。模型分析表明，通过加快产业升级、推动大中小城市协调发展，发展紧凑型城市和城市群，与基准情景相比，2030年和2060年，碳中和情景货运周转量将分别下降15%和38%。在城市化方面，通过引导城市群一体化发展，大力发展紧凑型城市，推动城市内部空间布局向多中心、混合功能、小街区模式发展，积极发展远程办公、视频会议、在线购物等，也可以大幅降低机动化出行需求。

发展铁路和公共交通，实现结构减量。推动交通运输结构优化，以铁路、公共交通等替代卡车、私家车等运输出行方式，是打造现代高效交通运输体系的关键举措，有利于实现交通石油需求结构的减量。以公路为例，研究表明，通过结构优化，公路货运能耗可以大幅下降。基准情景下，公路货运能源需求从2018年1.79亿tce持续增长至2040年的2.09亿tce。而在碳中和情景下，公路货运能耗将在2025年左右达峰。

加快普及新能源汽车，实现燃料替代。通过加快新能源汽车推广，可以实现良好的石油替代效果。在碳中和情景下，2030年交通部门电力、生物燃料以及氢能需求将分别达6300万tce、1000万tce和800万tce，合计占交通用能总量的14%。2050年，交通部门能源需求将呈现"电力为主，氢燃料、生物燃料为辅"的格局，其中电力需求占交通用能总量的69%。氢能需求为5600万tce，占交通用能总量的18%。生物燃料需求为3800万tce，占交通用能总量的13%。2060年，随着电力在水运及航空运输中应用更为广泛，交通用能电气化水平进一步提高到79%。

大幅提升乘用车和载货汽车燃油经济性。在加快发展新能源汽车的同时，传统内燃机汽车也具备持续提高能效的巨大空间。通过持续提升机动车燃油经济性标准，加快普及轻量化、小型化、动力总成升级优化等先进成熟技术，到2030年乘用车新车平均油耗有望下降到3L/100 km左右，比目前平均油耗水平下降一半以上，商用车油耗有望与国际先进水平同步。同时，由于货物运输能耗占我国交通能源需求的一半左右，载货汽车领域能效提升对交通能源低碳发展的积极作用更显著。

对此，可以大胆提出一些建设性的政策建议以供参考。

1. 推动交通强国、低碳城市、能源转型协调发展

为实现绿色低碳转型，推动交通运输结构、汽车产业、能源体系整体变革，实现我国交通能源利用方式全面重塑。贯彻落实《能源生产和消费革命战略（2016—2030）》，大力推进纯电动汽车、燃料电池等动力替代技术发展，加快建设汽车充换电基础设施，大幅提高电动汽车市场销量占比。把发展公共交通与高速铁路，作为交通能源革命的基础前提。引导社会资本加大投入，把公共交通作为各地区基础设施体系"补短板"的主要方向。城乡规划要在土地供应、财税政策、路权分配等方面加大扶持力度，推动公共交通成为居民日常出行的优先选择。推动石油行业与汽车、互联网、智能制造等行业，实施跨行业兼并重组和优势互补合作，在车联网、自动驾驶、充电等方面培育新的增长点。

2. 优化完善交通运输节能降碳目标体系

构建减量化、结构优化、高效化、替代化四维一体的交通运输节能降碳目标体系，合理引导交通服务需求、优化调整交通运输结构、显著提升交通设备能效水平以及加快清洁燃料替代。针对降低不合理货运需求、发展紧凑型城市和城市群、优化货运结构、优化城市出行结构、提高汽车燃油经济性、发展电动汽车、发展替代燃料等7个重点领域16个具体评价指标，构建有利于交通运输节能降碳的目标体系。

3. 建立健全轨道交通体系

我国多式联运仍处于起步阶段，特别是铁路多式联运存在硬件和软件等诸多问题，需要通过加强高质量设施供给、创新运输组织模式、改进市场服务理念等举措促进铁路多式联运发展。"十四五"及未来一段时期，我国要进一步调整交通运输结构，提高综合运输效率。提升铁路运能，铁路要加快创新货运服务，建立灵活的运价调整机制，规范铁路专用线收费，推动铁路运输企业与大客户签订运量互保协议，提高铁路货运服务质量和水平，增强市场竞争力。升级水运系统，加快完善内河水运网络，增强长江干线航运能力，大力推进集疏港铁路建设，重点推动环渤海、山东、长三角等地区大宗物资集疏港运输，向铁路和水路转移。建立以高铁和铁路为骨架的城际客运体系，减少民航与私家车出行。优化轨道交通和城市公交系统，提高公共出行比重。

4. 大力推动新技术新业态融合发展

我国具备引领全球交通能源融合发展的基础和条件。当前，我国电动汽车产销规模居于世界首位，已经在电动汽车发展中取得初步的先发优势。现阶段我国正在大力发展以5G和大数据为引领的新基建，此时提前考虑电动汽车大规模应用场景，并将其与智能交通耦合，可以实现叠加效应。特别是我国在电动汽车、电池制造、共享出行、智能网联等方面已取得了一定成就，具有弯道超车的较大潜力空间。建议"十四五"期间，重点推动新能源汽车、信息技术、人工智能、新能源等领域已取得成果的加速融合，鼓励信息化、智能化优势企业与汽车产业融合发展，在灵活制造、租赁共享、电网汽车储能等商业模式创新方面寻求突破。通过支持新技术，新业态加快融合发展，推动交通用能及碳排放峰值尽早到来。

5. 加快推动新能源汽车发展

把推广新能源汽车作为重塑城市交通用能的突破口。大气污染防治重点区域和城市要完善综合激励政策，率先推广普及新能源汽车。完善分时电价政策，加快出台电动汽车参与电网调峰调频的辅助服务政策，提升新能源汽车在终端市场的便捷性和竞争力。建立和完善财税补贴、标准等政策动态调

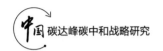

整机制，引导全产业链技术进步和应用创新发展，并开展我国禁售燃油汽车可行性等研究。

6. 构建与高比例新能源汽车相适应的配套系统

提前布局，构建与大规模新能源汽车发展相适应的能源供应体系。一是推行充电与换电互补发展，促进城市能源和交通基础设施融合升级。目前，我国电动汽车发展以充电设施为主，换电设施比重相对较低，但公共充电桩利用效率不高，充电设施运营商普遍亏损，继续盲目加大投资可能造成新的资产沉淀。建议把换电网络建设作为"新基建"投资重要内容，促进城市能源和交通基础设施融合升级。加快出台快换电池箱、电池系统接口、换电站、换电车辆安全性等相关标准，加大对先进成熟换电系统建设和运营的财政奖补力度；试点开展换电站电池储能参与城市电力调峰、智能电网发展的可行性商业模式，促进充换电企业盈利模式多元化发展；依托换电模式加强电池全生命周期管理，减少废弃动力电池可能带来的环境污染和健康风险。二是顺应交通用能去油化、电气化发展趋势，严控新建炼化项目，避免加剧产能过剩和汽油柴油的失衡矛盾。加快调整炼化行业产品结构，引导石油行业加大对替代燃料、精细化工等方向的研发力度。三是把非化石能源作为满足新增能源需求的重点，不断增加靠近终端的分布式能源供应，持续提高非化石能源的电力比重，发挥新能源汽车全生命周期的节能减碳优势。

第二节　实现碳的"负排放"技术支持

全球气候变化危及当代人及子孙后代的福祉，严重制约人类的可持续发展。《巴黎协定》明确提出到21世纪末将全球平均气温上升幅度控制在工业化前水平之上2℃以内并努力实现1.5℃目标。越来越多的研究认为，提高能源效率和开发可再生能源等常规的减缓行动，即使在可预见的技术取得突破的情况下，实现2℃温控目标难度也相当大，且成本高昂。联合国政府间气候变化专门委员会第五次评估报告（AR5）预测，到2100年，许多情景下每减少1吨二氧化碳排放量的成本将超过1000美元。要实现2℃目标，最低成本的排放路径高度依赖大规模实施负排放技术，以避免对高成本减排的依赖。《全球升温1.5℃特别报告》也指出，要实现1.5℃目标，需要在21世纪中叶实现净零排放，几乎所有排放路径都不同程度依赖负排放技术的大规模应用。

一直以来，气候策略分析大都聚焦于减缓和适应手段，但《全球升温1.5℃特别报告》发布以后，国际社会对负排放技术的研究和讨论掀起热潮。其中，研究认为生态系统在人类活动产生的所有二氧化碳排放量的大约一半的清除和长期存储中起关键作用，所以通过采用基于自然的解决方案，也称为"自然气候解决方案"，使自然在大规模碳移除中发挥重要作用，即二氧化碳移除的基于自然的解决方案。2019年，美国国家科学院发布了一份长达500多页的报告《负排放技术和可靠的封存：研究议程（2019）》，对主要负排放技术进行评估，呼吁政府尽快部署，加强负排放技术研发，英国、加拿大、瑞士等国家也纷纷启动相关的研究计划。

负排放技术不仅有科学研究价值，还可能成为未来科技竞争的新领域，关乎全球生态安全和国家核心竞争力。但聚焦国内，关于负排放技术的研究还十分欠缺，自然科学领域从微观技术角度对负排放的研究有所涉及，但相比国外研究还很薄弱，从社会科学尤其是经济学角度对负排放技术的研究更是缺乏。基于此，我们首先要明白负排放技术的概念和分类，辨析负排放技术与二氧化碳捕集、封存与利用（CCS/CCUS）、二氧化碳移除（CDR）、二氧化碳移除的基于自然的解决方案（NBS CDR）之间的联系与区别，重点剖析负排放技术经济分析的基本框架，阐述具体负排放技术的成本收益评估、负排放策略与减缓和适应不同的经济学属性以及应对气候变化与可持续发展目标协同视角下包含负排放策略的气候变化综合评估模型（IAM）的构建思路，最后提出中国在全球气候治理和生态文明建设中应对负排放议题的几点建议。

（一）负排放技术的概念辨析

1. 负排放技术的定义和分类

全球气候变化的原因分为自然原因和人为原因两大类。IPCC第五次评估报告明确指出，温室气体排放以及其他人类活动影响已成为自20世纪中期以来气候变暖的主要原因。在减缓和适应气候变化之外，负排放技术试图通过技术手段将已经排放到大气中的二氧化碳从大气中移除并将其重新带回地质储层和陆地生态系统。

根据作用机理不同，负排放技术主要有土地利用和管理、直接空气捕获、生物能源的碳捕获与封存和碳矿化4类，其中，土地利用和管理类技术包括陆地碳去除与封存和沿海生态系统的"蓝碳"。陆地碳去除和封存是指植树造林/再造林、森林管理的变化或提高土壤碳储存量的农业做法的变化，即农业土壤法；沿海蓝碳是指增加红树林、潮沼地、海草床和其他潮汐或咸水湿地活植物或沉积物中储存的碳。直接空气捕获指直接从空气中捕获二氧化碳并将其浓缩和注入储存库。生物能源的碳捕获与封存则是通过捕获和封存生物质利用过程排放的二氧化碳实现负排放，是指利用植物生物质生产电能、液体燃料、热能，并将生物能源和不在液体燃料中的剩余生物质碳利用后所产生的二氧化碳进行捕获和封存。碳矿化即加速风化，使大气中的二氧化碳与活性矿物（特别是地幔橄榄岩、玄武岩质熔岩和其他活性岩石）形成化学键，通过矿化实现碳的长期封存。此外，无论是生物能源的碳捕获与封存还是直接空气捕获，实现负排放都离不开地质封存技术的支持，即将二氧化碳注入合适的地质层，如咸水层，使二氧化碳长时间停留在岩石的孔隙空间。

2. 负排放技术与CCS/CCUS之间的联系与区别

负排放技术直接将二氧化碳从大气层中隔离出来，将其储存，或增强天然碳汇，与直接从大型燃煤电厂等二氧化碳排放源捕集、封存与利用二氧化碳（CCS/CCUS）不同。负排放技术与减排等量的二氧化碳一样，都能起到降低大气中二氧化碳浓度的效果。不同的是，负排放技术能直接移除已经排放到空气中的二氧化碳，当移除量大于排放量时，就可以起到降低大气中二氧化碳存量的作用，而CCS/CCUS只能减少二氧化碳流量，所以《全球升温1.5℃特别报告》将能源和工业部门应用CCS/CCUS技术归为减排技术。此外，负排放技术中的生物能源的碳捕获与封存依靠生物能源。由于生物质作为原料生长并燃烧以产生能量，而燃烧过程释放出的二氧化碳被捕获并永久隔离，从而将二氧化碳排放从碳循环中去除。所以，生物能源的碳捕获与封存与CCS/CCUS都是从排放源移除二氧化碳。生物能源的碳捕获与封存也需要用到能源端的CCS技术，不同的是生物能源的碳捕获与封存所用的燃料是生物燃料，由于生物燃料生长过程作为碳汇而消耗过程排放的二氧化碳被捕获和封存，所以整个生命周期可达到负排放的效果。

3. 负排放技术经济分析的基本框架

尽管负排放策略在当下气候行动策略讨论中备受关注，但社会科学领域有关负排放技术的研究还很不足。从经济学视角看，对于负排放技术的研究可分为3类：（1）狭义的经济分析，即评估每一种具体技术实施产生的成本收益；（2）从理论经济学视角，结合环境经济学、公共经济学、发展经济学与福利经济学等经济学理论对其经济学属性进行剖析；（3）广义的经济评估，就是将原有气候变化综合评估模型进行拓展，把负排放技术作为新的变量引入福利最优化方程，探究新的最优气候策略组合。

4. 具体负排放技术的成本收益评估

要同时实现气候和经济增长目标，就需要负排放技术发挥重要作用，到21世纪中期在全球范围内每年移除100亿吨二氧化碳，到21世纪末每年移除200亿吨二氧化碳。目前全球每年已经有数十亿吨、每吨低于20美元的二氧化碳负排放。一旦人为减排达到一定水平，继续减排的成本将非常高，负排放技术很可能在相当长的时间内（包括在全球持续净负排放时期）成为重要竞争者。

从成本、收益看，减缓措施的实施成本普遍较高。适应气候变化在应对气候变化行动中与减缓处于同样地位。适应措施需要综合考虑气候风险、社会经济条件及地区发展规划等多项内容。但适应的经济评估需要在行业或项目水平上进行评估，无法直接与具体负排放技术的成本收益进行比较。研究表明，负排放技术与某些减排措施相比，成本较低，破坏性也较小。但从负排放技术的特性看，其在应对气候变化中的作用与适应措施更多是互补和协同效应，虽与减缓措施存在一定的替代性，但相比减缓来说还能减少二氧化碳存量，有其独特之处。所以，本文不再过多比较负排放技术与减缓措施的

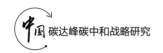

成本收益。

造林/再造林与森林管理变化、农业土壤吸收和储存以及生物能源的碳捕获与封存这3种负排放技术具有中低成本（每吨二氧化碳100美元或更低）特点，具有从当前部署中安全扩大规模的巨大潜力，还产生协同效益，如森林管理的变化能提高森林生产力，增加农业土壤的吸收和储存能提高农业生产力，生物能源的碳捕获与封存能提高液体燃料生产和发电等。直接空气捕获目前受到高成本的限制，碳矿化目前缺乏基本认识。许多沿海蓝碳项目的投资以生态系统服务和适应等其他效益为目标，因此去碳成本很低或为零，但需要改进对海平面上升、沿海管理和其他气候效应对未来吸收率影响的认识。

从负排放能力看，直接空气捕获和碳矿化具有很高的潜在去碳能力；造林/再造林与森林管理、农业土壤吸收和生物能源的碳捕获与封存虽然已经可以在相当高的水平上部署，但农业土壤的碳吸收率限制以及粮食生产和生物多样性对于土地使用的竞争可能会将这些方案的负排放量限制在全球范围内每年远低于100亿吨；沿海蓝碳方法去碳的潜力虽然低于其他负排放技术，但需要不断探索和支持。此外，二氧化碳地质封存的研究对于改善化石燃料发电厂的脱碳至关重要，对推进直接空气捕获和生物能源的碳捕获与封存也至关重要。同样，对生物燃料的研究也将推进生物能源的碳捕获与封存。

5. 负排放策略与减缓、适应的经济学属性比较

从经济学视角看，气候变化与技术进步都具有全球公共物品属性，既具有全球性，也存在外部性。而负排放技术既具有技术本身的经济学属性，作为应对气候变化手段的重要选项，其与减缓和适应的经济学属性不尽相同。负排放技术与减缓、适应不同的经济学属性的比较有以下几点。

外部性。减缓措施不仅减少碳排放，还起到节约资源、保护环境、倒逼技术创新的正外部性，且局部行动能产生全球性的正外部性；适应措施能直接降低气候变化引起的灾害损失，改善局部福利，主要是局部行动产生局部影响，区域溢出效应有限。所以，减缓和适应都能产生确定可见的正效益。而负排放技术直接减少二氧化碳存量，实现净负排放，削弱或者避免气候变

化引起的损失，且基于自然的负排放手段还产生生态协同效益。从区域溢出效应角度，负排放技术局部实施也同减缓一样带来全球正外部性。但负排放技术也存在风险，如大规模部署生物能源的碳捕获与封存需要的土地利用变化可能对土地使用、粮食和水安全以及生物多样性产生较大的负外部性，需要将其置于可持续发展目标下进行综合评估。

减缓和负排放技术都是应对气候变化的全球公共物品。从公共经济学理论上看，两种全球公共物品并没有相应的全球政府来供给。而适应措施往往是局部的，具有私人物品属性，不存在全球供给的困境，且是相对快速和低成本的。此外，全球在实施减缓措施或应用负排放策略时，会产生"搭便车"问题，由于减排技术和某些负排放技术的高成本问题，理性的国家、企业和个人自然会倾向于推迟减排或应用负排放技术，或希望其他国家或他人做出更大的减排或负排放努力而坐享其成，这在一定程度上增加了气候谈判达成一致的困难。

发展权益与福利。经济活动必然伴随着能源利用，从而产生二氧化碳排放。因此，从发展经济学角度，二氧化碳排放的权利相当于基本发展权益。对于一些欠发达区域，过度减少二氧化碳排放将损害人的发展权益和福利，而且是不公平的，因为发达经济体的历史排放更多；适应措施不直接与碳排放相关，是区域有效且相对公平的；而负排放技术减少二氧化碳存量这一特性，在一定程度上可以降低历史碳排放对当下以及未来的影响，且不会直接损害人类的发展权益，同时能通过其特殊传导机制提高人类和自然生态系统的福利。但是，需要解决负排放技术本身对生态系统的负面影响。

总之，负排放技术的引入会给气候系统、经济社会系统和自然生态系统带来新的不确定性，需要从社会科学领域、经济学视角对负排放技术的影响和损害进行更多的量化研究。在减缓和适应策略基础上，负排放技术将如何优化现有的气候策略？它对自然生态系统有何影响？它对社会经济系统和人类福祉产生影响的机制是什么？这些问题都需要提前评估和研究。在此基础上，还需要探索具体机制来确保有效地、公平地实施负排放技术，探讨如何创建可以适应这些新技术并减少气候风险的治理机制。

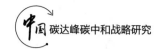

（二）中国在全球气候治理和生态文明建设中应对负排放议题的建议

负排放技术对于全球实现2050年净零排放和《巴黎协定》气候目标至关重要。将负排放技术纳入应对气候变化策略组合，可以避免对高成本减排的依赖，降低风险。但目前面临的问题除了负排放技术本身的成本、环境与经济影响及风险外，随着减排成本增加和人类减排意愿减弱，负排放技术的纳入也可能导致道德风险。需明确的是，减少人为排放是解决气候变化问题的根源措施，但降低二氧化碳存量仅靠减排无法实现，需要进行广泛的技术组合来寻求成本有效、影响最小的解决方案，包括减排、近零排放和负排放技术，技术和策略组合的形式也更有助于管理和应对自然和减缓行动带来的意外风险。

从实践层面看，近年来，美国、英国、加拿大、瑞士等国纷纷启动负排放技术的研发、示范和商业化；美国已经有公司开展直接碳捕获直接空气捕获技术的应用；英国剑桥大学成立气候修复中心，其中就包括从大气中清除二氧化碳的项目；英国还开展了生物能源的碳捕获与封存试点，将英国最大的Drax发电厂的发电机组升级了三分之二，改用生物质替代煤炭，并每天从生物质发电产生的气体中捕集1吨二氧化碳，成为欧洲最大的脱碳项目；加拿大Carbon Engineering公司自2015年以来一直运营一家二氧化碳萃取试验厂，开展直接空气碳捕获，进行成本估计，并发布详细经济分析报告；瑞士Climeworks公司开设了一个商业设施，每年可从大气中捕获900吨二氧化碳，在冰岛开设第二个设施，每年可捕获50吨二氧化碳，并将其埋在地下玄武岩地层中。放眼全球，直接空气捕获技术已开始商业化竞争，一旦突破成本限制，将迅速进行广泛应用，但中国的重视程度和研发投入明显不足。

从增强国家科技竞争力的角度看，及早掌握最佳的负排放技术、拥有知识产权的国家将会从中获得经济效益。中国有一定的CCS/CCUS和森林湿地管理基础，但目前对负排放技术的认识和研究有待加强。中国需要高度重视、密切关注负排放技术国际研究动态，加强评估，尽快开展研究，在应对气候变化和生态文明建设大框架下精心部署负排放技术的发展战略。

1. 重视负排放技术，将其纳入应对气候变化大框架，促进其与减缓、适应发挥协同效应

在应对气候变化的共同目标下，负排放技术与减缓和适应措施联系紧密。以降温为目标，负排放可以视为减缓技术。《联合国气候变化框架公约》曾将造林/再造林和土壤封存两种负排放技术纳入净减排技术组合，一直作为减缓措施。植树造林等基于自然的负排放技术也兼有适应的作用，在吸收碳的同时主要改变局地小气候。但在过去的气候变化政策和行动中，基于自然的解决方案，NBS CDR未得到充分重视，资金支持明显不足。要充分发挥NBS CDR类负排放方案的潜力，针对NBS CDR和减排、适应开展协同效应展开研究，优化传统的基于技术的气候变化应对方式，降低成本和技术风险，识别出更安全有效的气候策略组合，并在生态文明制度大框架下制定与NBS CDR相关的激励政策，响应国际启动多领域NBS CDR协同治理进程。

2. 防范道德风险，加强负排放技术的环境影响评估

开展负排放技术的研究并不意味着放松或削弱减缓和适应的努力，负排放技术的环境影响有待评估，中国应组织相关领域专家开展研究。在负排放技术的科学研究不足、人们对其可能带来的风险和不确定性普遍担心的情况下，避免负排放技术的道德风险至关重要。负排放技术的应用需要大量的土地利用变化，将对环境和社会产生严重影响，如重新利用大量现有农业用地来种植新的森林或生物质能源的原料可能对粮食供应产生重大影响；重新利用热带森林会损害生物多样性；等等。虽然增加农林业碳汇和生物能源的碳捕获与封存可以进行大规模部署，但其负排放能力受到农业土壤的碳吸收率以及粮食和生物多样性对于土地使用的竞争的限制。所以，如果大规模应用负排放技术，影响将涉及全球范围，需要加强国际治理。对于中国，需要评估沿海蓝碳、陆地碳去除与封存、生物能源的碳捕获与封存这些负排放技术在中国发展和部署的潜力、成本和负面影响。此外，中国在能源端应用CCS/CCUS已有技术基础，如何在此基础上进一步开发和部署生物能源的碳捕获与封存需要重点评估。特别是大规模生物能源的碳捕获与封存受到土地和水的制约，而中国土地和水资源紧张，国际技术合作可能是未来的机遇。

3. 区别对待不同的负排放技术，识别关键技术并加紧研发，寻求国际合作

要实现全球2℃或1.5℃温控目标，就必然需要负排放策略。据英国皇家科学院和皇家工程师学会估计，到2050年，生物能源的碳捕获与封存可以实现每年捕集5000万吨二氧化碳，大约相当于英国全国排放目标的一半。中国应加紧生物能源的碳捕获与封存，沿海蓝碳、陆地碳去除与封存等关键技术的研发，改善现有负排放技术，增加其负排放容量，降低成本，减少负面影响。同时，加强对直接碳捕获（直接空气捕获）技术和碳矿化技术的研发，作为技术储备；加强生物燃料、地质封存等相关技术的协同研发，加强技术支撑。特别是在直接空气捕获方面，瑞士Climeworks公司已开设了世界上第一家商业直接空气捕获工厂，向附近温室供应捕获的二氧化碳以帮助种植蔬菜。目前，该公司已经就其新的二氧化碳清除方案签署了几项历史性合同，这是全球首次有一家公司被委托将其客户的二氧化碳从大气中永久清除出去，标志着实现气候目标的新的市场机制的建立。中国应及时把握机遇，积极学习国外先进的直接空气捕获技术，寻求商业合作。

4. 积极引领和参与全球环境治理，为负排放治理做好技术和人才准备

随着世界各国负排放技术的研发和部署，相关国际治理问题也逐步提上日程，中国要提前预见，做好知识、技术、人才等方面的准备。负排放治理进程一旦启动，意味着后续有大量科学评估、论坛、磋商、谈判等活动，中国要积极参与并提出解决问题的中国方案，需要尽快在科学、技术、政策、伦理、法律等诸多方面加强研究和人才队伍培养。目前，中国对负排放技术的研究明显不足，相关决策部门的认识和关注度也非常有限。中国作为负责任大国，在全球环境治理多个机制中都需要面对新议题的挑战，特别是2021年，中国主办《联合国生物多样性公约》第十五次缔约方大会（CBD COP15），负排放技术有可能进入谈判议题，中国作为东道主，应以可持续发展和生态文明的价值理念为指导，积极引领和促进构建有效的生态安全和负排放治理机制。

第三节　打造绿色碳排放交易体系

当前全球变暖引起的气候与环境变化已成为制约人类社会可持续发展的重要风险之一。在此背景下，各国相继作出碳中和的政治承诺。2020年9月，我国正式提出将力争在2030年前碳达峰、2060年前实现碳中和的目标。要实现上述目标，离不开产业结构调整、生态环境保护、市场化碳交易等一系列减排举措，而对碳排放进行准确核算是各项工作开展的基础。

引起全球变暖的温室气体主要包括臭氧、二氧化碳、氧化亚氮、甲烷等，在这些气体中最为重要的是二氧化碳。根据2019年《世界气象组织温室气体公报》，1990—2018年，所有长寿命温室气体带来的辐射增加了43%，其中二氧化碳的贡献高达80%。因此，对人为活动产生的不同种类温室气体排放量进行测算，并将其乘以全球变暖潜能值统一折算为二氧化碳当量的过程，被称为碳排放核算（也称为温室气体核算）。实现全球范围内的碳中和是一项复杂工程，需要对不同层级主体的碳排放情况进行准确把握，由此形成了针对国家、地区、企业、产品以及项目等的碳排放核算体系。

发达国家基于经济发展进程能够有充足的时间在21世纪中叶实现碳中和目标，而我国尚处于工业化与城镇化进程之中，构建完善的碳排放核算体系对于我国在较短时间内实现碳中和目标意义重大。首先，完善的碳排放核算体系有助于摸清我国碳排放底数，帮助我国在国际气候谈判中做好应对之策。其次，完善碳排放核算体系是我国加快经济转型、实现高质量发展的内在要求，有助于抓住经济和能源结构转型的"牛鼻子"，提出科学合理的碳达峰碳中和路线。最后，完善碳排放核算体系是我国各层级主体落实碳减排工作的重要依据，能够为碳减排目标设定、碳排放管理、碳减排成效评估等提供有效抓手。

近年来，我国高度重视碳排放核算体系的构建工作，并取得了一定进展，但鉴于我国面临巨大的碳减排任务且时间紧迫，现有的核算体系尚不能提供及时、完整、准确的碳排放信息，完善碳排放核算体系刻不容缓。基于

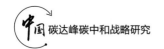

此，本节对我国碳排放核算体系进行了梳理，并在总结国际社会碳排放核算体系实践的基础上，针对我国碳排放核算体系的不足提出了相应建议。

一、国际碳排放核算体系的框架与经验

为应对全球气候变暖，20世纪90年代以来众多国际机构围绕不同层级的碳排放核算标准制定开展了大量探索。主要包括两类：一类是对区域的温室气体排放进行核算，包括国家、州、城市甚至是社区层面，另一类是围绕企业（或组织）、项目以及产品层面的碳核算。核算标准的制定包括核算边界界定、排放活动分类、核算数据来源、参数选取、报告规范等一系列内容。从影响力来看，部分国际机构如联合国政府间气候变化专门委员会、世界资源研究所（WRI）、国际标准化组织（ISO）等制定的温室气体核算指南已成为各国开展温室气体核算的蓝本。

（一）IPCC出台的国家温室气体核算指南

联合国政府间气候变化专门委员会是由世界气象组织（WMO）和联合国环境规划署（UNEP）在1988年建立的政府间组织。IPCC的重要职责是为《联合国气候变化框架公约》和全球应对气候变化提供技术支持。为帮助各国掌握温室气体的排放水平、趋势以及落实减排举措，IPCC在1995年、1996年分别发布了国家温室气体清单指南及其修订版，旨在为具有不同信息、资源和编制基础的国家提供具有兼容性、可比性和一致性的编制规范。

2006年，IPCC在整合《IPCC国家温室气体清单指南（1996年修订版）》、《2000年优良做法和不确定性管理指南》和《土地利用、土地利用变化和林业优良做法指南》的基础上，发布了更为完善的清单指南。根据《2006年IPCC国家温室气体清单指南》（以下简称《IPCC 2006年清单》），国家温室气体的核算范围包括能源、工业过程和产品使用、农业、林业和其他土地利用、废弃物以及其他部门。与1996年版本相比，《IPCC 2006年清单》在使用排放因子法时考虑了更为复杂的建模方式，特别是在较高的方法层级上。此外，其中还介绍了质量平衡法。随着2006年指南越来越难以适应新形势下温

室气体核算，IPCC从2015年开始筹备并最终发布了《2006年IPCC国家温室气体清单指南（2019年修订版）》。与已有版本相比，2019年修订版更新完善了部分能源、工业行业以及农业、林业和土地利用等领域的活动水平数据和排放因子获取方法，同时，强调了基于越来越完善的企业层级数据来支撑国家清单编制，以及基于大气浓度（遥感测量和地面基站测量相结合）反演温室气体排放量的做法，以提高国家清单编制的可验证性和精度。

（二）WRI、C40和ICLEI发布的城市温室气体核算标准

2014年，世界资源研究所、C40城市气候领袖群（C40）和国际地方政府环境行动理事会（ICLEI）在世界银行以及联合国的支持下，正式发布了全球首个《城市温室气体核算国际标准》（GPC），旨在提供统一透明的城市温室气体排放核算方法，为城市制定减排目标、追踪完成进度、应对气候变化等提供指导。目前全球已有多个城市基于GPC测试版，建立了城市温室气体清单。

根据GPC，温室气体清单的边界可以是城市、区县、多个行政区的结合以及城市圈或者其他，排放源则包括固定能源活动、交通、废弃物、工业生产过程和产品使用、农业、林业和土地利用以及城市活动产生在城市地理边界外的其他排放。上述排放活动可以进一步划分为范围一（城市边界内的直接排放）、范围二（城市边界内的间接排放）和范围三（由城市边界内活动产生，但发生在边界外的其他间接排放）。鉴于数据可得性和不同城市间排放源的差别，GPC为城市提供了"BASIC"和"BASIC+"两种报告级别。前者的报告范围包括固定能源活动和交通的范围一和范围二排放，废弃物处理的范围一和范围三排放。后者的报告范围还包含工业生产过程和产品使用、农业、林业和土地利用以及跨边界交通。在计算方法上，GPC建议使用与IPCC国家清单指南中相一致的方法进行计算。在该标准下，城市温室气体清单可以在区域和国家层面进行汇总，从而能够为评价城市减排贡献、提高国家清单质量等提供支撑。

（三）WRI和WBCSD发布的温室气体核算体系

世界资源研究所和世界可持续发展工商理事会（WBCSD）联合建立的温

室气体核算体系，是全球最早开展的温室气体核算标准项目之一。该体系是针对企业、组织或者产品进行核算的方法体系，旨在为企业温室气体排放许可目录建立国际公认的核算和报告准则。主要包括：《温室气体核算体系：企业核算与报告标准（2011）》《温室气体核算体系：产品生命周期核算和报告标准（2011）》《温室气体核算体系：企业价值链（范围三）核算与报告标准（2011）》。

其中，企业核算标准规定了企业层面量化和报告温室气体排放组织边界、报告范围、核算方法等。具体包括三种核算范围：其中范围一是指企业实际控制范围内的排放（直接排放），范围二为企业控制之下购买电力产生的排放（电力的间接排放），范围三为其他间接排放。在企业核算中，范围一和范围二一般为必报内容，范围三为可选的报告内容。鉴于此，企业价值链核算与报告标准进一步对范围三的报告进行了规范。从温室气体核算体系中范围三标准和产品标准的关系看，两者均采用全面的价值链或生命周期方法（又称为碳足迹）进行温室气体核算。前者使得企业能够了解产品上游和下游范围三的温室气体排放，后者使企业能够量化单个产品从原材料、生产、使用到最终废弃处理整个生命周期的环境影响。

（四）ISO制定的温室气体排放系列标准

国际标准化组织是全球标准化领域最大、最权威的国际性非政府组织。2006年，ISO发布了14064系列标准，旨在从组织或项目层次上对温室气体的排放和清除制定报告和核查标准。2013年，ISO进一步发布了14067标准，基于"碳足迹"为产品层面的温室气体核算量化提供指南。目前ISO系列标准在国外企业温室气体核算中已有广泛的应用。

具体来看，ISO 14064主要包含了三部分内容：第一部分在组织（或公司）层面上规定了GHG清单的设计、制定、管理和报告的原则和要求，包括确定排放边界、量化以及识别公司改善GHG管理具体措施或活动等要求；第二部分针对专门用来减少GHG排放或增加GHG清除的项目，包括确定项目的基准线情景及对照基准线情景进行监测、量化和报告的原则和要求；第三部分则规定了GHG排放清单核查及项目审定或核查的原则和要求，包括审定或核查的计划、评价程序以及对组织或项目的GHG声明评估等。

ISO 14067则是建立在生命周期评价（ISO 14040和ISO 14044）、环境标志和声明（ISO 14020、ISO 14024和ISO 14025）等基础上，是专门针对产品碳足迹的量化和外界交流而制定的。

二、部分国家的碳排放核算经验

在国际温室气体核算体系的指引下，欧盟、美国、加拿大、澳大利亚以及新加坡等国纷纷建立了自身的温室气体核算体系。其中发达国家作为《联合国气候变化框架公约》中附件一的缔约方，相比发展中国家在全球气候治理上具有更大的责任和义务，在向联合国报送温室气体清单的频度以及透明度等方面也面临着更高的要求。因此，发达国家在碳排放核算方面积累了相对丰富的经验。接下来，以英、美两国为例进行分析。

（一）英国

当前英国已建立了国家、地区和企业及产品等层面的温室气体核算体系，在部分核算领域的实践上走在了全球前列。从编制机制看，英国国家温室气体清单主要由里卡多能源与环境公司代表商业、能源与工业战略部（BEIS）进行编制和维护。BEIS负责国家清单的管理和规划、相关部门的统筹协调以及系统开发等，里卡多能源与环境公司凭借先进的数据处理和建模系统负责清单计划、数据收集、计算、质量保证/控制以及清单管理和归档。同时，受BEIS和权力下放管理局（DAs）的委托，里卡多能源与环境公司还负责按年编制英国四大行政区的温室气体排放清单，并对其减排目标的实现情况进行追踪。在城市层面，英国一些城市将温室气体核算视为重要的减排工具，如大伦敦管理局按年编制伦敦地区总体以及下辖33个市区的温室气体核算清单。在企业层面，英国强制要求每个财年所有上市公司和大型非上市公司在董事会报告中披露温室气体排放情况以及可能的影响，有限责任合伙企业在年度《能源和碳报告》中披露温室气体排放情况以及可能的影响。

在基础数据来源方面，BEIS通过与其他政府部门（如环境、食品和农村事务部、运输部)、非部门的公共机构、私营公司(如塔塔钢铁公司)以及商业组织(如英国石油工业协会和矿产协会)等关键数据提供者签订正式协议,建立了常态化的数据收集体系,并通过《综合污染预防和控制条例》和《环境许可条例》,规定了工业运营商排放数据的法定报告义务。为解决地方温室气体清单编制中部分数据缺失的难题,英国政府基于已有数据和辅助模型,专门开发了针对地方当局的能源数据库。同时,英国还建立了与气候变化相关的排放源监测网络,该网络能够实现对主要温室气体的高频监测。通过保证基础数据的完整以及公开、透明,为相关主体的清单编制提供了有力支撑。

在核算方法上,英国国家温室气体清单基于IPCC发布的最新指南进行编制,并结合最新可用数据源以及政府资助的研究成果进行方法上的改进。四大行政区层面的温室气体编制方法与英国国家温室气体清单的编制尽可能保持了一致。在城市层面,英国标准化协会在遵循《城市温室气体核算国际标准》等国际标准的基础上,提出了城市温室气体排放评估规范(PAS 2070)。该评估规范包含了城市直接产生(来自城市边界内)和间接产生(在城市边界之外生产但在城市边界内使用的商品和服务)的温室气体排放,并以伦敦为例,为英国城市间温室气体清单的编制提供了具有可比性和一致性的方法。针对企业的温室气体排放核算,参考《温室气体核算体系:企业核算与报告标准(2011)》,英国环境、食品和农村事务部和BEIS于2012年发布了《关于企业报告温室气体的排放因子指南》。2013年,进一步发布了《环境报告指南:包括简化的能源和碳报告指南》(于2019年4月进行了更新)。此外,英国标准协会还于2008年发布了全球首个基于生命周期评价方法的产品碳足迹标准,即《PAS 2050:2008商品和服务在生命周期内的温室气体排放评价规范》。同时,补充制定了以规范产品温室气体评价为目的的《商品温室气体排放和减排声明的践行条例》,建立了碳标识管理制度,帮助企业披露产品的碳足迹信息。

在核算质量方面,英国为保证温室气体核算质量,主要采取了以下做法:一是推动温室气体核算与报告规范化,英国通过《公司法》规定了相关企业的温室气体强制披露义务，并建立了相对完善的碳排放数据监管体系及有效的约束机制，二是英国是世界上少有的定期通过大气测量和反演模型相结合对排放清单进行外部验证的国家之一，通过将反向排放估算值与清单估算值进行比较，对查找及减少核算误差提供了有力支撑。三是BEIS建立了国家气体排放清单网站（NAEI），方便公众查询和下载Excel格式的各项排放源、排放因子等详细数据，同时还提供了用户友好界面的排放地图，允许用户以各种比例探索和查询数据。在地区和企业等层面，温室气体清单也保持了完整、透明的披露，并向公众提供了相应的沟通交流和反馈机制。

在核算结果应用方面，作为世界上第一个为净零排放目标立法的经济体，英国将温室气体核算作为追踪减排目标实现的重要工具。英国目前公布的1990—2019年国家以及四大行政区的温室气体清单，不仅作为评估《京都议定书》下英国减排承诺进展以及英国对欧盟减排贡献的重要依据，也为地区追踪减排政策有效性、帮助民众了解温室气体和空气质量、监测目标实现进度、履行各种报告义务提供了重要支撑。部分城市如伦敦加入了"全球市长气候与能源盟约"，基于已发布的2000—2019年的温室气体报告，定期评估伦敦市二氧化碳减排目标的进展情况。英国企业及产品层面的温室气体清单核算主要用于帮助企业及利益相关者了解风险敞口并应对气候变化，从而推动企业或产品层面的低碳转型。

（二）美国

美国于1992年签署并加入《联合国气候变化框架公约》，并承诺每年向UNFCCC提交国家温室气体清单，目前已形成了包含国家、州、城市、企业和产品等层面的相对成熟的核算体系。在核算机制上，美国国家温室气体清单主要由环境保护署（EPA）牵头编制。EPA建立了相对稳定的编制团队，各行业专家在EPA领导下工作，并按年向联合国提交清单。在州和城市层面，美国政府未强制要求编制温室气体清单，但美国许多州和城市利用宪法赋予的权利自主推行低排放政策，通过出台相应的法律和指定专门的机构实现常态化温室气体清单编制。比如，加利福尼亚州通过法案授权空气委员会负责温室气体清单的编制，并定期发布报告。在企业层面，美国实施强制报告制度，要求满足如下门槛的排放设施所有者、经营者或供应商按年向EPA报告温室气体排放情况：（1）覆盖源的温室气体排放量每年超过25000吨二氧化碳当量；（2）如果供应的产品被释放、燃烧或氧化，将导致超过25000吨的二氧化碳温室气体排放；（3）该设施接收25000吨或更多的二氧化碳用于地下注入。此外，美国的一些州（如加利福尼亚州）或机构（如美国能源信息管理局）还鼓励企业自愿报告温室气体排放情况，并为企业提供了核算的方法学、第三方审核要求和报告平台。

在基础数据来源上，EPA通过与能源部、国防部、农业部以及各州和地方的空气污染控制机构等数据源拥有者签订合作备忘录或非正式协议的方式，建立了稳定的合作关系，确保各政府机构的基础数据能被方便地使用。同时，EPA开发了电子化的数据报送管理平台，根据温室气体报告项目（GH-GRP），要求41类报告主体定期采集并报送温室气体排放数据及其他相关信息，从而实现了对不同来源数据的实时、高效采集。此外，美国还拥有地面基站、飞机、卫星等一体化的大气观测体系，能够获得高频、准确的温室气体数据，为温室气体的测量和验证提供支持。通过将上述基础数据对外开放，为研究机构、地方政府、行业协会、社会组织等主体编制温室气体清单提供了较好支撑。

在核算方法上，美国高度重视温室气体核算的准确性、完整性、一致性及可比性。当前美国国家温室气体清单的编制在《IPCC 2006年清单》的基础上，充分吸纳了IPCC 2013年补充和2019年改进后的方法。在采用最新方法及数据计算当前年份的清单时，EPA会重新计算所有历史年份的排放估算值，以保持时间序列的一致性和可比性。此外，EPA于1993年实施了排放清单改进计划，该计划与IPCC兼容，且部分是对IPCC的改良，旨在使温室气体核算更加符合美国实际。在州和城市层面，EPA分别开发了州政府和本地温室气体清单工具，旨在帮助地方政府制定相应的温室气体清单。比如州政府清单工具是一种交互式电子表格模型，温室气体核算方法与国家温室气体清单相同，通过为用户提供应用特定状态数据或使用预加载默认数据的选项，能够最大限度地减少州政府制定清单的时间。在企业和产品层面，EPA企业气候领导中心作为资源中心，在参考WRI和WBCSD发布的温室气体核算体系的基础上，为企业和产品层面的碳核算提供了较为简化以及更具可操作性的计算方法。

在核算质量上，美国建立了相对完善的保障机制。首先，EPA于2009年正式发布了《温室气体强制报告法规》，从法律层面对温室气体的监测、报告、核查和质量控制等各个环节进行了明确规定。其次，出台了具体排放源的报告指南，并在清单编制过程中形成了统一的工作模版，以减少清单编制工作的不确定性。再次，制定了专门的质量保证和控制以及不确实性分析操作手册，以及温室气体报送的质控模版。同时，在电子化的数据报送管理平台中，EPA为每个环节配备了专门的质控人员，并通过电子系统内置的质量控制程序和现场核查相结合的方式，提高碳排放核查质量。最后，建立了强大的数据管理系统，包括排放因子、排放源的活动水平以及核算结果等数据，便于查询源数据、过程数据和结果数据，并通过多种途径对外发布，形成了外部监督屏障。

在核算结果的应用上，目前EPA公布了1990年至2019年以来的国家温室气体排放相关数据，除了被国内外机构广泛引用并用来追踪美国温室气体排放趋势外，各州、城市和社区也可以利用EPA的温室气体数据在其所在地区找到高排放设施，比较类似设施之间的排放量，并制定常识性气候政策。许多州和城市的温室气体核算，主要被用来推进碳减排行动以及增进公众对所在地区气候变化的了解。在企业或产品层面，温室气体核算被作为企业碳排放管理、参与碳市场交易以及产品碳标签认证等活动的重要依据。

从上述分析可以看出，尽管英、美两国在温室气体核算体系和一些细节上略有差异，但总体来看仍有以下共同点：

一是建立了强大的数据收集和披露体系。包括通过正式或非正式协议以及强制性法规等获得的相关主体报送的数据，以及利用先进技术实现的大气监测数据等，并实现了标准的数据收集、计算、归档、报告和分享流程。二是核算方法较为先进。在遵循国际核算指南的基础上，均注重吸纳最新的国内外研究成果。针对部分领域的碳核算，甚至走在了全球前列并形成了较大的国际影响力，如英国标准协会发布的PAS 2070以及PAS 2050:2008标准，已成为全球一些城市或企业碳排放核算的重要参考标准。三是核算质量较高。两国均通过自上而下的顶层设计，为温室气体核算制定统一、详细的标准，甚至开发了具体的产品或工具，来帮助地区或者企业等主体进行便捷、高效的碳核算。同时，以立法的形式规范了温室气体的监测、报告和核查流程，保证了不同主体核算结果的一致性、准确性和可比性。四是核算结果应用广泛。当前英、美两国已形成了透明度高、连续性好、时效性强、覆盖范围广的国家甚至区域层面的温室气体排放清单、企业及产品或项目层面的碳核算也相对成熟，已成为国际社会引用或相关主体开展碳排放管理的重要依据。五是建立了强大的数据管理系统。包括排放因子、排放源的活动水平以及核算结果等数据，便于查询源数据、过程数据和结果数据，并通过多种途径对外发布，形成了外部监督屏障。

三、我国建立碳排放核算体系的背景及实践

（一）建立碳排放核算体系的背景

据估计，迄今为止，人为活动引起的温室气体排放已导致全球气温比工业化前水平高出约1.0℃。二氧化碳气候变化带来的不仅是海平面上升和更多极端天气等环境问题，也是政治和经济问题，亟须全球建立积极有效的合作应对机制。在此背景下，1992年各国签署了《联合国气候变化框架公约》，旨在将温室气体浓度稳定在"防止对气候系统造成危险的人为干扰水平"。按照UNFCCC要求，各国有义务披露国家温室气体清单以及减排情况。为将减排行动落实到具体的区域、行业、企业等中微观层面，各国需要对不同主体的温室气体排放情况进行进一步核算。2000年以来，各类国际组织和部分国家针对不同主体的温室气体核算进行了探索，形成了相对全面的碳排放核算体系。近年来，随着全球碳减排压力增大，各国愈加重视温室气体的核算工作。

作为UNFCCC中非附件一缔约方，我国从2001年开始便积极组织开展国家

温室气体清单编制工作，并按要求向联合国报送。2006年，我国二氧化碳排放量达到63.8亿吨，超过美国，且之后一直处于快速上升趋势。我国面临着更为严峻的国际气候谈判和经济转型压力。为此，我国"十一五"规划首次提出建立资源节约型、环境友好型社会。2009年哥本哈根国际气候会议中，我国提出2020年单位GDP 二氧化碳排放比2005年下降40%～45%的目标。2015年《巴黎协定》签署后，我国在应对气候变化国家自主贡献文件中提出2030年单位国内生产总值二氧化碳排放比2005年下降60%～65%的目标。2020年，我国进一步提出2030年碳达峰，2060年碳中和的目标。

为推动上述目标实现，"十二五"时期，我国明确提出要构建国家、地方和企业的三级温室气体核算工作体系。2013年，国家发改委会同统计局制定了《关于加强应对气候变化统计工作的意见》，提出根据温室气体清单编制和考核工作要求，建立基础的统计指标体系。与此同时，以发展碳交易市场为契机，我国先后推动部分省市以及行业出台了温室气体核算指南。2021年，为进一步加快建立统一规范的碳排放统计核算体系，加强全国及各地区、各行业碳排放统计核算工作的统筹协调，我国在国家层面成立了由发改委资源节约和环境保护司、统计局能源统计司共同牵头的碳排放统计核算工作组。在相关政策及体制机制的支持下，当前我国已初步形成了从国家到地方、从企业到产品的温室气体核算体系，为落实节能减排任务、创建低碳城市、成立碳交易市场、推动产业升级等提供了可能。

（二）建立碳排放核算体系的具体实践

1. 国家层面的碳核算

根据UNFCCC提出的"共同但有区别责任"原则，我国有义务提供温室气体的国家清单。2003年，我国专门成立了新一届国家气候变化对策协调小组，负责组织协调参与全球气候变化谈判和联合国政府间气候变化专门委员会工作。根据气候变化对策协调小组的安排，我国国家层面的温室气体核算主要由发改委负责。2018年按照国务院机构改革方案，这一职能被划转至新组建的生态环境部。截至目前，我国已分别于2004年、2012年和2017年，向联合国提交了1994年、2005年、2012年的国家温室气体清单，于2019年提交了2010年和2014年的国家温室气体清单，并对2005年的清单进行了回测。

我国温室气体清单主要参考《IPCC国家温室气体清单指南（1996年修订版）》《IPCC国家温室气体清单优良做法和不确定性管理指南》和《土地利用、土地利用变化和林业优良做法指南》进行编制，排放源覆盖范围包括能源活动，工业生产过程，农业活动，土地利用、土地利用变化与林业（LULUCF），废弃物处理五个领域。各领域的温室气体排放主要使用活动数据乘以排放因子（排放因子法）进行计算。活动水平数据主要来自农业、工业、能源等领域的官方统计数据以及企业提供的统计数据，排放因子使用本国特定的排放因子以及IPCC提供的缺省排放因子。随着编制经验的持续积累，我国2019年提交的国家温室气体清单较之前年份在完整性和透明性上有了进一步的提升。

2. 省级层面的碳核算

在国家温室气体清单编制工作的基础上，为了加强省级温室气体编制能力建设，2010年9月，国家发改委办公厅下发了《关于启动省级温室气体清单编制工作有关事项的通知》，要求各地组织做好2005年温室气体清单编制工作。同时，为了积累省级清单编制经验，广东、湖北、辽宁、云南、浙江、陕西、天津七个省市被要求作为试点省市，先行开始编制。2011年5月，为进一步加强省级清单编制的科学性、规范性和可操作性，国家发改委印发了《省级温室气体清单编制指南（试行）》。

我国省级温室气体清单指南主要借鉴了IPCC指南以及国家温室气体清单编制中的做法，排放源覆盖范围与国家温室气体清单保持了一致。具体领域的温室气体计算方法主要采用排放因子法，在排放因子的选择上优先使用能够反映本省情况的实测值，在无法获得实测值的情况下，可以使用省级编制指南中的推荐值或IPCC指南中的缺省排放因子。在从编制进度看，31个省（自治区、直辖市）均已完成2005年、2010年、2012年和2014年省级温室气体清单编制。根据生态环境部《2019年全国生态环境系统应对气候变化工作要点》的要求，目前各省正在组织推动2016年、2018年省级清单的编制。从公开渠道看，目前尚未有省市公布本省市温室气体的核算过程和结果。

3. 市县（区）层面的碳核算

目前我国尚未出台统一的市县（区）层面温室气体核算指南。为落实国家关于启动各省温室气体编制工作的要求，当前各省市已陆续组织开展省内市县（区）级的温室气体排放清单编制工作。考虑到编制工作的复杂性，为统一统计口径和核算方法，少数省市如广东、四川等参考《省级温室气体清单编制指南（试行）》，制定了市县（区）级清单编制指南。从已发布指南看，不同省份的市县（区）温室气体清单编制在具体的核算范围、数据来源上存在一定差异。比如，在化石燃料移动源燃烧活动水平的确定中，广东省规定除交通运输部门外其他部门的公路交通能源消费量使用一定的抽取比例进行计算，如汽油和柴油在工业部门相应能源消费中的抽取比例分别为95%～100%和24%～30%；山西省规定其他部门的交通工具能源消费量，比如工业部门能源品种的消费量使用规上企业交通工具消费量作为替代。从核算方法上看，各地指南温室气体排放测量主要以排放因子法为主，少数使用物料平衡法（用输入物料中的含碳量减去输出物料中的含碳量进行平衡计算得到二氧化碳排放量）和实测法（在排放源处安装连续监测系统进行实时监测）。从核算进展看，目前市县（区）层面的核算基本处于起步探索阶段，尚未有地区公开发布历年的碳排放核算情况。

4. 企业层面的碳核算

碳排放权交易是碳减排的重要举措，推动建立企业温室气体排放核算报告制度是我国发展碳交易市场的重要基础工作之一。从"十二五"时期开始，我国便着手推动企业温室气体核算工作。2013—2015年，发改委陆续组织编制了火电、电网、钢铁等24个高碳排放行业企业的温室气体核算指南。2017年12月，国家发改委办公厅进一步印发了《关于做好2016、2017年度碳排放报告与核查及排放监测计划制定工作的通知》，明确要求对石化、化工、建材、钢铁、有色、造纸、电力、民航等八大重点排放行业（全国碳排放权交易市场覆盖行业），在2013年至2017年任一年温室气体排放量达2.6万吨二氧化碳当量及以上的企业或者其他经济组织，制订2016年、2017年度碳排放报告与核查及排放监测计划。在此过程中，北京、天津、上海、重庆、广东、湖北、深圳等碳排放交易试点省市，相继出台了本地区企业温室气体核算与报告指南。随着全国性碳市场的启动，2021年3月，生态环境部发布了《企业温室气体排放报告核查指南（试行）》，进一步规范了全国重点排放企业温室气体排放报告的核查原则、依据、程序和要点等内容。

总体上看，在碳市场发展的背景下，目前我国针对重点排放企业碳核算已初步建立了监测、报告与核查体系（MRV）。各行业企业温室气体的核算主要参考了《省级温室气体清单编制指南（试行）》《2006年IPCC国家温室气体清单指南》《温室气体议定书——企业核算与报告准则2004年》《欧盟针对EU ETS设施的温室气体监测和报告指南》以及国外具体行业的温室气体核算指南等文件。核算主体为具有法人资格的生产企业和视同法人的独立核算单位，企业需要核算和报告在运营上有控制权的所有生产场所和设施产生的温室气体排放。核算方法主要为排放因子法，指南针对不同行业温室气体核算提供了排放因子的缺省值，并鼓励有条件的企业可以基于实测方法获得重要指标数据。

5. 产品层面的碳核算

当前我国尚未统一出台针对企业产品层面的碳核算指南。根据国际标准，产品层面的碳核算主要是基于生命周期方法（又称为碳足迹计量），从设计、制造、销售和使用等全生命周期出发，核算不同环节中的温室气体排放量，从而为企业生产或申报绿色产品、消费者选择低碳产品等提供依据。目前我国仅在少数领域发布了产品的碳排放计量标准或指南。

从实践看，2019年国家住建部正式发布了《建筑碳排放计量标准》，为建筑物从建材的生产运输、建造及拆除以及运行等全生命周期产生的温室气体核算提供了技术支撑。2021年，北京市市场监督管理局发布了《电子信息产品碳足迹核算指南》，规定了电子信息产品碳足迹核算的目标、范围以及核算方法等内容。此外，为促进企业了解基于产品碳足迹评价的碳标签认证要求，中国低碳经济专业委员会也发布了电子电器产品以及共享汽车、酒店服务等少数领域的碳足迹评价标准，鼓励上述企业基于自愿原则开展产品的碳足迹评价。目前我国仅有少数企业在官网公布了产品的碳足迹核算报告，大量企业尚缺乏产品的碳足迹核算意识。

当前我国碳排放核算体系存在不足，与开展温室气体核算起步较早的英、美等国相比，尽管我国在碳排放核算体系建设上已取得了一定进展，但总体而言仍处于起步探索阶段。从实践看，我国碳排放核算具有推广难、透明度不高、可比性不强、准确性差等特征，客观上制约了碳减排工作开展并影响了我国在气候治理领域的国际话语权。我国碳排放核算体系存在以下不足：

1. 基础统计数据较为薄弱

由于缺少基础统计数据，我国编制国家和地区层面的温室气体清单基础数据主要从农业、煤炭工业、化工业、畜牧业以及城市建设等统计年鉴中获取，在数据收集环节涉及统计、住建、农业、林业等多个部门的协调，数据获取及验证工作量较大，导致我国国家温室气体清单的编制耗时基本在1年以上。在市县（区）层面，编制温室气体清单的统计数据更为有限。为此，国际社会在讨论中国碳排放情况以及应当承担的减排责任时，通常援引国际能源署、美国橡树岭国家实验室二氧化碳信息分析中心等国际主流碳核算数据库发布的具有连续性和及时性的中国碳排放核算结果。相关研究表明，在基础数据获取困难、透明度较低的情况下，这些数据库在活动数据及排放因子的选择上相对粗糙，对中国碳排放核算结果往往存在着高估。此外，国内一些研究机构如中国碳排放数据库（CEADs）公布的核算数据与中国官方公布的数据也存在较大误差，降低了我国碳核算结果的可信度。

从企业层面看，目前我国针对企业层面的温室气体核算报告制度主要集中在纳入碳排放交易市场的重点企业。大量企业的基础数据统计主要集中在财务领域，对能源消耗、工业生产过程中的碳排放数据统计不足。特别是一些中小企业碳排放管理意识薄弱，对外提供数据的意愿不强，加之缺乏足够的人力、物力及技术手段等进行碳排放数据的收集，准确核算其碳排放较为困难。此外，当前我国企业的碳核算主要集中在组织层面，对产品或服务的碳足迹数据采集不足。在欧美国家正加快推进碳关税的背景下，我国企业若不能及时掌握产品或服务的碳排放情况并进行优化管理，将在出口贸易中面

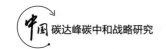

临较高的碳关税成本，从而降低市场竞争力。

2. 核算方法相对滞后

一是当前我国区域温室气体清单核算方法相对滞后。我国国家温室气体清单编制的方法主要参考IPCC发布的《IPCC国家温室气体清单指南（1996年修订版）》，2014年的清单部分参考了《2006年IPCC国家温室气体清单指南》。与此同时，省级以及市县（区）层面的温室气体清单主要参考国家温室气体清单的编制方法。从目前形势看，1996年修订版已属淘汰之列，欧美国家温室气体清单的编制除了主要参考2006年指南，还结合了2019年修订版的最新方法。随着我国产业结构升级、技术水平不断更迭，与碳排放相关的参数不断变化，基于滞后方法核算出的结果已不能准确反映我国碳排放现状。

二是企业层面的碳排放核算主要以准确性相对较低的测量法为主。与基于排放因子法测量的温室气体排放相比，现场实测法主要是基于连续排放监测系统（CEMS）对二氧化碳排放量进行直接监测，具有中间环节少、准确性高且可以将排放数据实时上传的优点。随着碳市场建立，提高企业碳排放核算准确性已成为数字化时代的必然要求。当前欧美普遍较重视现场实测法的应用。早在2009年，美国环保署在《温室气体排放报告强制条例》中就明文规定：所有年排放超过2.5万吨二氧化碳当量的排放源自2011年起必须全部安装CEMS，并将数据在线上报美国环保署。此外，美国环保署还出台了用于保证CEMS数据质量的相关标准文件。2020年11月，我国标准化协会发布了《火力发电企业二氧化碳排放在线监测技术要求》，对火力发电企业在线监测项目、性能指标、数据质量保证等进行了规范，目前仅有少数发电企业安装了二氧化碳在线监测系统，基于CEMS的现场实测法应用还较为有限。

3. 核算质量的保障机制不足

一是部分领域的碳排放核算缺乏统一标准。当前我国市县（区）层面的碳排放核算缺乏统一标准，各地区主要依靠第三方机构完成自身碳排放核算，不同的机构在核算时参考的标准、核算的范围以及报告的形式等均存在差异，降低了结果的可比性，难以为国家以及省级层面温室气体的核算或政策出台提供有效支撑。在企业层面，已出台的24个行业企业温室气体核算指南由于编制主体并不完全相同，在核算报告标准上同样具有差异。例如，部分行业（如钢铁生产企业）需报告范围一（直接排放）和范围二（间接排放）的排放情况，另一些行业（如水泥生产企业）则未作出上述区分。此外，还有一些行业尚未出台企业层面的温室气体核算指南，针对产品或服务的碳足迹核算指南也仅有少数行业进行了公布。

二是碳排放核算的核查监督机制不健全。可核查、可报告、可监测是国际社会温室气体排放核算的基本要求。当前我国出台的温室气体排放核算与报告指南，在排放核算方法与要求方面相对细致，但在数据质量控制、监测计划、不确定性分析等方面的要求相对欠缺。如省级温室气体编制指南以及部分地区出台的市县（区）温室气体编制指南中，对于质量保证程序仅作出了原则性规定，并未明确评审人和审计人应具有的资质、权利范围和应承担的责任；同时，也未要求对质量控制情况进行强制性报告。《企业温室气体排放报告核查指南（试行）》仅针对碳排放交易市场覆盖的8大行业约10000家重点企业，核算方式是以企业自查、各省生态环境主管部门组织核查的方式展开。从实践看，各主体核查主要是委托第三方机构进行。目前我国具备资质的第三方核查机构大概有300余家，核查力量明显不足，在缺少统一的核查标准以及对第三方机构监管不完善的情况下，碳排放核查质量参差不齐。此外，当前除了国家层面的温室气体核算进行了公开外，我国其他层级的温室气体核算情况大多未公开披露，难以发挥公众对碳排放核算过程、结果及应用的监督作用。

4. 核算结果的运用较为有限

加强碳排放核算结果的应用不仅能够对核算工作的完善形成正反馈，提高核算结果权威性，也能对核算主体的碳减排行动形成有效激励。从我国实践看，目前纳入碳排放交易市场的企业碳核算结果已成为各地为企业分配碳排放配额的重要依据。如《上海市2020年碳排放配额分配方案》规定，纳管企业2020年度基础配额基于行业基准线法、历史强度法和历史排放法确定，但无论哪种方法，均需要企业自身的碳排放核算结果。此外，我国少数地区如浙江衢州建立了工业企业碳账户、农业企业碳账户和个人碳账户，为当地基于不同碳排放等级实施差别化产业政策和金融政策提供了支撑，有力地推动了地区传统产业绿色低碳转型。此外，上海市2021年8月发布的《上海市低碳示范创建工作方案》提出，"十四五"期间将基于区域的碳排放核算结果，认定一批高质量的低碳发展实践区和低碳社区。

但总体来看，当前我国碳排放核算结果的应用还相对有限。比如，中国目前仅公布了5个年度的国家温室气体清单，其中1994年和2012年温室气体清单在计算方法和计算范围上与其他年份的清单不完全一致，清单编制机构尚未对其进行回算。缺少连续的历史排放值以及部分年份不可比，导致我国温室气体核算结果难以用来测算历史累计和人均累计碳排放量以及预测碳排放趋势拐点，不能为国际气候谈判和碳减排政策制定提供及时有效的支撑。同时，省级层面的碳排放核算除了曾服务于"十三五"规划的碳强度目标设定外，未能成为各省监测碳减排目标、追踪减排政策有效性的重要工具。从国家对各省碳减排的考核看，《开展"十二五"单位国内生产总值二氧化碳排放降低目标责任考核评估》以及《完善能源消费强度和总量双控制度方案》等文件中，省级温室气体清单的核算结果并未成为主要的考核依据。此外，大量企业也未能将自身或产品层面的碳核算结果应用到生产经营决策中。目前我国各层级的碳排放核算结果尚未实现广泛应用。

四、完善我国碳排放核算体系的建议

（一）加强基础数据库建设，提高数据质量

基础统计数据库的建设对改善碳排放核算效率、提高核算质量至关重要。当前我国碳排放统计数据库建设存在的难点主要在于，温室气体清单核算所需的数据分布在多个统计年鉴或统计调查中，且部分指标不能从已有的统计数据中直接获得。特别是在回算历史年份的碳排放过程中，严重的数据缺失加大了核算难度。此外，数据来源单一，缺少交叉验证渠道。为此，实现对历史数据的填充与当前数据的实时采集，并增强基础数据库的查询、核验功能，应成为数据库建设的重点。

一是可以利用大数据技术加强对碳核算相关数据的挖掘。当前我国在环境、能源电力等方面积累了大量数据。比如，环境方面积累了包括全国污染源普查、生态环境调查、环境监测等海量数据；电力方面基于智慧电网建设形成了大量时序性强、真实性高的数据；能源方面依托重点用能单位能源在线监测系统积累了大量数据。依靠机器学习、人工智能等大数据处理技术，可以实现对已有数据的整合挖掘和历史缺失值填充。同时，也可以基于模型构建，实现对碳排放数据的交叉验证。

二是加快建设基于天地基站遥感技术的碳排放数据采集系统。基于大气浓度数据反演温室气体排放量的做法，是国际上最新兴起的技术。该方法基于卫星、飞机、雷达以及基站等载体形成一体化大气浓度采集体系，能够应用于国家、地区以及企业等不同尺度的碳排放数据校验，增加温室气体核算的外部验证渠道。中国于2016年发射了首颗自主研制的碳卫星，已具备获取全球碳通量数据集的能力，为我国基于大气浓度测算全球碳排放奠定了良好基础。为此，可以进一步加强大气监测系统的建设与完善，增强我国碳排放自主监测数据的实时采集、处理与分析能力，提高我国碳排放数据采集的国际影响力。

三是加快建设碳排放基础数据的在线直报系统。当前我国碳排放核算数据的报送主要采用层层上报的方式，上级政府负责对下一级政府报送的温室气体排放清单报表进行审核把关。报送链条较长，且不同省份在报送内容、格式要求、审核力度等方面可能存在一定的差异。建议从国家层面规范碳排放数据采集，加强对地方政府和企业等主体的指导和培训，推动设立专职碳核算工作人员。同时，加快建立由生态环境部牵头的全国统一温室气体数据直报系统，推动地方政府和企业等主体的基础排放数据实现在线填报、交叉验证、核查和自动计算与发布等，提高数据采集与处理效率。

（二）推动核算方法更新，加快与国际接轨

一是加快国家温室气体核算最新方法的应用。IPCC温室气体核算指南是国家温室气体核算的最基本依据，而国家温室气体的核算方法又将影响省级、地市以及县（区）等更小地理空间尺度上的核算。因此，保持国家温室气体核算方法与IPCC最新指南一致，既是增强国家温室气体核算结果国际可比性的必然要求，也是提高我国温室气体核算整体质量的内在要求。《2006年IPCC国家温室气体清单指南（2019修订版）》是IPCC迄今为止发布的所有报告中中国作者参与度最高的报告，2019年修订版中的每一卷均有我国作者参与，这为推动我国快速应用最新的方法和规则奠定了基础。建议成立常态化的国家温室气体清单编制小组，在吸纳最新方法的基础上，结合我国实际更新清单的编制方法并按年编制清单，进一步提高我国温室气体核算的及时性和准确性。

二是加快在线监测法在企业碳排放核算中的应用。随着连续在线监测系统的应用，企业级数据越来越完善，为支撑国家清单的编制提供了可能。加快企业碳排放核算中的在线监测法应用，已成为国际趋势。建议在当前火电行业应用的基础上，加快制定并开展其他行业企业二氧化碳在线监测技术标准、设备认证、数据监管等工作，为在线监测法的推广应用奠定基础。同时，鉴于当前CEMS在企业大气污染物监测方面已得到广泛应用，可以在现有系统中加载二氧化碳监测模块，降低企业碳排放监测成本、提高管理效率。

（三）完善核算标准与核查机制建设，保障核算质量

一是建立统一的碳排放核算标准。在地区层面，可以在借鉴国际城市温室气体核算指南和欧美发达国家经验的基础上，结合当前广东、浙江、四川等地发布的核算指南，制定全国统一的市县（区）温室气体核算指南。在行业企业层面，应尽快统一不同行业的核算范围、相同能源的排放因子以及报告格式等，加快出台24个行业之外的企业温室气体核算指南，规范不同行业碳排放核算标准。在产品和服务层面，可以依托中国低碳经济专业委员会，逐步将碳足迹核算指南扩大至更广泛的领域，尤其是出口导向型产品和对外服务中。

二是加快完善我国碳排放核查体系。一方面，要通过加快完善《全国碳排放权交易的第三方核查指南》，进一步规范碳排放核查行业准入标准、细化工作流程、统一核查标准、明确核算的法律责任、建立市场退出机制等，推动碳排放核查行业健康运行。加快形成碳核查行业协会，加大碳核查人才和机构培育，提升我国碳核查机构整体水平。另一方面，可以将碳核算数据发布作为重要抓手，在进行排放数据密级研究的基础上，建立不同层级的排放源活动水平数据、排放因子选择及来源等信息查询机制，提高信息透明度。充分发挥社会力量对碳核算工作的监督，加大对数据造假行为的处罚力度，加强执法保障。

（四）扩大碳核算覆盖面，强化核算结果应用

从国际经验看，碳排放核算结果可以为碳排放目标制定、碳排放过程管理以及追踪目标完成情况等提供依据。当前我国碳排放核算结果总体上尚未成为各级政府和企业碳减排行动的"指挥棒"，从而弱化了碳排放核算体系的建设完善。

为此，一方面，要充分发挥碳排放核算结果在地区碳减排行动中的应用。当前我国国家和省级层面温室气体清单编制的时滞在两年以上，建议将清单编制的频度缩短至一年，为政策制定和评估提供及时参考。鉴于市县（区）层面的温室气体清单编制尚处于起步阶段，建议设立常态化编制机制，为区域温室气体清单编制提供自上而下的支持。在此基础上，通过将地方政府的碳减排成效评估与碳排放核算结果挂钩，引导各地将核算结果应用于中长期减排目标设定、精准化减排举措制定，以及绿色发展试验区、低碳城市、低碳社区的申建等工作中。

另一方面，要增强碳排放核算结果对企业的激励引导作用。首先，当前我国除了纳入碳交易市场8大行业的重点企业外，其余企业的碳排放核算结果尚未成为直接影响企业生产经营成本的重要变量，客观上弱化了企业碳排放核算意识。据统计，2020年A股上市公司中自主披露2019年碳排放量的公司数量不足全部上市公司的6%，建议在当前碳交易市场的基础上，按照"成熟一批纳入一批"的原则，将其他行业的企业逐步纳入碳排放交易市场，将企业碳核算结果内化于企业的生产经营成本之中。其次，可以借鉴浙江衢州经验，推动建立中小企业碳核算账户，基于企业的碳核算结果对不同类型企业予以差异化政策支持，提高企业的核算减排动力。最后，鉴于当前企业针对产品或服务的碳排放核算基础还较弱，可以通过引导企业在开展产品或项目

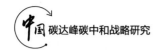

碳足迹核算的基础上，为产品或项目进行绿色认证，或应用碳税、财政奖励等调节手段，鼓励企业加大产品或服务层面的碳排放核算及管理。

第四节　深化主流清洁能源技术改革

能源是国民经济社会发展重要的要素投入，从历史上看，绝大多数经济体在高速发展的阶段，能源需求都会随经济发展而快速增加。中国目前是全球最大的能源生产国和消费国，受制于资源禀赋的约束，过去很长一段时间以来，能源结构以煤炭为主，由此带来了环境污染和过多碳排放等一系列问题。党的十九大报告指出，要推进能源生产和消费革命，构建清洁低碳、安全高效的能源体系。党的十九大报告对能源生产和消费的阐述使用了"革命"这个词，既说明了能源领域改革的重要性和迫切性，也从侧面反映出现阶段能源、环境、经济之间的矛盾突出，已到了必须进行"革命"的程度，也彰显出政府高层推进能源改革的决心。

清洁能源作为我国未来能源发展的重要战略方向之一，对清洁能源进行补贴是促进相关产业发展和资源环境目标达成的重要政策工具。目前已进入能源革命的战略机遇期，优化能源布局、提高清洁能源消费和能源利用率是主要发展方向，对清洁能源补贴政策改革势在必行。

中国正处于经济发展和低碳清洁转型的关键时期。能源生产和消费革命的核心是能源供给侧和能源消费改革及创新。党的十九大报告指出，要推进能源生产和消费革命，构建清洁低碳、安全高效的能源体系。由于能源消费和生产革命对促进低碳清洁转型的重要作用，以及能源制度对低碳清洁转型的保障作用，所以需要通过能源生产和消费革命完善能源体制，以支持中国低碳清洁转型顺利推进。

2020年，我国工业、建筑、交通运输等终端用能部门以及电力、炼化等加工转换部门的能效技术应达到世界先进水平；2030年，我国能效技术水平及能源消费方式低碳化应达到世界领先水平，逐步引领世界低碳发展方向。煤炭消费总量今后要保持较快持续下降，2020—2025年，二氧化碳排放达到峰值，并开始持续稳定下降。2030年前，石油消费总量达峰，化石能源总量整体进入下降阶段；2040年前，天然气消费总量达峰，并开始进入下降阶段；2050年，发达国家温室气体排放比2010年下降80%～95%，我国温室气体排放总量比目前也有大幅度下降。

当前，我国能源领域投资过度，产能过剩现象普遍，但并没有引起足够重视。对电力领域已经出现比较严重的产能过剩仍然认识不统一。继续盲目增加产能投资必然导致危机性后果。供给侧结构性改革要解决投资越多效益越低、生产越多附加值越低的恶性循环。供给侧结构性改革是重大经济政策方向性调整，对我国经济发展具有重大意义。作为高能耗国家，清洁能源补贴改革对加快产业发展和改善环境系统具有积极意义，目前清洁能源补贴改革研究成果多集中在相关机制、能源结构和替代弹性等方面。

能源补贴是通过政策工具干预经济活动的政府行为，主要采用转移支付或税收政策弥补能源价格机制，从而降低能源使用成本。目前我国能源补贴主要用于化石能源，一方面是面临经济增长压力和消费惯性，能源消费刚性较强；另一方面僵化的补贴制度加大了对化石能源的补贴力度。这不仅阻碍了能源价格改革的进程，也加剧了环境污染和碳排放。2009年G20峰会及联合国气候变化峰会提出发展清洁能源是促进减排的重要手段，而在支持清洁能源发展的政策中，最直接有效的就是进行清洁能源补贴。因此，清洁能源补贴制度改革势在必行。

当前我国清洁能源补贴范围涵盖风能、光伏、新型电池以及新能源汽车行业等领域，主要以环境类和供给类政策工具为主，其中环境类政策工具中的目标规划使用频率较高，通过对清洁能源产业发展的顶层设计和宏观引导，提供更加优质的清洁能源供给服务，有效降低环境污染物的产生和碳排放强度，促进社会可持续发展。从其政策目标和功能设定看，补贴政策改革的目的在于通过提高清洁能源供给力度，降低能源综合使用成本，优化能源消费结构。

在世界能源消费结构中，清洁能源比重占到15%左右，各国能源消费差异较大，但清洁能源的总体发展方向较为一致，我国清洁能源比例为

13%～14%，虽然份额低于世界平均水平，但发展速度较快；从清洁能源补贴的效果看，国家开始尝试通过法律手段将清洁能源税收和补贴政策制度化，对于氢燃料电池、生物质能、太阳能以及核能的研发投入进行补贴，贯穿清洁能源发展需要经历的各阶段。由于能源补贴往往会形成能源的过度消费和低效率使用，在低碳转型的生态文明背景下，清洁能源补贴政策改革有利于促进社会发展。然而要完全弥补清洁能源的成本，加大补贴规模仍十分必要。实际上，关于清洁能源补贴规模和改革的争议在政商界和学界争议不断，改革清洁能源补贴制度能够更好地实现生态文明和资源环境目标，特别是对加快实现我国碳减排和大气雾霾治理目标具有重要意义，其中合理而有效的清洁能源补贴机制构建是关键。

党的十九大报告又进一步强调了能源生产和消费革命的重要性，提出通过能源革命促进能源高效和低碳清洁转型，保障能源安全。近几年能源改革虽然取得了一些成绩，但在一些关键性的领域，能源改革进展仍然缓慢，能源领域目前的市场化程度还相对较低，例如，能源的政府定价和交叉补贴，不仅降低了能源生产和消费效率，同时也对能源安全产生了一些负面影响。所以，党的十九大是全面深化能源领域改革的一个重要里程碑，未来需要从中国能源现状入手，结合国内外能源变化，树立能源改革的道路自信和制度自信，积极稳步坚定地推进能源革命。正如党的十九大报告提出，创新是引领发展的第一动力，目前能源领域正处于生产系统大革命和能源技术大创新的时代，需要通过能源生产和消费革命完善能源体制机制，促进新能源和储能、核电、页岩气、海洋油气资源开发、电动汽车、分布式能源、特高压输电、能源互联网等技术的快速发展与创新。

党的十九大报告提出，中国社会现阶段的主要矛盾为人民日益增长的美好生活需要和发展的不平衡不充分之间的矛盾，这一提法符合现实的经济发展情况，也反映了收入水平提高后公众对美好生活的迫切需求，这也是中国低碳清洁发展意义的基本背景。改革开放40多年，中国的经济建设成就巨大，经济总量排名世界第二，人民生活水平大大提高。但是，这些成就是以能源资源的大量投入和严重的环境污染为代价，反过来，经济的可持续增长也受到环境污染的严重威胁。2016年，中国GDP占全球比例为14.8%，但能源消费却占全球的23.0%。

目前已有大量研究证实了环境库兹涅茨曲线假说，认为随着经济的发展，能源消费量存在转折点。参照发达国家的经验，2016年中国人均国内生产总值已经达到8000美元，中国已经具备了环境治理的基本收入水平条件，人民对于美好生活的需要已经不仅仅是物质建设，而是需要物质文明、精神文明、政治文明和生态文明协同发展。应对新形势下主要矛盾的变化，中国需要转变以往的能源生产和消费模式。

石油安全是国家能源安全的关键所在，石油需求持续增长的同时，国内原油产量近年来持续下降。在资源禀赋限制和需求持续增长的双重作用下，中国油气对外依存度不断快速上升，2017年石油和天然气的对外依存度已经分别接近70%和40%。作为一个经济大国，除了能源安全的担忧，随着中国成为第二大石油消费国和第一大石油进口国，石油价格波动使中国比以往更容易受到冲击。如何对石油进行替代，既涉及国家安全，又涉及低碳清洁转型。

作为发展中的经济大国，中国的低碳清洁转型难度很大。2016年煤炭占中国能源消费的62%，煤炭在我国能源消费中处于主导地位这一大的格局在未来相当长一段时间内不会改变，这是由庞大的能源消费量和煤炭在能源结构中占绝对比重所决定的。中国形成"以煤为主"的能源结构有两个主要原因：一是资源禀赋；二是煤炭的低成本优势。煤炭虽方便和便宜，但有更高的污染物排放和碳排放系数，使生态和环境承受了巨大的压力。目前中国人均能源消费还处于比较低的水平，2016年中国的人均电力消费量约为4000千瓦时，人均能源消费量约为3.1吨标准煤，相当于美国的1/3，日本、韩国的1/2，因此，可以预见中国的能源需求还将继续增长。在经济快速增长阶段，能源需求大起大落，难以准确预测。因此，基于能源需求假定的相关指标模拟预测需要谨慎，由于短缺的影响比过剩大，能源电力产能有必要保持"适度"超前。

从经济学视角看，能源需求的微观经济学基础与其他种类的商品并无差异。诸多原因都可以导致能源需求的产生。家庭消费能源是为了满足某种特定需要，通过将家庭收入合理分配至各种不同的需要来使家庭总支出的效用达到最大化。工商业能源消费者将能源视为生产的投入成本，他们的目标是生产总成本的最小化。根据经典经济学需求理论，在预算约束下消费者将追求某种能源的效用最大化效用被假定为商品消费量的增函数，即随着商品消费量增加，效用增加；而边际效用则被假定为商品消费量的减函数，即边际效用随能源消费而下降。由于消费者对某个能源品种的需求价格取决于购买者的边际效用，因此能源的需求价格会随能源消费的增加而呈递减趋势。

"替代效应"存在于促进经济增长的各要素间。能源替代机理是由能源替代双方的成本变化所决定的，某种能源或要素价格的不断上涨会改变能源间的比价关系，使原先开采利用成本较高的能源或要素的价格呈现优势，逐渐趋于能参与竞争。从替代理论上讲，在不考虑经济成本的情况下，不同的能源品种是可以相互替代的，然而实际上，技术进步和经济发展均会对这种替代产生影响。技术进步最显著的作用在于能使一时期内的边际开采成本下降，从而降低总边际成本和能源价格。从长期看，当某能源的价格比其可替代能源价格低时，则可替代能源仍无法以可接受的价格替代原有能源，但随着原有能源数量的减少，能源短缺问题出现，其资源补偿费的初始水平会提高或者上升速度加快。这时，在原有能源耗尽之前，可替代能源便会以较低的价格进入市场，因此，原有能源的稀缺性下降，其资源补偿费也随之降低，从而进一步推动能源替代的产生。然而，根据"优等资源"优先开采的经济学原则，能源的总边际成本不会一直下降，这种状态只是暂时的，最终还会上升。当短期边际成本靠近转换价格时，则应开发利用新的替代能源，停止开采原有能源。

从以上能源经济学理论可以看到，在人类能源使用的历史进程中，能源价格扮演了重要的角色。因此，能源价格机制改革是能源体制革命的核心，应尽可能地还原能源的商品属性，构建有利于竞争的市场体系。体制对能源消费、能源供给甚至是能源技术革命，既可能有支持的作用，也可能有制约的作用，因此是能源革命的核心。能源价格是市场经济的灵魂和信号，以能源价格为核心的市场竞争直接决定了能源消费、能源供给以及能源技术革命的有效性。

党的十九大后，改革的大环境越发成熟。能源价格改革不到位或延缓的原因存在于很多方面。一方面，从长期看，政府忽略了环境和可持续发展，而侧重于通过维持较低的能源价格促进经济增长和满足普遍的能源服务。由于能源价格长期处于较低水平，因此在价格改革中政府必须将公众对能源价格上涨的接受程度纳入考虑范围，这不仅包括支付意愿，还包括支付能力。另一方面，中国是一个发展中国家，能源补贴在人均收入水平较低时具有一定的合理性。但是，若参照发达国家的经验，目前中国已经具备了环境治理的收入条件。此外，在环境和能源的双重约束愈加凸显的背景下，公众对通过改革治理雾霾的态度整体上是支持的，政府应该利用这一点，及时进行改革。

改革的时机对改革是否能够取得成功非常关键。比较好的能源价格改革时间窗口需具备以下两个特征：一是能源需求增长较慢，能源供需宽松；二是能源价格下行或稳定。能源改革虽有共识，但还要考虑能源价格上涨对社会经济的影响和公众对改革力度的接受程度，因此，顺利进行改革并非那么容易。能源供需宽松、价格低迷，并且可预期在今后一段时间能源价格仍将相对稳定的时候是改革比较好的时机。近年来，全球能源供应整体宽松，价格低迷，供需状况和供应格局的巨大变化对中国进行能源价格改革十分有利。国际方面，从需求侧看，中国是全球最大的能源进口国，在全球能源市场有着举足轻重的地位，一旦中国的经济增长放缓，相对应的能源需求增长也会减缓，从而在较大程度上影响全球能源需求增长；从供给侧看，美国页岩油气发展迅速，从而改变了全球能源供应格局。目前国际原油价格大幅度走低的根本原因是卖方竞争加剧、买方需求不足、供给过剩，且市场对今后几年的石油价格并不是很乐观，许多学者认为在相当一段时间内预期价格会持续疲弱。国内方面，党的十九大后政府更注重经济增长质量和环境治理，能源需求增长将放缓，改革是为了提高效率，当需求增长很快时，效率是次要的，满足需求增长才是首要任务，然而当需求放缓成为常态的时候，效率

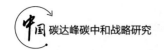

改革的重要性就显而易见了。

人类正处于能源大变革和大创新的时代，中国不能落后。中国需要通过推进能源生产和消费革命去推动能源技术创新。从这个意义上讲，能源革命正处于重要的关头。一方面，近年来，以新能源、电动汽车为代表的新型能源技术发展快速，已经在许多方面实现了技术突破；另一方面，传统的能源生产和使用技术也正在发生新一轮的革新，这也为更好地实现"两个一百年"的奋斗目标提供战略机遇。在能源生产方面，以风电、光伏为代表的非化石能源的生产成本不断下降，已经具备了大规模应用的经济价值。另外，储能技术的不断发展也将使得能源系统对大规模的清洁能源消纳成为可能。未来随着光伏、风电和储能成本的进一步下降，整个能源供应结构将发生改变。清洁能源在一次能源消费中的比重将大幅度提高，甚至成为主导能源。在能源的需求侧，随着电动汽车与电池技术的成熟与广泛应用，城市环境将变得更加清洁，能源安全保障水平也将得到提升。随着经济发展方式的转变，电能在终端能源中的比重也将得到提升。此外，即使在还需要化石能源投入的领域，随着天然气的替代以及能源清洁利用技术的推广，能源的使用也会变得更加清洁。

能源体制机制改革也处于有利时期。党的十九大报告提出要加快完善社会主义市场经济体制，特别指出要打破行政性垄断，防止市场垄断，加快要素价格市场化改革。能源是国民经济基础性的投入要素，其生产、加工和使用环节目前还存在较多的垄断和政府管制。能源要素价格的改革，是未来要素价格市场化改革的重点之一。应该说，目前对能源体制改革已经具有了广泛共识，只是剩下的改革内容所涉及的都是"硬骨头"，改革会对现有的既得利益体系形成巨大的冲击，其所受到的阻力也会很大。中国现在已经拥有了成熟的改革大环境，而党的十九大精神为能源体制革命提供了坚实的保障。未来需要把握体制机制改革的窗口期，全面深化能源改革，打破利益固化的藩篱，激发能源创新活力，让能源体制更好地适应和促进能源技术的发展与应用。

党的十九大提出要树立社会主义生态文明观，坚持绿色发展理念，推进能源生产和消费革命，构建清洁低碳、安全高效的能源体系。能源消费革命是由中国庞大的能源消耗总量以及愈加严峻的环境压力决定的。为了推动能源生产和消费革命，政府提出了五点要求，并将推动能源消费革命，抑制不合理能源消费摆在首位，同时明确要求树立勤俭节约的消费观，加快形成能源节约型社会，这代表无限制满足消费侧的能源需求、敞开式的传统能源供应模式已经结束。全社会应该追求用更少的能源做更多的事，从而逐步适应适度从紧的能源供应。能源消费增长推动能源需求增长，因此，控制能源消费是实现能源需求总量控制目标最直接的手段。

　　能源消费革命对清洁低碳发展的重要性不言而喻。最清洁的能源消费方式是，加强各消费领域的节能降耗，提高能源利用效率，扼制不合理能源消费。此外，能源消费革命还包括通过调整产业结构影响能源的消费，在城镇化建设过程中注重节能工作等。中国的工业化和城镇化仍未完成，仍需要有大量的能源消费作为支撑，仍需要推动能源的有效利用和节约。长期以来，能源的定价是在政府指导下进行的，能源价格并非市场上供需的充分反映，也没有充分考虑环境污染和不可再生能源的稀缺成本。在经济发展初级阶段，为了获得经济增长和提供普遍的能源服务，政府希望维持较低的能源成本，这个政策措施好像是合理的，但是它没有考虑到价格激励对消费者的促进作用。价格是影响能源消费的关键因素，是消费者节能降耗、提高能源效率的基本动力，若没有适当的价格激励，消费者有效利用能源、节约能源的积极性就会大打折扣，因而也就谈不上能源的有效利用和节约。

　　能源消费革命可以向能源生产端传导，更加清洁的能源消费方式将迫使能源生产更加清洁化，推动能源供应结构的转变，例如，增加非化石能源消费和天然气消费比例也是使能源消费清洁化的重要手段。未来能源消费总量控制目标将得到严格执行，能源供应从紧的压力将日益成为常态。这并不意味能源短缺，政府能源政策的重要目标依然是满足普遍的能源需求，核心是追求"用更少的能源做更多的事"。这种类型的例子有很多，如通过技术进步和汽车设计提高燃油经济性，开发替代燃料汽车等。更多的消费侧节能技术可能提供更多的节能选择和空间，这类技术的进步及其商业化运用对形成

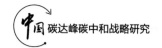

节能消费模式的作用很大。

能源生产革命，即在满足能源需求的前提下改变能源结构，发展清洁能源，形成多元化能源供应体系，保障能源安全等，使能源供给低碳化、清洁化、多元化、稳定化、网络化发展。环境污染的主要原因是庞大的能源消费和以煤为主的能源结构，在环境治理压力下，位居能源供给革命首位的是能源的清洁化与多元化。近年来雾霾蔓延，一般的观察说明，"蓝天白云"的地方都维持比较低的煤炭消费占比。"清洁"煤炭受到成本限制，也受到碳排放的约束。中国可能需要大幅度减少煤炭占比，才能实现真正的"蓝天白云"。顺利的清洁低碳转型需要关注能源成本，转型的短中期主要靠用较清洁的能源如天然气替代煤炭，长期则可以依靠光伏、风电、核电的发展。对于中国实现能源清洁低碳转型，页岩气的发展和风电、光伏的发展可能同样重要。但是，天然气的发展尤其是非常规天然气的发展相对滞后，政府需要通过税收和补贴政策，营造有利于页岩气技术进步的大环境。从体制上放宽市场准入、鼓励民营资本参与，同时配套实施能源价格改革、开放管网基础设施、降低民营资本投入的风险和盈利的不确定性等。

能源生产和消费革命需要坚持以能源安全为本，稳定的能源供应是经济社会发展的保障，也是国家安全的核心。推进能源生产革命，一个重要方面是提升非化石能源和天然气在一次能源消费中的比例，增加页岩气、煤层气的开发和利用；另一个重要方面是积极扩宽能源供应的渠道，加快能源企业"走出去"，形成能源多元供应。历史上的两次产业革命都与能源利用技术的转变有着密切的联系，在以蒸汽机的发明为标志的第一次产业革命中，煤炭得到了大量使用，而在第二次产业革命中，电力和内燃机的技术革新是产业革命的推动力，可再生能源技术革新和互联网的广泛运用被认为是未来产业革命的基石。

能源行业体制机制改革是能源生产和消费革命的制度保障，完善的能源体制是衡量能源革命是否成功的重要标志。能源体制改革主要包括能源价格机制改革、还原能源商品属性、构建有利于市场竞争的交易体系、转变政府对能源的监管方式、建立健全能源法制体系。

中国的能源价格长期实行政府成本加成定价，公众习惯能源价格缓慢向上调整，加上他们不了解能源企业的生产成本，因此对能源价格改革非常敏感。中国的清洁转型无论以何种方式进行，都将涉及能源的环境相关成本的内部化。如果能源价格无法正确反映供需关系，将导致资源配置失当。如何通过能源价格改革有效分摊能源成本会影响清洁低碳发展的程度和速度，所以改革势在必行。党的十九大报告指出，要推动能源生产和消费革命，强调还原能源商品属性，让市场决定能源价格，能源价格改革强势进入公众视野。以这个原则为基础，现阶段能源价格改革的核心是建立合理、透明的能源价格机制，并以公平、有效的能源补贴设计和严格的成本监管作为补充。

对能源企业，甚至受价格监管的能源垄断企业而言，改革是中长期利好。能源价格改革减少了政府干预，意味着更稳定和可预期的营运环境。能源价格改革有助于民营资本进入能源行业和混合所有制的改革。长期以来，政府将能源价格作为政策工具，导致价格扭曲，能源价格形成机制不合理、不透明、不确定，且民营资本进入能源行业的风险升高。民营资本对能源领域投资的长期不足已证明了这一点。因此，减少政府价格干预是民营资本参与的一个基本条件。

由于历史的原因，经济体制改革中最大的短板是能源管理体制，能源管理体制常被看作计划经济最后的"堡垒"。目前能源行业整体国有化程度很高，在经济高速发展阶段，国有能源企业能满足能源需求的高速增长，但其效率相对低下、垄断寻租、竞争力不足等问题都可能阻碍能源行业进一步健康可持续发展，也不利于技术创新。技术创新需要好的环境和宏观支持，包括能源行业体制和能源价格机制。通常，参与主体越多，市场竞争越激烈，越能促进技术创新。政府行政定价可能导致企业缺乏技术创新的动力。

改革开放后很长一段时期，中国在能源技术和能源管理方面都处于模仿和追随西方发达国家的过程，往往都是在某项能源技术或者管理模式发展比较成熟后，中国才开始学习和运用。随着中国经济实力的提升，简单"追随"模式难以支撑经济跨越式发展和低碳清洁转型。因此，中国在能源领域开始探索自己的发展道路，也取得了很大成就。在部分能源技术领域，中国已经走在世界发展的前列，目前，中国的风电和光伏装机总量居世界第一位并保持快速增长，大规模的产业应用大幅降低了光伏和风电的成本。例如，光伏组件的价格在2007年约为30元/瓦，2012年降至约10元/瓦，2017年最新价格低至2元/瓦。就国内光伏市场简单计算，相当于累计装机容量每翻一倍，产品成本下降35%。成本优势已使中国风电与光伏制造业领跑世界新能源市场。目前中国新能源汽车的保有量已超过180万辆，占全世界新能源汽车保有量（340万辆）的一半以上。中国新能源行业发展深刻地诠释了中国的道路与制度优势。

第 五 章

国际共识：
"双碳"战略的多行方案

第一节　全球主要国家"双碳"现状

　　中国2030年碳达峰和2060年碳中和目标，是中央经过深思熟虑作出的重大战略决策，体现了中国应对全球气候变化的大国担当与对未来世界发展方向的远见，以及对中国绿色转型的战略自信。党的十八大后，中国发展理念发生根本性变化，环境保护不再被视为经济发展的负担，而是被视为高质量发展的驱动力。减排也从过去的"要我减"，更多地变成"我要减"。目前，全球已有120多个国家和地区以不同方式提出了碳中和目标。全球范围碳中和共识的形成，标志着传统工业时代的落幕，一个新发展时代的开启。碳中和是对整个发展范式的重新定义和塑造，是生产生活方式的"自我革命"，既是前所未有的挑战，更是中国的战略机遇。在未来绿色转型和全球气候治理的过程中，中国有可能担任全球引领者的角色。

　　中国提出2060年碳中和目标，表明了中国高层的政治决心。这就形成了一个强大的市场预期，不管是挑战较大的行业还是新兴行业，不管是政府部门还是企业界，他们都接受了碳中和目标。市场预期的形成非常重要，因为有稳定预期，大家就会采取一致行动，很多预期就会自我实现。虽然现在还无法准确预见从现在到2060年会出现哪些具体的技术，以及碳中和实现的具体路径会怎样，但鉴于对市场经济机制的理解，我们有非常大的信心，碳中和是中国开启全面建设社会主义现代化国家新征程的重大战略机遇，是对整个发展范式的重新定义和塑造。当然，挑战也是巨大的。正如习近平主席在联合国大会发言指出，绿色转型是一场生产生活方式的自我革命。

　　从碳中和目标的时间来看，2019年之前只有少数国家提出碳中和目标，包括瑞典、挪威等气候行动积极性较强的发达国家。2019年，以法国、德国为代表的欧盟国家紧随其后提出各自目标，自此全球进入碳中和竞赛阶段。

在欧盟提出碳中和后，中国提出努力争取2060年前实现碳中和的目标，日本、韩国随后提出2050年实现碳中和。提出碳中和目标的国家正从欧洲逐步扩散至亚洲乃至全球，从发达国家辐射至发展中国家。多数国家宣示在2050年实现碳中和，这与全球实现1.5 ℃温控目标要求相一致。仅有6个国家宣示2050年前实现碳中和目标，总碳排放量占全球比重约0.5%。

从温室气体覆盖范围来看，大多数提出碳中和目标的国家没有严格遵循IPCC的定义，而是分别采用了一种或多种表述，主要分为全温室气体中和、二氧化碳中和以及未明确温室气体类别3类。提出碳中和目标的国家中有1/3根据自身发展阶段提出相对保守的表述，并未明确温室气体类别或表述仅针对二氧化碳温室气体；2/3提出实现全温室气体中和，几乎全部为欧洲国家。就实现《巴黎协定》温控目标而言，全球需要全温室气体中和。

面对全球气候变化引发的一系列环境危机与国际政治经济问题，联合国近年来不断督促世界各国积极采取有效行动以减少温室气体排放，增强应对气候变化的防御力。截至2021年5月，全球已有约130个国家把21世纪中叶实现碳中和作为目标，积极发展低碳经济，并制定有效措施开展气候治理与国际合作。尽管碳排放与气候变化之间的复杂关系在学术界尚存在一定的分歧，但开发绿色清洁能源、降低污染排放以及提高资源利用效率的长期发展方向具备合理性，而可持续的经济作为世界经济发展的出路，也得到全球绝大部分国家的认可与支持。

在全球低碳经济蓬勃发展的背景下，中国顺应时代潮流，加快碳中和长远布局。2020年，中国提出到2060年实现碳中和的宏伟目标，进入中国特色低碳发展阶段。2021年可称为中国碳中和元年，国务院2021年2月22日印发《关于加快建立健全绿色低碳循环发展经济体系的指导意见》（国发〔2021〕4号），绿色低碳经济作为顶层设计得到正式部署。未来四十年内，中国将开启一场经济社会全方位绿色低碳转型，而碳中和对世界各国而言都是一条全新的发展道路，并没有成功经验可以借鉴，中国必须自主探索相关路径，主动应对挑战，不断抓住碳中和目标所带来的各种发展机遇。

中国发掘与抓住碳中和重要机遇的必要性体现在以下两个层面。国际关系层面，世界各国积极布局低碳经济将直接影响未来国际政治经济局势走向，世界碳中和进程伴随着国际产业格局和金融格局的全面重塑，不断带来全新的投资与合作机遇。若不及时把握，中国将错失发展先机，甚至削弱在气候谈判上的国际话语权。国内形势层面，中国减排成效显著，2019年碳排放强度比2005年降低48.1%，但自碳中和目标提出后，中国的碳减排工作遇到根本性的转折点，需要从产业到部门、从国家到省市，重新探索更为安全可靠的方案和路径，挖掘产业升级与绿色转型的潜在机遇。

综合以上两个层面，"碳中和"不仅是一场必须从全球角度分析国际低碳局势的国际竞争，也是一场必须进行全面统筹与规划的国内全产业经济变革。综合国内外"碳中和"形势，中国需尽早规划达成路线和实施方案，积极寻求更先进的发展模式，为绿色转型和气候治理注入新动力。

面对复杂的国际碳中和局势以及全球气候环境问题，各国纷纷布局本国的绿色发展政策，具体包括设立绿色基金、开展绿色项目优惠、推动能源清洁化和交通电动化、加大生态环境保护和生物多样性保护的力度等。各国碳中和政策布局以向相关企业提供税收优惠和财政支持较为普遍，同时设立国家级的绿色产业基金，引导绿色融资向绿色产业倾斜。政府层面的扶持，促进企业主动进行绿色转型，不断提高可持续经济在国民经济中的占比，并带动绿色就业，借助绿色产业增长提供就业岗位。各国碳中和政策的推出，其根本目的并不只是控制排放总量与减缓全球气候变化，更是以可持续发展为导向进行产业经济的全面转型与升级。

但是，2020年新冠疫情暴发后各国绿色产业复苏的力度依然有所不足，对于绿色产业的投资尽管有较大增长，但并没有达到联合国的期望，各国长期复苏计划中只有约3410亿美元（占长期经济复苏支出的18%）的项目支出符合绿色标准，尤其发展中国家缺乏相应条件，在绿色转型升级、绿色产业投资、绿色技术创新等方面存在难度。疫情暴发后，开展绿色复苏占经济复苏支出的比例普遍低于10%，使得对绿色投资的力度从长期来看尚无法充分应对全球气候环境变化带来的损失。

可再生能源的全面应用是可持续发展的核心，各国碳中和能源减排战略亦普遍以降低化石能源发电占比、减少煤炭消费为主，不断提高风电、水电、光伏、氢能、生物质能等清洁能源的发电占比，使传统的国际石油能源格局逐渐发生转变。

若要在国民经济中尽快摆脱高排放的生产与生活方式，必须同时从能源供给端与消费端入手，逐步实现从化石能源转向清洁可再生能源的过渡。一方面，在各国绿色复苏政策之中，对清洁能源的投资是疫情后经济复苏与刺激计划中最具效益和安全性的投资之一；另一方面，清洁能源的发展伴随着新能源汽车产业迎来新增长点，英国、日本等国相继宣布燃油车禁售计划，令具备数字化、智能化、新基建、低排放等绿色属性的新能源汽车在各国低碳经济中进一步获得更多的市场机遇。

碳中和作为近百个国家所制定的顶层战略目标，在落实与执行阶段将为相关产业领域提供国际低碳经济长期的合作机遇，引导国际绿色资本流动、各国积极通过发展绿色金融带动疫情后的绿色经济复苏，同时在碳中和目标下的可持续经济发展中为绿色金融增添支持低碳减排的重要属性，并推动政府经费开支与市场资金流向发生转变。国际碳中和绿色竞争以美国2021年重回《巴黎协定》为开端，几大主要经济体，同时也是碳排放最高的主体，已正式开始竞争。拜登政府意图通过发展清洁能源重振美国经济，而美国急于加入各类国际组织也表明其意图在国际气候变化上重振影响力与领导力。早期的全球环境保护与气候变化议题屡次向国际低碳治理发生扩展，围绕碳中和领域的标准制定、资源供给、合作方式、利益分配等问题将不断产生越来越激烈的国际谈判。

随着碳中和理念的国际深化，碳中和不再局限于降低温室气体排放，更升级为经济发展问题与国际政治议题。纵观近代至今的三次产业革命，其均存在改变生产方式、提高生产效率的共性，且每一次工业革命中具备领先优势的国家均通过产业革命走在世界前列。而碳中和有希望成为第四次产业革命，并成为人类发展史上的重要转折点。

对中国而言，碳中和是一次全面经济转型，更是中华复兴的一次观念、思想与生活方式的革命。在欧盟气候治理显现疲态、美国重回《巴黎协定》

后需花费较长时间弥补先前劣势的背景下，把握住碳中和"绿色革命"，将使中国这个后发、新兴的发展中国家获得与发达国家同台竞争的优势，并在中国的社会主义现代化强国进程中将"现代化"的定义进行更新，从生态文明和发展质量的角度使社会主义的建设目标得到扩充。

随着气候变化、跨界水污染、海洋酸化等全球环境问题的凸显，没有一个国家可以单独应对弥散性、跨界性和复杂性的环境挑战，人类命运共同体的大国外交理念也必然首先集中体现为共保绿色家园和共创美丽世界等可持续发展的生态治理诉求。鉴于目前全球环境治理体系的结构性僵化、治理碎片化以及"南北方"国家治理诉求差异不断拉大，全球生态文明理念的国际扩散为全球环境善治提供了一套系统性解决方案。在目前以实现碳中和为目标的背景下，全球气候能源战略转型态势不断加速，新能源发展不仅成为应对气候变化、疫情后经济复苏、能源安全等多重危机的重要一环，而且新能源外交更成为推进全球生态文明建设的关键抓手和践行路径。"十四五"时期是中国碳达峰的关键期和窗口期，一方面，我们需要构建清洁低碳安全高效的能源体系，完善绿色低碳政策并提升绿色低碳技术和绿色发展实力；另一方面，我们需要通过新能源外交推动绿色能源大国向绿色能源强国转变，为中国绿色"一带一路"建设提供良好的国际环境，并系统性提升中国在全球气候能源治理中的制度性话语权，有力回击西方某些媒体和政客对中国的歪曲言论。

目前不可忽视的是，在全球环境治理体系中，欧美发达国家在既有治理秩序中的话语理念仍然处于主导性优势地位。国际社会对于全球生态文明理念的广泛接纳不仅有赖于生态文明内在逻辑的系统性建构以及促进其多元多维的国际传播，更需要通过灵活务实的外交合作来将全球生态文明理念全面嵌入国际环境合作制度体系中。在迈向碳中和的进程中，发达国家与发展中国家之间的低碳治理能力和绿色创新技术之间的差距可能会不断扩大而非缩小，全球新能源革命所带来的收益并非是均质化分布的，而是"马太效应"下的南北差距拉大。鉴于此，新能源外交的开展基于全球生态文明理念来重塑国际政治经济新秩序，从而建构一个更加绿色、公正、包容、安全的气候能源治理新格局。在这一过程中，新能源外交切实推进了全球生态文明建设中的多边制度性合作拓展、大国协商共识、绿色规范内嵌和长效性实践平台建设。唯有此，才能分阶段有步骤地打破全球环境治理中日益固化的西方知识权力结构与治理路径偏好，通过卓有成效的外交合作实践来推进国际社会对于全球生态文明理念的接纳，多采纳中国智慧和中国路径来应对全球低碳转型和碳中和目标实现过程中的多维困境与现实挑战。

第二节　美国——清洁能源计划

中国和美国是当今全球最大的两个经济体，也是最大的能源消费国和温室气体排放国。投资方面，中国多年超过美国成为全球清洁能源投资最多的国家。应用方面，中国逐渐摆脱设备生产者的单一角色，成为清洁能源技术的主要应用市场。2010年，中国风力发电装机容量首次超过美国，从此开始连续12年稳居世界第一。在太阳能光伏领域，中国的产业重点逐步从制造大国转向应用大国。而作为太阳能净出口国的美国却逐渐丧失其在该领域的绝对优势。2009年，中国的能源研究所与美国的燃料公司签署了整体煤气化联合循环（IGCC）煤气化技术使用许可协议，这是中国首次向西方国家输出清洁能源专利技术。美国前任总统奥巴马在一次能源改革演说中提到：在创造清洁能源就业机会和产业未来上，我们不能袖手旁观。

作为世界最大的石油进口国和能源消费国，美国基于能源安全与环境保护的考虑，不遗余力地推行清洁能源政策。2017年1月20日，美国政府公布其能源政策——"美国第一能源计划"，旗帜鲜明地指出了其执政时期的能源发展重点，并否定了奥巴马政府的"气候行动计划"。

"美国第一能源计划"是美国国家能源政策的总体纲领，它既继承了奥巴马政府能源政策中关于加大本土能源与页岩油气开发、大力发展清洁煤技术以及将能源与环境保护政策相结合的部分，也明确提出取消奥巴马政府"气候行动计划"，以及建立同海湾盟国积极的能源关系以服务美国反恐战略的举措。国内层面，"美国第一能源计划"有力促进美国本土石油产量的增加、推动煤炭产业复兴，对美国清洁能源产业的发展利弊同在；国际层面，美国在国际石油市场价格机制中发挥重要作用，进一步推动全球石油市场向买方市场转变，并削弱石油输出国组织对国际石油市场的影响。美国退出"气候行动计划"对全球应对气候变化行动带来消极影响，但其整体影响有限。"美国第一能源计划"为中美能源关系的发展带来不确定性因素：一方面可能促进中美在环境保护和清洁煤领域的合作，拓展中国原油进口渠道；另一方面会明显阻碍中美两国在气候变化领域的合作，为中美清洁能源合作带来某些干扰和阻力，并有可能使中国的能源贸易形势及能源地缘形势进一步复杂化。

"美国第一能源计划"作为当时美国国家能源政策的总纲领，对美国国内能源与环境产业的发展带来深远影响，对世界能源发展、全球应对气候变化行动、中美能源合作带来不同程度的影响。

与奥巴马政府的能源政策相比，"美国第一能源计划"既有一定的继承性，也在一些领域做出了重大调整。

一、"美国第一能源计划"对奥巴马政府能源政策的继承

"美国第一能源计划"与奥巴马政府的能源政策具有一定的继承性和延续性。

第一，强调加大本国能源开发，将美国从对进口能源的依赖中解放出来。奥巴马上台伊始便把促进国内油气资源开发作为实现美国"能源独立"的重要举措之一。2011年3月，奥巴马政府曾经发布题为"安全能源未来蓝图"的报告，提出要通过加大美国本土原油生产，降低美国对进口能源的依赖，增进美国能源安全。在奥巴马政府时期，美国油气能源净进口量显著下降。

第二，加大本土页岩油气开发，提高本土能源产量，促进美国经济繁荣。奥巴马政府时期，美国页岩油生产已经实现了显著跨越式发展，其产量自2005年的9000万桶左右增加到2015年的17亿桶左右，"美国第一能源计

划"提出要进一步推进美国页岩油气产业的发展，并达到以下三个目的：其一，降低能源价格，提高"美国制造"的国际竞争力；其二，提高本土能源产量，持续推进美国的"能源独立"；其三，希望借助于页岩油气产业发展带来的可观能源收入为美国公共设施建设提供资金，以能源收入支持美国道路、学校、桥梁等公共基础设施建设。

第三，大力发展清洁煤技术，复兴美国煤炭产业。清洁煤计划是奥巴马政府应对气候变化、发展清洁能源的重要内容之一。奥巴马政府从经济复兴计划资金中拿出了100多亿美元用于二氧化碳的捕捉和储存项目，加上预期可带动的40亿美元私人投资，总计约140多亿美元投资用于发展清洁煤技术，并且，从2015年开始，奥巴马政府开始实施煤炭产业转型升级和进一步推动碳捕捉和储存技术发展的"电力+"计划。"美国第一能源计划"明确指出，政府致力于发展清洁煤技术，推动美国煤炭产业的复兴。

第四，将能源政策与环境保护紧密结合，促进能源开发与环境保护的协调发展。奥巴马政府时期，保护环境是大力发展清洁能源的重要原因和核心目标之一。虽然取消了"气候行动计划"，但环境保护所包含的范畴远大于应对气候变化行动本身，放弃"气候行动计划"并不意味着对本国环境保护的忽视。"美国第一能源计划"提出，确保能源发展以保护清洁空气和清洁水、保护自然栖息地和自然资源作为最高优先，在推进本国能源开发过程中将保护本国环境作为重要优先，这一方面一脉相传。

"美国第一能源计划"的重大改变主要体现在三个方面：

第一，取消了奥巴马政府的"气候行动计划"，对全球应对气候变化行动采取消极态度。奥巴马总统是应对气候变化政策的推动者和践行者，应对气候变化是奥巴马政府留下的重要政治遗产之一。

第二，将能源关系作为地缘政治工具，作为促进与盟国的能源关系作为增进美国国家安全的手段之一，并首次提出，与盟国建立积极的能源关系作为美国反恐战略的一部分。

第三，强调能源政策与整体产业政策和经济社会发展战略相结合，以能源资源开发和能源产业复兴推进美国基础设施建设、农业发展，并创造更多就业机会，提高工人收入等。"美国第一能源计划"指出，取消"气候行动计划"和奥巴马政府在水域管理领域的相关限制，可以为美国工人增加300亿美元的工资性收入；继续推动页岩油气革命可以为美国创造更多的就业岗位；开发联邦本土的油气资源，能够进一步提高本国能源产量，增加能源生产收入，用以完善国内基础设施建设；可以降低能源价格，促进包括农业在内的美国相关产业发展。

综上所述，能源政策已经超越了促进环境保护与能源产业发展本身，承载了更多美国的战略使命与要求。

二、"美国第一能源计划"对美国本土及世界能源发展的影响

"美国第一能源计划"对奥巴马政府时期能源政策的继承与改革对美国本土能源发展格局，以及世界能源总体发展带来一定程度的影响。

（一）"美国第一能源计划"对美国本土能源发展的影响

"美国第一能源计划"对美国本土能源发展的影响主要体现在能源产量增加、能源进出口格局转型、能源生产及能源消费结构转变等几个方面。

第一，随着本国原油产量增加，美国能源进口将大幅度减少。"美国第一能源计划"除了鼓励页岩油气的开发，还鼓励在联邦土地上进行能源开发，这将进一步增加美国本土的油气产量。由于本国石油生产能力的增加，美国原油和成品油的进口量较21世纪前10年出现了较大规模下降，原油进口量已经自2005年的最高日均进口1371万桶、大幅减少至2015年的日均进口945万桶。美国总能源净进口量的下降趋势更加明显，2015年全美全年总能源净进口量不及2005年的2/5，下降了64%。

第二，页岩油气在美国原油生产中的比重进一步增加，未来页岩油气将成为美国原油生产的主力。原油开采技术突飞猛进导致页岩油气生产成本的降低，自2010年以来，美国页岩油产量开始显著增加。2015年在美国石油总产量中，页岩油产量占到了52%，已经成为美国原油产量增长的主力。未来10年内，美国页岩油产量将会进一步增加至每天600万桶，页岩油产量将占美

国原油产量的2/3左右。"美国第一能源计划"明确提出政府大力推进页岩油气革命，对页岩油气勘探开发技术产生进一步推进，页岩油气勘探开发成本会随之进一步降低。页岩油生产的提高将大幅增加美国原油产量，成为传统油气的有力竞争对手，大大挤压传统油气的市场空间。

第三，煤炭产业迎来相对有利的政策扶持，进入产业升级机遇期，美国的煤炭产量和煤炭消费量在一次能源消费中的比重有可能出现一定程度的增加。在奥巴马政府时期，美国煤炭生产和煤炭消费均出现大幅度下降。2015年，美国煤炭产量和消费量较2008年小布什政府时期分别大幅下降了24.8%和30.6%；随着"美国第一能源计划"对清洁煤技术支持力度的加大，煤炭在美国能源消费中的比重出现一定程度的增加。

第四，美国清洁能源产业发展受到一定程度影响，但出于环境保护需要，以及未来世界能源"清洁化"发展的总体趋势，清洁能源在美国能源结构中的比重会进一步增加。奥巴马执政期间提出了数个清洁能源发展目标，2011年奥巴马政府提出到2035年要使本国清洁能源发电的比重翻番，达到84%。"美国第一能源计划"没有明确提及清洁能源，可见美国清洁能源的发展是"谨慎乐观"的。一方面，清洁能源并不是美国政府能源政策的重点，在其任内，美国清洁能源产业有可能面临投资减少、规模收缩的下行压力；另一方面，虽然取消了"气候行动计划"，但在发展清洁能源和提高能效方面，却没有明确反对，因此，清洁能源存在一定的发展机会与空间。

（二）"美国第一能源计划"对世界能源发展的影响

"美国第一能源计划"对世界能源发展的影响主要体现在全球石油市场格局的调整、美国与能源大国关系的变化和既有国际石油市场价格协调机制的改变等几个方面。

第一，进一步推动全球石油市场由卖方市场向买方市场转变，国际油价进一步面临下行压力。当前，美国页岩油产量约占世界页岩油总产量的90%，是全球页岩油商业化生产的绝对主力。美国与石油生产大国沙特阿拉伯、俄罗斯在原油生产能力上的差距迅速缩小。此外，政府积极鼓励联邦土地油气资源开发政策的具体措施也陆续出台。在未来数年，美国可能从全球最大的石油进口国转变为全球最大的石油生产国与出口国之一，由此将深刻改变全球石油市场供需格局，推动全球石油市场从供不应求的卖方市场向供大于求的买方市场转变，进一步增大国际油价下行压力。

第二，极大削弱石油输出国组织和俄罗斯对国际石油市场的影响，美国与传统能源输出大国的关系会发生质变。随着在国际石油市场上从最大石油进口国到最大石油生产国角色的转变，美国与石油输出国组织、俄罗斯等传统石油出口大国的关系将由之前的买卖双方的"合作关系"转变为均为卖方的"竞争关系"。作为世界第三大石油生产大国，美国与石油输出国组织、俄罗斯抢占国际石油市场份额的竞争和矛盾进一步激化。

第三，美国将在国际石油市场价格协调机制中发挥重要的作用，并将极大改变既有的国际石油市场价格协调机制。20世纪70年代至今，国际油价在相当程度上受石油输出国组织影响。石油输出国组织通过"限产保价"等措施对国际油价调节发挥着至关重要的影响。但是，随着美国石油生产能力的大幅提升和石油产量的快速增加，任何没有美国参与配合的国际油价协调机制都将失去既有作用。此外，与石油输出国组织和俄罗斯等传统石油输出国不同，美国的石油企业大部分由私人运营和掌控，联邦政府能够施加的影响较为有限。以上两方面都将使未来国际油价协调机制变得复杂化。

第四，围绕国际能源贸易与投资的能源地缘关系将发生一定程度的变化。自20世纪70年代初期中东石油危机爆发以来，为了保障石油进口安全，美国数任政府均将维持与关键产油国积极的能源关系列为美国全球战略重要目标之一。而美国政府则更进一步提出将维持与海湾盟友积极的能源关系从战略目标转变为地缘政治工具，并将其作为美国反恐战略的重要组成部分，这在美国历史上实属首次。

三、"美国第一能源计划"对全球应对气候变化产生一定程度的消极影响

"美国第一能源计划"明确提出要取消"气候行动计划"，这是从国际

事务抽身的"收缩战略"和强调关注国内事务的"美国第一"信条的具体体现，对全球应对气候变化行动带来一定的消极影响。

"气候行动计划"的内容主要包括三个方面：一是通过大力发展清洁能源和提高能效，降低美国源自能源生产和使用的碳污染和温室气体排放。二是积极应对气候变化对美国的影响，包括建立更强大和更安全的社区和基础设施；保护经济和自然资源；加大气候变化的科学研究等。三是在国际应对气候变化的行动中发挥领导作用。既包括通过与相关国家的双边合作，也包括在国际机构和平台上的多边磋商及合作。作为世界第二大碳排放国、世界第三大人均碳排放国，美国的行动无疑会从多个方面对全球应对气候变化行动带来掣肘。

（一）改变全球气候变化治理格局，延缓全球气候谈判进程

对应对全球气候变化的态度和政策出现了明显倒退，从"美国第一能源计划"可以看出，反对"气候行动计划"的重点在于反对美国在应对气候变化的国际合作中发挥领导作用，这一态度转变对全球应对气候变化的国际合作增加更多变数和阻力。全球气候变化治理形势会更加复杂，全球气候变化谈判进程不容乐观：美国政府消极应对全球气候变化，参与全球气候变化治理的意愿下降；欧盟面临政治经济困境，参与全球气候变化治理的能力受到牵制；发展中国家对全球气候治理模式的立场不断分化，"基础四国"地位下降，使国际气候变化谈判面临更多变数。相比之下，中国在全球气候变化治理中的意愿和能力不断增强。中国政府多次公开表示坚持应对气候变化目标不变，并主动为全球气候治理提出"中国方案"，努力承担温室气体减排责任，预期未来中国有可能在全球气候变化治理机制中发挥更重要作用，成为新的领导力量之一。

（二）会阻碍全球温室气体减排目标的实现，但不会改变全球绿色低碳与可持续发展的总体趋势

2017年6月1日，白宫正式宣布美国单方面退出《巴黎协定》。美国政府应对气候变化的消极态度不仅会影响美国本国温室气体减排措施的落实，还会在全球范围内产生负面示范效应，延缓全球气候治理进程，阻碍全球温室

气体减排目标的实现。

另外，绿色低碳和可持续发展已经成为人类社会和各国发展的共识，美国政府在应对气候变化问题上的政策转变不会影响这一全球性趋势。此外，"美国第一能源计划"中也强调了环境保护的重要性，说明其并未全盘否定"气候行动计划"的全部内容。

四、"美国第一能源计划"对中国能源发展和中美能源合作的影响

"美国第一能源计划"对中国的能源发展以及中美能源合作既有积极影响，也有消极影响。

（一）"美国第一能源计划"对中国能源发展和中美能源合作的积极影响

"美国第一能源计划"对中国能源发展与中美能源合作的积极影响主要表现在三个方面。

第一，随着美国增加本国页岩油气开发，美国原油产量将大幅提升，原油进口将会持续减少，会进一步加剧国际原油市场供大于求局面，加大国际油价长期下行压力。对于世界最大原油消费国和进口国之一的中国来说，国际原油市场转向买方市场是一重大利好。一方面，可以增强中国与国际原油供给方的谈判地位，降低原油进口成本，有利于增加国家石油储备；另一方面，随着未来美国页岩油气生产的大幅度增加，美国也有可能成为中国原油进口的新增选项之一，有利于中国原油进口的多元化，进一步增强国家能源安全。

第二，为进一步加强中美两国的环境保护合作带来一定助力。早在2008年6月举行的第四次中美战略经济对话期间，中美两国政府签署《中美能源和环境十年合作框架文件》中，将清洁的水、清洁的大气、森林和湿地生态系统保护作为两国环境合作的五大优先目标之一。在此之后的数年期间，中美两国借助绿色合作伙伴计划、中美清洁能源研究中心等合作项目和平台在环境保护方面进行了广泛合作，中美在环境领域的双边合作基础良好，建立了

很多长期合作项目。

第三，为中美两国的清洁煤合作带来有利机遇。中美两国均为煤炭消费大国，清洁煤合作一直是中美清洁能源合作的重要内容之一。清洁煤合作是中美清洁能源联合研究中心最初三个优先合作领域之一，也是中美气候变化工作组2013年7月启动的五个合作倡议之一。此外，在"21世纪煤炭项目""中美清洁能源务实合作论坛"等平台中，也都有两国清洁煤合作的重要项目和计划。

（二）"美国第一能源计划"对中国能源发展和中美能源合作的消极影响及其应对

除了积极影响，"美国第一能源计划"也对中国的能源发展、中美两国的清洁能源合作以及应对气候变化方面的合作带来的消极影响。

第一，取消"气候行动计划"对中美两国应对气候变化的双边合作，以及两国在国际层面的多边合作带来明显的消极影响。2013年4月中美两国成立气候变化工作组，在2014年至2016年的3年时间内，中美两国政府先后签署了三份中美气候变化联合声明。中美两国分别作为世界碳排放最大的发展中国家和发达国家，对于全球应对气候变化、减少碳排放的国际合作至关重要。取消"气候行动计划"旨在反对美国在全球应对气候变化行动中发挥领导作用，美国政府在应对气候变化政策上的倒退无疑对中美两国应对气候变化的双边合作和多边合作带来诸多阻力和困难。中国政府一方面要在国内继续敦促本国节能减排措施的贯彻执行，推动国内能源产业转型，努力推进绿色低碳发展；另一方面要努力承担在全球气候变化治理中的大国责任并发挥领导作用，推动联合国气候大会既有协议的实施。

第二，中美两国在清洁能源领域的合作受阻。奥巴马政府期间，中美清洁能源合作取得了全面快速进展。中美两国分别位列全球清洁能源研发投资第一和第二位，是全球清洁能源产业投资第一和第二大国家。中美太阳能产业贸易、核能产业贸易以及风能产业贸易均有一定规模。"美国第一能源计划"从其取消"气候行动计划"、鼓励本土油气资源开发和振兴煤炭行业的举措可知，美国油气资源和煤炭等传统能源的价格将随其产量的大幅提升而长期低位运行，对美国清洁能源产业投资与技术研发投资形成挤出效应，也会因此影响中美两国在清洁能源领域的合作，延缓中美两国现有清洁能源合作项目的实施进程，不利于中国清洁能源产业的可持续性发展。中国为此进一步加强清洁能源技术的自主创新力度，推动清洁能源成本的下降；因地制宜鼓励清洁能源的本土化应用，开拓本国清洁能源市场；此外，拓展清洁能源合作范围，进一步增强与欧盟等清洁能源先进国家的合作。

第三，加剧中美两国在可持续环境产品贸易和清洁能源产品贸易领域的摩擦。当前，中国已经成为世界最大的可再生能源生产国和消费国，是世界最大的风能、太阳能以及水电市场。美国商务部国际贸易署将中国列为美国的短期（2015—2016年）第三大可再生能源出口市场和中期（2015—2020年）第二大可再生能源出口市场。美国政府通过商务部国际贸易署、贸易发展署、国际发展署、进出口银行等机构全方位帮助美国相关企业拓展中国的环境和清洁能源市场。但与此同时，美国政府却通过反倾销反补贴调查，以及尝试实施碳关税等方式对中国的环境和清洁能源产品和服务进入美国市场设立重重限制。面对这样的形势，中国一方面采取积极的反制措施，维护中国清洁能源企业的合法权益，另一方面则开拓更加多元化的清洁能源产品市场。

第四，中国面临更加复杂的能源地缘形势，能源外交形势严峻。在越发严峻的能源地缘政治形势下，中国在"一带一路"框架下，持续推动与"一带一路"沿线国家在能源领域开展广泛而深入的合作，不断强化能源关系，保障国家能源安全。

从"能源独立"到"能源主导"。"能源独立"是多届美国政府能源政策的重要目标。近年来，伴随页岩油气开采技术的突破，美国能源自给能力大幅提高，并迅速跻身能源大国行列。美国政府希望在进一步推进"能源独立"的基础上实现美国的"能源主导"，凭借强大的能源实力更好地服务于美国的社会经济发展和全球战略。国内层面，"能源主导"主要体现为以能源产业发展为突破口，带动社会经济全面发展。通过鼓励国内低成本油气资源大规模开发可以实现如下目的：其一，降低能源价格，减少美国整体产业的生产成本，提高"美国制造"的国际竞争力；其二，以能源产业的大发展带动国内就业，增加工人收入，提高社会福利；其三，以能源收入推进美国基础设施建设和农业发展等。国际层面，"能源主导"主要体现在两个方面：其一，持续推动"能源独立"，摆脱对不友好产油国的依赖；其二，更进一步，以不断强大的能源实力为后盾，开展自主性更强的能源外交，并以能源关系为地缘政治工具，推动美国全球战略的实现。

"美国第一"再次强调美国利益至高无上。以美国利益为中心是历届美国政府能源政策的出发点和落脚点。

面对"美国第一能源计划"对中国能源发展与中美能源合作带来的影响，中国对其进行了充分评估，并有针对性地制订应对预案，积极应对。此外，对于因美国能源战略收缩所带来的全球能源治理和全球气候治理推动力不足的问题，中国积极贡献中国智慧、提供中国方案，发挥应有的大国影响力。

第三节　日本——《2050年碳中和绿色增长战略》

战后的日本曾经走了一段重经济轻环境的弯路，之后日本通过完善法制体系、普及循环型社会理念、推进"多元协作"方式、重视国际合作等途径，降低了资源消耗总量，缩减了一般废弃物的排放量和最终处理量，提高了资源循环利用率和资源生产性。日本循环型社会建设的经验对我国发展绿色经济、低碳经济，促进经济社会的可持续发展有一定的借鉴意义。2020年10月，日本首次提出在2050年前实现脱碳社会，即"碳中和"。2021年4月，日本政府发表声明，计划到2030年温室气体排放量与2013年相比减少46%，并向减少50%发起挑战。目前，日本的生活垃圾分类、回收和再利用，在世界上处于领先地位。日本对建设循环型社会所做的探索对于推动亚太地区消费模式、生产方式、生活方式的变化，对于全球实现可持续发展目标具有十分重要的意义。

进入21世纪以后，在世界气候变化的大背景下，日本积极思考和探索人与自然如何和谐共处，在经济发展与环境保护、资源循环利用之间寻找平衡点。20世纪90年代以来，日本面临人口持续减少、老龄化现象日益严峻、国民收入和购买力下降、消费低迷、地区经济衰退、农林业后继乏人等诸多社会问题。2011年的日本大地震和核泄漏，促进了日本对建设循环型社会的进一步认同。

20世纪90年代以来，国际社会对循环经济、可持续发展越来越重视，大量消耗资源引起的全球气候变化已成为21世纪人类发展的重要挑战。善待地球、珍惜资源、实现经济社会的可持续发展已成为国际社会的共识。1992年在里约热内卢召开的联合国环境与发展大会讨论并通过了《里约环境与发展宣言》（又称《地球宪章》），提出了可持续发展的目标，呼吁改变现有的生活和消费方式，实现人与自然、人与人和谐相处、和平共处的美好愿景。这次大会在日本被广泛报道，民众对环境问题的关心愈加高涨。1993年，日本出台了环境保护的根本大法《环境基本法》，日本民众也认识到环境治理需要国际社会通力合作，日本应为全球可持续发展目标作出自己的贡献。1997年，日本作为主席国在制定《京都议定书》方面发挥了积极作用。日本的一些民间组织和机构也在可持续发展层面不断加强与国际社会的联系，发挥积极作用。如"国际社会支援推进会"募集日本家庭中闲置的旧衣服、旧文具、旧书包、旧玩具等，统一捐赠给发展中国家，实现物品的再利用，至今已对87个国家进行了援助。

根据联合国《2020年排放差距报告》，日本碳排放量占全球碳排放总量的比例约为2.8%，低于中国、美国、印度、俄罗斯，位于全球第五，但人均排放量仍高于中国、印度及部分欧盟国家。近期，日本出台了《2050年碳中和绿色增长战略》，为日本低碳发展提供了法律依据，提出到2050年实现碳中和目标，并在其中描述了相关各行业的减排路线，为未来实现"零碳社会"指明道路。

日本为减少化石能源相关的温室气体排放，出台了各种法律法规来进行限制。1997年出台的《关于促进新能源利用措施法》、2002年出台的《电力相关新能源利用的措施法实施令》，都是日本政府为实现节能减碳目标而采取的相关措施。同时，日本政府也出台了碳排放和经济方面的相关政策，如

2008年5月的《面向低碳社会的十二大行动》以及2009年的《绿色经济与社会变革》。2021年5月，日本国会参议院正式通过了修订后的《全球变暖对策推进法》，首次将温室气体的减排目标写进法律，以法律的形式确定了到2050年实现碳中和的目标，并于2022年4月开始实施。根据这部新法，日本的各地地方政府将有义务和中央政府合作，设定利用可再生能源的具体目标，并对民间及企业的减排措施提供补给与奖励。2021年8月，日本政府发表了《2050年碳中和住宅建筑的对策与实施方法》，进一步推进建筑领域温室气体减排。

日本的循环型社会建设可追溯到20世纪70年代，至今已构建起了一个全方位、多层次的公害对策和环保法律体系。除《公害对策基本法》《自然环境保护法》《环境基本法》之外，地球环境保护方面有《地球温暖化对策推进法》，公害对策方面有《大气污染防治法》《水质污浊防治法》《农用地土壤污染防治法》《土壤污染对策法》，环境保护领域有《自然环境保护法》，废弃物及循环利用方面有《废弃物处理法》以及针对家电、汽车、包装容器、食品、建筑废弃物等回收利用的法律，还有公害领域涉及财政、救济以及纠纷方面的法律。基本法、综合法、专项法，门类齐全完善的法律体系为循环型社会的实现提供了法制保障。

日本在建设循环型社会上目标清晰，层层推进。1998年，日本政府制订的《新千年计划》，把实现循环型社会作为21世纪日本经济社会发展的目标，将2000年定为"循环型社会元年"。2000年出台的《推进循环型社会形成基本法》以立法的形式把抑制自然资源的开采和使用、降低环境的负荷、建设循环型的可持续发展社会作为日本发展的总体目标。该法明确了国家、地方政府、民间团体、企业、国民各自的职责，提出了"低碳社会""循环型社会"和"人与自然共生社会"的愿景。日本政府还结合国内现状和国际形势，前后制订了四次"循环型社会基本计划"，为实现循环型社会规定了时间表和具体路径。各自治体也纷纷制定并出台措施，展开了各种有益的探索。

中央政府、地方政府、环境非营利组织、科研机构、民众在建设循环型社会上发挥各自职责，形成了相互支持与合作的"多元协作"关系。为了减少食品浪费，"全国美味食品光盘运动网络协议会"倡导并发起了"光盘行动"，截至2018年3月，共有47个都道府县的320个自治体参与。通过"多元协作"推进的循环型社会建设正在改变日本社会，改变日本民众的生活习惯。

循环型社会建设不仅关系到生产、生活、消费等各个环节，同时也是一场思想与意识的革命，需要公众理解、支持与广泛参与。日本政府注重宣传和普及循环型社会理念。2019年10月，德岛县召开了第三届杜绝食品浪费全国大会。消费者、企业、地方政府等聚集一堂宣传循环型社会的理念，号召民众珍惜粮食、杜绝食品浪费。各级政府和民间组织也积极行动起来，召开学习会出版刊物，编写普及循环型社会的宣传品。20世纪80年代开始将环境教育引入学校和课堂。进入21世纪，又注重将循环型社会的理念融入学生的实践中。比如，让学生通过养花来感受全球气候变暖，带领学生参观垃圾处理厂了解垃圾的无害化处理，等等。如今，低碳社会、循环型社会、自然共生理念已经深入人心，民众自觉对废弃物进行分类、回收，养成节水节电的习惯，减少塑料袋的使用，使用再生制品，杜绝购买过分包装的商品。"对环境友好""基于环境考虑""不给环境增添负担"等语句不仅频繁出现在日常生活中，也成为越来越多日本人的生活准则。2020年7月，日本开始实施超市塑料袋有偿化，约六成民众前往超市时自备购物袋。

日本在建设循环型社会的进程中，重视与联合国环境规划署（UNEP）、经济合作与发展组织（OECD）、国际可再生能源机构（IRENA）、亚洲开发银行（ADB）、东亚东盟经济研究中心（ERIA）等国际组织展开合作。同时，在中日韩、东盟、东亚首脑会议（EAS）等区域框架下，与其他国家和国际组织展开合作。日本还善于利用绿色气候基金（GCF）、世界银行、地球环境基金（GEF）等国际社会资金研发高新技术，培养循环社会建设的人才。

作为全球主要经济体和能源消耗大国之一的日本，前首相菅义伟于2020年10月在日本第203次临时国会上宣布，日本力争2050年前实现碳中和，将以经济与环境的良性循环为成长战略的支柱，尽全力建成绿色社会。此后，日本政府加快了推进实现碳中和的步伐。2020年12月，菅义伟批准成立"实现脱碳社会国家与地方协调会"，由内阁官房长官任议长，相关政府机构大臣和地方政府负责人参与，旨在商讨制定大众生活和社会领域如何实现碳中和的路线图，以及中央政府与地方如何协调行动的方案。截至2021年4月6日，日本39个都道府县以及市、町、村共计357个地方自治体宣布了将于2050年之前实现碳中和，这些地方自治体的人口总数占日本总人口数的87.1%。

　　碳中和对于全球各个国家和地区来说都不仅是一个环境目标的达成，也意味着绿色经济和绿色社会的形成。一方面，需要从能源供给结构、能源消费结构变革以及环境治理的角度采取行动和措施，促进形成绿色社会；另一方面，需要从传统的高碳黑色产业向绿色产业转型，实施绿色产业革命，形成绿色经济。为此，日本政府于2020年12月25日发布了以面向2050年实现碳中和的产业绿色发展为宗旨的《2050年碳中和绿色增长战略》（以下简称《绿色增长战略》），认为国际社会已经达成共识，应对全球变暖的行动已不再被视为制约经济发展的障碍和发展的成本，而是经济发展的机遇。《绿色增长战略》旨在将努力实现碳中和这一挑战视为发展绿色经济的大好机遇，通过对碳中和涉及的相关产业进行战略性布局，提出高标准发展目标，实施一系列有针对性的产业政策，从而构建面向碳中和的绿色产业体系，推动相关产业绿色发展，最终实现经济与环境的良性循环，即绿色经济与绿色社会的形成。

一、确定重点发展产业领域，构建绿色发展产业体系

　　日本政府将实现碳中和视为产业绿色转型大发展的契机，但要抓住这个发展机会，实现更高目标，必须在新能源尤其是可再生能源的开发利用、二氧化碳的回收再利用等关键技术领域和应用领域进行革命性的技术创新和应用创新。作为产业发展战略，必须首先明确重点发展的产业领域及其目标。日本的《绿色增长战略》描述了日本实现碳中和的减排目标及能源结构优化目标，确定了重点发展的产业领域及其目标，勾勒了绿色发展产业体系的框架。

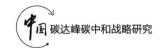

（一）实现碳中和的减排目标及能源结构优化目标

日本计划至2030年总体上碳排放比2018年减少25%，即从2018年的10.6亿吨降至9.3亿吨；2050年使二氧化碳的排放总量与吸收总量相等，达到净零碳排放，即实现碳中和。《绿色增长战略》提出，考虑到日本至2050年对电力的需求由于产业、交通运输和家庭部门的电气化，将比现在增加30%～50%，虽然日本计划最大限度地开发利用可再生能源以及氢、氨等无碳燃料，并对二氧化碳进行回收再利用，但是也不可能做到100%的电力需求都由可再生能源发电加以满足。根据与相关专家充分讨论，日本政府提出，至2050年考虑采用光伏、风力、水力、地热、生物质能等可再生能源满足发电量的50%～60%，氢能和氨燃料发电在总发电量中的占比达到10%，原子能与二氧化碳可回收的火力发电占比达30%～40%。但强调这只是参考值，即初步的量化目标，随着今后《能源基本计划》的修订，这些数字可能会再调整。

（二）重点发展的产业领域及绿色发展产业体系架构

日本在《绿色增长战略》中面向2050年实现碳中和，确定了能源相关产业、运输与制造相关产业、家庭与办公相关产业3个大类中的14个产业领域为重点发展的领域。其中，电力部门的脱碳化是所有重点产业绿色大发展的前提。为此《绿色增长战略》提出，必须最大限度地利用可再生能源和能够按需调节输出大小的储能电池，充分开发利用日本的海洋风力资源，将海上风电产业和储能电池产业作为战略性成长产业的重中之重加以重点培育；同时，还将最大限度地采用氢能发电，降低氢能成本，并采用燃烧不会产生二氧化碳的氨作为燃料发电，发展氨燃料产业。由于在相当长时期内不得不部分依赖煤炭火力发电，因此，也必须发展二氧化碳回收产业，以降低火电的碳排放量。

电力领域以外的产业，将以电气化以及节能为中心，培育有极大发展前景的氢能产业、燃料电池和储能电池产业、运输相关产业和住宅建筑物相关产业，如对氢还原炼铁等制造流程实行再造；运输部门持续推广电动化，充分利用生物质燃料和氢燃料；办公及家庭相关产业领域要积极推动住宅和建筑物采用太阳能、电能、氢能及储能电池，实现电气化、节能化、储能化和零碳化。这与国际可再生能源机构（IRENA）关于2050年实现《巴黎协定》所确定的碳中和目标，即需要以可再生能源、能效和电气化作为三大基石的倡议和理念是一致的。

此外，面向2050年实现碳中和，不仅需要以清洁能源尤其是可再生能源逐步替代化石能源，创新能源结构，同时也需要对太阳能、风电等易随天气变化而产生输出量变动的能源输供电网络、储能装置进行数字化精准控制，以便减少能源浪费，实现节能。同时，能源终端消费，如电动车、燃料电池车、无人机、航空飞行器实现自动驾驶，以及工厂大量采用机器人及自动化控制、住宅和建筑物采用智能能源控制系统等电气化、智能化、节能化升级都离不开数字化。数字化基础设施是支撑产业绿色转型升级、实现绿色大发展的重要基础，因此，《绿色增长战略》将节能半导体与信息通信产业也列入了重点发展产业领域。

由此，日本面向实现碳中和，主要由能源生产与供应、能源消费以及二氧化碳封存—回收与再利用3条主线，构筑起产业绿色发展的体系架构。能源生产与供应主线，主要布局海上风电、氢燃料生产与运输及氢能发电、氨燃料生产与运输及氨燃料发电、原子能发电、生物质能、光伏发电等清洁能源产业，加上低碳火电及系统储能装置以及充电装置、加氢装置等产业；能源消费主线，重点布局交通工具、运输工具、住宅和建筑物等能源终端消费部门的电气化、数字化、节能化产业；二氧化碳封存—回收与再利用主线重点布局地下储碳（生物碳）、藻类等海洋生态储碳（蓝碳）、碳捕集、减少温室气体排放的智慧绿色农林水产业、可大量吸收二氧化碳的优良树种育林及再造林、高层建筑物用可吸收二氧化碳的木质生物质新材料开发应用、采用清洁能源并可吸收固定二氧化碳的混凝土生产、藻类等生物质燃料开发应用、采用人工光合成技术的氢与二氧化碳合成生产塑料原料等产业。

二、产业绿色发展战略的特点

日本的《绿色增长战略》分别对14个重点产业领域从开发、实证、应用推广和降低成本、自主商用等4个层面的分步实施计划与目标进行了部署，覆盖面比较广。本文以海上风电、燃料氨发电、氢能发电、电动车与燃料电池车和储能电池、节能半导体和信息通信、碳吸收与碳捕集等重点产业领域为核心，对其产业绿色发展战略的特点进行考察分析。

（一）以海上风电为突破口发展可再生能源产业

实现碳中和，以低碳、零碳排放的清洁能源尤其是可再生能源逐步取代传统的化石能源从而优化能源结构是主要途径之一。日本作为岛国，拥有得天独厚的海洋风力资源，开发利用海上风力发电，自然成为日本开发利用可再生能源的首选突破口，海上风电产业也成为日本最有发展前景的绿色产业之一。海上风电电力如果能够大量被装机使用，将能够大幅降低成本，而且海上风电风车等设备涉及上万种零部件生产，能够带动、辐射多个相关产业大发展，具备巨大的经济波及效应。

近年来，全球风电市场稳步增长，预计将在未来20年内大幅扩张。国际能源署测算得出，将每年增长13%，到2040年全球海上风力发电能力预计将增长15倍，成为一个价值1万亿美元的产业，这意味着海上风电投资将占全球可再生能源发电投资的10%。日本原本具有较强的海上风电风车等零部件制造能力，而且面向碳中和，也拥有巨大的国内市场，自然不愿将其国内市场及亚洲市场拱手让给欧、美、中企业，最大限度地降低成本，参与竞争是其战略性选择。因此，日本的《绿色增长战略》将大力开发利用海上风电，培育和提高海上风电产业的国际竞争力，最大限度地降低成本、以占领有极大发展前景的亚洲市场为战略导向，将海上风电产业摆在了产业绿色大发展的首要位置，计划从能源政策和产业政策两方面加以重点扶持和培育。其扶持政策的重点，一是政府参与国内市场建设，通过完善产业环境吸引国内外投资，构建竞争力强、韧性好的国内供应链；二是支持瞄准亚洲市场的下一代技术开发和国际合作，以培育起能够在国际竞争中取胜的下一代海上风电产业。

为此，日本政府已经制定了《海上风电产业规划》，成立了"强化海上风电产业竞争力官民协议会"，组织落实并协调政府与民间企业的合作推进工作，形成了官民一体共同大力推进海上风电产业发展的战略性部署和组织机制。日本政府在《基于电力生产企业可再生能源电力供给特别措施法的认定量》中已经明确，2030年之前要实现海上风电装机1000万千瓦，2040年之前要实现装机3000万～4500万千瓦，《绿色增长战略》中的目标与此相同。

（二）以氢能开发利用为产业绿色发展的关键技术路线

日本是最早（2017年）制定氢能发展战略的国家。在明确提出碳中和目标之前，日本于2014年就提出了建设"氢能社会"，即开发利用氢能实现绿色低碳发展的经济社会的设想。此次的《绿色增长战略》也强调了开发利用氢能在实现碳中和中的重要作用，进一步对未来氢能产业发展进行了规划和部署。在氢能涉及的多个领域，日本都拥有领先的技术。不过，欧盟、韩国等国家和地区也相继制定了氢能发展战略，开发利用氢能这一清洁能源已经成为各大经济体为实现碳中和而变革能源结构的必由之路。氢能不仅能够被用于乘用车、卡车，而且也能够被用于船舶、航空飞行器、建筑机械等的动力能源以及发电、化工、钢铁冶炼等产业领域。其广阔的用途使其发展能够带动许多领域的产业实现脱碳绿色转型。但是由于目前的技术所限，其应用规模还很小，导致成本居高不下。如何扩大应用规模，降低成本，使其成为更具竞争力的新能源是全球面临的课题。

日本的《绿色增长战略》着眼于大幅降低氢能成本，计划在2030年之前，使实际应用规模达到最大300万吨，远超德国计划的42万吨，从而将其售价降至目前的1/3以下；2050年氢能实际应用规模要达到2000万吨左右，比目前的燃气火力发电电力成本更低，成为具有充分竞争力的新能源。

日本计划将氢能主要应用于具有国际领先优势技术并具极大发展前景的氢能发电、氢燃料电池卡车等商用车、氢还原炼铁等钢铁和化工产业领域，以提高这些产业的国际竞争力。不过，目前日本氢能发电实机稳定燃烧实证试验尚未完成，实际应用还有待完善。其2050年氢能发电所占比重设定的目标，是氢能发电加上氨燃料发电共计占发电总量的10%，比重并不是很高，日本政府表示将尽全力支持相关企业实机实证试验早日完成，并促使加快其商用化速度，在尽力扩大日本国内市场需求的基础上，降低成本、抓住先

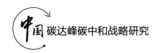

机，打入亚洲市场。

（三）电气化、节能化、数字化和储能电池的应用是能源消费变革的主要途径

实现碳中和，扩大低碳、零碳的清洁能源尤其是可再生能源供给和消费规模，进行能源结构和能源消费的变革是必由之路。清洁能源产业的大发展，必须有清洁能源消费规模的大幅扩大作为支撑，才能降低成本，成本降低才能进一步扩大消费规模，两者相辅相成。因此，在能源的消费端，尤其是在目前化石能源消耗量大、碳排放量大的化工、钢铁、交通运输产业领域及住宅、建筑物等能源消费端，必须推行电气化、节能化，才能大幅降低碳排放。但可再生能源发电大多存在受天气等自然因素影响而产生电力的生产量和输出量不稳定的情况，能够精准调节电力输出大小的储能电池以及数字化控制系统成为扩大清洁能源消费规模的一个关键。因此，日本将电动车、使用燃料电池的车及船舶、航空飞行器等电动化交通运输工具与建筑机械以及采用太阳能供电的住宅和建筑物、储能电池以及数字化能源控制系统、数据中心及节能半导体等都列入了产业绿色发展的重点领域，支持和鼓励这些产业大规模采用清洁电能、储能电池和数字化节能措施，促使能源消费实现电气化、节能化和数字化。

其主要措施包括两个方面，一是推行汽车消费变革，大力发展电动车及其充电设施，完善道路等基础设施建设，促进政府采购和大众汽车消费以电动车替换燃油车，发展自动驾驶出行服务和无人驾驶物流及配送。日本计划21世纪30年代中期实现乘用车新车销售100%为电动车，不再销售燃油车，商用车也按此目标推进。实际上，在电动车的普及推广方面，日本落后于欧洲和中国。在降低整车价格、充电设施及加氢站等基础设施建设、动力电池、燃料电池、电机等电动车相关技术研发领域，以及供应链、价值链的构筑方面，日本都尚需加强。二是开发低成本、高性能、低排放、小型化的储能电池。电动车、电气化的关键在于大容量、高性能储能电池的应用。目前，车用锂电池、燃料电池等储能电池成本高、续航里程短、体积大是其致命弱点，极大地影响了新能源车的普及推广速度。各国生产企业都在努力研发能够克服这些弱点的储能电池。其中，中国、韩国储能电池企业持续积极地扩大投资，加强下一代储能电池的技术开发，在全球市场所占份额不断上升，而日本企业的份额则在下滑。此外，日本家用储能电池市场容量，即日本的市场规模为世界第一，占全球的28%（截至2019年），但韩国企业却占据了日本家用储能电池70%的市场份额，日本企业的市场份额仅占30%。

（四）发展智慧绿色农林水产业，扩大二氧化碳封存—回收与再利用途径和规模

1. 促进农林水产业的智慧绿色大发展

森林、木材、土地、海洋本来就是吸收、封存巨量二氧化碳的主体，因而农林水产业作为二氧化碳吸收体产业，其绿色发展在实现碳中和乃至降低温室气体排放的过程中将发挥重要作用，具有巨大发展潜力。在前述发展清洁能源发电、氢还原炼铁、电动及燃料电池车、船、航空飞行器以及太阳能供电储能的住宅、建筑物等减排措施之外，日本计划从以下两方面着手推进农林水产业的智慧绿色大发展，以扩大二氧化碳减排、封存—回收与再利用的途径与规模。

一是减排。农机、渔船采用清洁能源动力、可再生能源燃料，开发并推广应用能够减少水田、农产、畜产等甲烷、二氧化碳生成和排放的新技术，在农村、山村、渔村构建最大限度开发利用可再生能源的自产自消能源供给—消费体系。其终极目标是在2050年实现农林水产业的全面零碳化。同时，日本还计划大力开发和普及推广建筑新材料，促使中、高层建筑物大量采用木材或木质生物质新材料建造，以替代塑料等用化石原料制造的建筑材料，从而减少碳排放。

二是二氧化碳的吸收与固定。日本计划按照"采伐—利用—育林"原则，循环利用二氧化碳吸收量已经处于下降状态的人工林资源，扩大优良树种育林规模，加快森林的更新换代，持续提高其二氧化碳吸收量。同时，高层建筑物大量采用能够吸收二氧化碳的木材等生物质新材料，也能提高二氧化碳的吸收量。此外，日本政府还修订了有关农用地、草地等封存二氧化碳的制度、计算方法等法规，以促进利用土壤封存二氧化碳的"生物碳"得到

广泛利用。同时，利用海洋生态储碳的"蓝碳"，如能够吸收二氧化碳的海藻养殖、滩涂建造、再生与保养、吸收碳量评估方法等技术也在开发中。

2. 二氧化碳的回收与再利用

日本基于将二氧化碳视为一种资源的循环经济理念，将其回收与再利用作为实现碳中和的关键技术之一加以重点支持和发展。日本在该领域也具备较强的国际竞争力。在《绿色增长战略》发布之前，日本已经制定了《二氧化碳回收再利用路线图》，确定了二氧化碳的回收再利用产业发展将以混凝土等矿产物、藻类及生物质等燃料、生物质化工产品为重心推进降低成本、扩大用途的技术开发和社会实践，并获取国际市场。其中，能够吸收二氧化碳的混凝土、生物质燃料、人工光合成制造塑料原料及碳捕集又是重中之重。人工光合成制造塑料原料是指利用光触媒技术和太阳光，从水中将氢元素分离出来，使氢与二氧化碳合成制造塑料原料的技术。目前，只有日本企业在开发这项技术，其在实验室水平的基础研究已取得成功。日本意在充分发挥日本企业独有技术的优势，占领日本及世界市场。

碳捕集是从空气或不得不排放的废气中将二氧化碳分离出来再进行回收。对于实现碳中和，这也是不可或缺的一条关键途径。碳捕集技术的全球市场规模预计至2030年可达每年500亿美元，2050年则可达每年900亿美元。日本企业已经完成了从发电厂排放的废气中分离回收二氧化碳的碳捕集设备的安装应用，其拥有的碳捕集技术专利数量比其他国家都多，碳捕集工厂建设市场份额位居全球第一，具备很强的竞争优势。如果能够大幅降低成本，其占领更大的国际市场份额的能力将得到大幅提升。《绿色增长战略》已经将开发高效率低成本的碳捕集技术、2030年实现更低成本碳捕集实际应用以及2050年获取三成的碳捕集世界市场份额定为产业发展的中远期目标，支持重点产业绿色大发展的产业政策。

日本为实现碳中和，已经从环境与能源、区域与社会生活、经济与产业3个维度初步构建起了国家层面的政策体系框架。在环境与能源方面，日本政府制定了《全球变暖对策计划》《能源基本计划》《基于巴黎协定的长期战略》，环境省还制定了财政支持减排、脱碳的补贴政策，并实施了一系列促进减排脱碳绿色转型的项目，其中不少都涉及《绿色增长战略》划定的重点产业，有些则是与经济产业省联合实施；在区域与社会生活方面，如前所述，日本成立了"实现脱碳社会国家与地方协调会"，负责制定生活和社会领域实现碳中和的路线图，中央政府与地方政府携手合作推进"零碳城市"建设。

第四节　英国：又一次工业革命——绿色工业革命

英国是世界上第一个制订长期削减温室气体排放计划的国家，也是首批制订削减碳排放国内交易计划的国家之一，并为在欧盟范围内建立起关于这方面的共识进行了持续的外交努力。2010年7月27日，英国能源与气候变化部公布了首份《年度能源报告》，出台了32项促进能源发展和应对气候变化的具体措施，这是英国新一届联合政府上台后首次系统阐述能源主张。该报告包含四方面内容32项具体措施，粗线条地勾勒出英国未来一段时间的政策走向。四方面内容是：第一，通过绿色新政实施节能措施，并保护弱势消费群体；第二，保障未来能源安全，确保能源供应向低碳化方向发展；第三，管理能源遗留问题（如核废物处理等）；第四，在国内外采取积极行动应对气候变化。通过这份报告，我们可以清晰地看到，节能和低碳化是英国新政府能源政策的基本走向。

2015年《巴黎协定》提出碳中和以来，得到世界多数国家的响应。2019年成立的联合国气候雄心联盟致力于推动实现2050年碳中和目标，截至2020年底，已有121个国家、23个地区、454个城市、1392家公司加入。英国、瑞典、丹麦等已就碳中和立法。欧盟也已通过《欧洲气候法案》草案，确立2050年实现碳中和目标。

在应对全球气候变化和低碳转型领域，英国的理论、政策和国际行动一直走在世界前列。英国很早就开始关注气候变化和低碳经济，对引领全球气候变化议题和变革表现积极，试图在新一轮创新变革中保持世界领导力。英国是1992年《联合国气候变化框架公约》的缔约方。1997年英国作为欧盟国家之一签署了《京都议定书》，在发达工业国家承诺平均减排5%的情况下，承诺2008—2012年减排12.5%，并超额完成目标。2018年波兰卡托维兹气候大会上，英国与约200个参会国一起，通过了推动《巴黎协定》实施的指导纲要，包括国家自主贡献的核算以及技术发展评估等。2019年5月，英国政府率先宣布"环境和气候紧急行动"，表示将加快采取行动，对抗气候变化。

在碳中和的理论和实践方面，英国是全球最早通过碳中和法律的主要经济体和先行实践者。2008年英国通过了《气候变化法案》，这是世界上第一部以长期法制框架形式确立碳减排目标的法律。《气候变化法案》确立的远期目标是，到2050年，将碳排放量在1990年的水平上降低至少80%。法案核心是依法强制实行碳预算，碳预算对政府政策具有强制性制约，规定了每5年的阶段碳排放容量，以保证碳减排目标实现。碳预算必须最晚在实施的12年前制定好，以给政策制定和企业行动留出足够的时间准备。当前，第一期到第五期的碳预算已经制定立法，第六期碳预算已提交政府等待审核通过。2020年底，第一期和第二期碳预算已经实现，第三期碳预算有望超额完成。

根据该法案，英国政府新设立了气候变化委员会，以保证排放目标的客观性及独立核算。气候变化委员会是由英国商业、能源及产业战略部赞助的独立公共机构，负责制订减排方案并监督实施；向政府建议排放目标、碳预算，评估最新的排放数据；每年向议会报告，并就政策实施提出建议。

2019年5月，气候变化委员会建议，将2050年很多国家的相关政策的碳减排目标修改为"净零碳排放"，即通过植树造林、碳捕集等方式抵消碳排放；2019年6月26日，《气候变化法案（2050目标修订案）》通过。该法案最核心的修订内容是将原定的温室气体排放量减少80%的目标修订为减少100%，即到2050年英国也实现净零碳排放，这也被称为"净零碳排放"目标，即碳中和。这使英国与法国及北欧国家（除芬兰）一道，成为目前少数对2050年碳中和目标立法的国家。由此，英国成为全球首个通过碳中和目标排放法案的主要经济体。

在2008年《气候变化法案》减排目标符合《巴黎协定》的情况下，英国提出更具挑战性的目标，是出于包括国内外政治背景等因素的综合考量。一是科学层面，以联合国政府间气候变化专门委员会为首进行的一系列研究及报告使国际社会对气候变化的过程、损失与风险形成了更深刻的认识。二是历史层面，英国作为首先进入以煤炭时代开启工业化进程的国家，无论从历史累计排放量或人均历史累计排放量看，均负担沉重。三是社会层面，因地理位置而易受气候变化产生的不利影响，民众普遍关心并支持应对气候变化的努力，甚至通过各种游行对政府施加压力。四是经济层面，英国各党派在应对气候变化立法这一问题上高度一致，希望借应对气候变化契机创造新的产业机会，引领低碳经济。五是国际道义和国际关系层面，鉴于在《巴黎协定》框架下发展中国家当前提供的国家自主贡献远不能满足21世纪控制2℃气温上升的目标，英国作为发达国家做出超过《巴黎协定》最低要求的减排努力符合协议精神，有助于重塑其在世界政治和外交领域的领导地位。

《气候变化法案》使英国成为气候变化领域的领袖，被认为是历史性的进步，得到环保者、工会和商界的广泛支持。法案的实施不仅弥合政见，达成了联合政府的共识，也给予投资者长期稳定投资低碳技术和基础设施的信心。《气候变化法案》及《气候变化法案（2050目标修订案）》作为英国向低碳领域转型的基本法律，全面规定了英国各领域的气候变化策略。之后，英国出台的《低碳转型计划》《气候适应计划》《清洁增长战略》《绿色工业革命计划》等一系列政策法规、工业战略和各领域能效指引，指导和推动包括政府和企业在内的英国社会各界做出碳中和战略和变革，保证英国经济持续脱碳，使英国在全球应对气候变化领域充当领导者的角色。

一、英国绿色低碳转型的演变

应对气候变化、国内能源市场的供需变化以及国际能源格局的深刻变革，是20年来英国绿色低碳转型的主要动因。在这一过程中，通过相应的制度安排，英国追寻着不同的"碳"治理目标。英国绿色低碳转型大致可分为

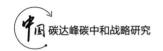

如下四个阶段。

（一）绿色低碳转型的初创期（2000—2007年）

1997年，英国工党在时隔18年之后，重新赢得议会大选。工党领袖布莱尔至此拉开了工党长达13年的执政序幕。而英国能源法律政策也从这一时刻起发生了重大变化。布莱尔在第一个任期（1997—2001年）延续了撒切尔、梅杰保守党政府时期能源私有化的路径。特别是在2000年前后，完成了能源市场在零售和批发领域的市场化改革。例如《2000年公用事业法》中强调政府有义务通过法律政策，促进能源市场的充分竞争。然而，英国的能源市场化改革也就到此终止。这典型地表现在，1999年，布莱尔将原先分别负责能源市场化的两个机构，即电力监管局和天然气供应局合并为一个能源市场化机构：天然气与电力市场局。虽然此种能源机构合并促进了电力与天然气市场的统一协调，但同时也意味着其他能源种类被排挤出了能源市场化的范围。

在布莱尔的第二个任期（2001—2005年），英国能源法律政策开始转向由政府主导的低碳发展路径上。一方面，英国通过了《2002年可再生能源义务法令》，将可再生能源义务制度引入能源生产中；另一方面，出台了2003年能源白皮书《我们的能源未来：创造一个低碳经济》。该能源白皮书涵盖了四个方面的能源目标：一是推动英国走上减排之路，实现二氧化碳到2050年减少60%，并在2020年取得实质性进步；二是全方位维护能源供应的可靠性；三是促进英国及其他地区的市场竞争，帮助提高经济持续增长的速度和生产力的提高；四是保证英国每一个家庭有可支付得起的充足供暖。2003年能源白皮书是一个里程碑式的能源文件，它首次在全球提出了低碳经济的理念。但更值得强调的是，该能源白皮书将应对气候变化放在了能源供应安全之前，凸显气候变化将成为英国能源法律政策考虑的首选目标。在此基础上，英国通过了《2003年可持续能源法》。2003年能源白皮书正式开启了英国以绿色低碳转型为核心的能源法律政策转向。

（二）绿色低碳转型的激进时代（2007—2010年）

2007年，在工党占议会多数席位的情况下，原财政大臣布朗接替布莱尔，成为英国首相。而此时的英国能源治理在延续布莱尔政府时期能源法律政策的同时，也进入了一个被原布朗政府特别顾问、英国伦敦大学经济学家雅各布斯教授所宣称的"气候变化与能源政策的激进时代"。

1. 通过两法一计划，加强应对气候变化

2008年，英国通过了《2008年气候变化法案》和《2008年能源法》。其中《2008年气候变化法案》在碳减排的法律规制方面具有重要意义。该法的出台使英国成为全球第一个以气候变化立法的国家。《2008年气候变化法案》通过设定碳减排目标和期限，采取"碳预算"的方式，将英国到2050年减少80%的碳排放目标（以1990年为基准）用法律方式固定下来，使应对气候变化成为所有能源法律政策中最优先考虑的目标。《2008年能源法》则以贯彻2007年能源白皮书为主，相应地规定了离岸天然气设施建设、可再生能源义务制度的修改和能源设施的退役等相关内容。相比《2008年气候变化法案》，《2008年能源法》更多的是补充而非建设性的制度安排。2009年，为从政策上保障《2008年气候变化法案》设定目标的实现，英国政府出台了《低碳转型计划》。这一计划提出了一整套全面改革的政策主张，将减排目标提升到2006年设想的4倍以上，旨在彻底改变英国的能源系统。提出到2020年可再生能源占能源消费总量的15%，其中电力占30%。文件中提出建立低碳工业战略，意在满足新的减排目标的同时，提高英国的技术、生产和就业收入。

2. 成立能源与气候变化部

2008年，布朗对英国政府部门进行改组，将原属于商务、企业和监管改主管的能源事项，与原属于环境、食品和乡村事务部主管的气候变化事项进行合并，组建了新的能源与气候变化部。不言而喻，能源与气候变化部的组建，一方面凸显了布朗工党政府对能源与气候变化的高度重视，另一方面表明政府将围绕着气候变化开展相关的能源治理。可再生能源受到进一步的重视，而煤炭等化石能源则成为能源治理中最主要的压制对象。由上观之，布朗领导下的工党政府在能源法律政策上更为激进，政府干预已开始逐渐取代市场的主导性地位。尽管布朗工党政府也关注能源安全问题，想促使英国能

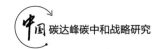

源生产恢复增长，但令人遗憾的是，直到2010年工党议会选举失利之时，英国的能源生产也一直处于负增长的窘迫局面。

（三）绿色低碳转型的理性回归（2010—2016年）

2010年，卡梅伦领导保守党赢得议会多数票，但却未达到组阁要求的席位，因此不得不与自由民主党的克莱格进行联合，成为"二战"后的首次联合内阁。而英国绿色低碳法律政策亦开始出现了向理性回归的转向。

2013年，英国议会通过了《2013年能源法》，其主旨即开始纠正布莱尔、布朗两届工党政府在绿色低碳转型法律政策领域上的偏差。该法有两个显著特点：一是为保障燃煤发电站退出电力供应系统后的能源供应，规定了建设核电的便利化举措，一改工党政府在核能建设上的踌躇不前；二是将布朗工党政府时期通过的《气候变化法案》设定的去碳化目标进一步推迟。

《2013年能源法》直接体现了卡梅伦保守党政府绿色低碳法律政策的理性回归。一方面，它不再将气候变化目标作为唯一准则，更强调去碳化目标与能源安全的统筹协调推进；另一方面，核电建设便利化的规定，将核能建设从征询转变为实际行动。重启核电建设是卡梅伦政府为缓解国内能源危机而不得不作出的政治选择。2013年10月，英国政府即与法国电力集团达成建设欣克利角C核电站项目协议，这成为英国自1995年塞兹韦尔B核电站开始发电以来新建的第一座核电站。同时，设立新的核能监管办公室直接为英国新建核电站提供了重要的制度支持。对此，时任英国首相的卡梅伦满怀信心地指出，我们面向未来的新的产业政策和决定，将促进新技术、新产业和新能源的繁荣，以帮助再平衡我们的经济。

此外，在联合政府2011年能源白皮书《规划我们的电力未来：为一个安全、廉价和低碳电力的白皮书》的基础上，《2013年能源法》亦开启了英国新的电力市场改革，而这一改革的主要目标就是针对可再生能源发电重新进行制度设计。根据该法，未来英国将通过上网电价与差价合约的形式，逐渐取消对可再生能源的补贴。

2015年英国大选，卡梅伦领导的保守党再次胜出，并获得单独组阁的权力。在第二次任期内（2015—2016年），卡梅伦进一步对绿色低碳转型法律政策进行了重新设定。其内阁能源和气候变化大臣安布尔·鲁德在2015年11月发表题为《英国能源政策新方向》的演讲中强调，卡梅伦政府未来的能源政策将把能源安全列在首位，一改工党执政时期气候变化在能源法律政策制定方面的首要位置。距这一演讲结束仅一周后，卡梅伦政府就将承诺变成了现实，直接取消了对碳捕获与封存技术商业示范10亿英镑的经费支持，这引起了英国国内气候变化支持者的极度不满。2016年5月，在卡梅伦政府的推动下，英国议会通过了《2016年能源法》。该法涉及以下三个方面。

第一，设立新的油气监管机构，即油气管理局。该局以政府公司的形式组建，被授予原属能源与气候变化部的离岸油气许可权（没有包括与油气相关的环境监管权）和参与能源企业会议，数据获取、保留和转移，争端解决和制裁等新权力。这一机构的设立增强了英国政府在离岸油气方面的监管权力。

第二，对离岸油气企业环境污染和退出行为实施全面收费的许可证和执照的规定。《2016年能源法》允许政府依据环境法中“谁污染谁付费”的原则，继续对离岸油气企业环境污染和退出的成本进行回收。

第三，取消可再生能源义务。《2016年能源法》将批准新内陆风电场的权力下放给地方政府，但同时取消或限制这些新批准建设的内陆风电场的可再生能源义务制度的实施。

布莱尔、布朗两届工党政府给卡梅伦留下了一个能源的“烂摊子”。这也就不难理解，卡梅伦执政的第二年成为英国历史上能源生产负增长最大的一年。也正是由于卡梅伦的能源法律政策向传统回归，从重启核能到扩大英国大陆架油气再生产，才挽救了这一颓势。2015年卡梅伦政府成功地将能源生产转为自1999年以来的正增长，且达到9.6%。这亦从相反意义上充分证明了英国工党执政时期绿色低碳转型法律政策的失败。然而，即使卡梅伦不遗余力地进行调整，也无法改变英国民众将为新建核电站支付更多能源账单的事实。而且卡梅伦的改革尚不彻底，尽管他开启了重建核能，但在电力部门仍然采取的是一个中央规制的路径。

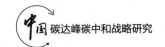

（四）英国绿色低碳转型的再调整（2016—2020年）

2016年，"脱欧"公投的结果迫使卡梅伦辞去首相职务，原内政大臣特雷莎·梅和外交大臣约翰逊相继成为英国新首相，而英国的能源法律政策在延续保守党一贯政策的基础上，也出现了一系列再调整。

1. 解散能源与气候变化部，设立新的商务、能源与工业战略部

2016年7月，在特雷莎·梅接任卡梅伦成为英国新首相之际，她迅速进行了部门改组，解散了维持8年之久的能源与气候变化部，设立了新的商务、能源与工业战略部。尽管英国官方发言人声称，能源和气候变化部的解散不会影响英国应对气候变化这一承诺，但仍可看出，将气候变化从部门名称上删除，意味着特雷莎·梅对围绕气候变化开展的包括可再生能源在内的能源法律政策将会出现不同程度的弱化。

2. "脱欧"为英国绿色低碳转型再调整获得更多的自由空间

在英国"脱欧"之前，2009年后能源法律政策的制定都与欧盟《2009年可再生能源指令》有直接联系。该指令要求2020年欧盟国家的可再生能源消费比例达到20%以上。尽管这一指令不是英国能源法律政策考虑的唯一因素，但却是非常重要的因素。或言之，在一定程度上，欧盟的《2009年可再生能源指令》掣肘了英国在能源法律政策上发挥更大的自由度。

英国"脱欧"为其绿色低碳转型的再调整带来更多的自由空间。英国可以从其自身能源发展的特点入手，更多地考虑为经济繁荣而制定促进能源市场竞争的法律政策。同时，在气候变化问题上，英国也可按自己的政策目标进行相应的减排。一方面，尽管英国"脱欧"已进入轨道，但欧盟能源法律政策对英国的影响不可能在短时期内迅速消失，英国能源势必要经历一个阵痛期；另一方面，"脱欧"也在英国能源发展方面带来一系列的不确定性。例如，英国与欧洲大陆电网的连接对未来英国能源供应安全具有重要意义，而如何使"脱欧"不影响电网连接，则存在着诸多不确定性。此外，"脱欧"亦会影响到英国在能源方面的投资。

碳中和及净零碳排放目标已是国际社会共识，美国拜登政府亦重返《巴黎协定》。能源转型方兴未艾，减碳、去碳成为不可逆转的趋势。英国等国

际先行者已进入碳中和实施阶段，未来，全球跟进的国家和企业将逐渐增多。建议顺应国际形势，通过设置国家和企业重大技术专项、引导大企业布局重点实验室等方式，加快推动零碳排放相关重大核心技术攻关，突破氢能、储能等领域技术制约，加速碳捕集、利用与封存工业化应用推广，加快关键技术自主研发，培育转型发展新优势，掌握新一轮国际绿色竞争主动权。

第 六 章

深根固柢：
CCUS 技术保驾护航

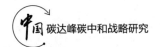

第一节　CCUS技术概念提出

以气候变化为核心的全球环境问题日益严重，已经成为威胁人类可持续发展的重要挑战。根据联合国政府间气候变化委员会第4次评估报告结论，全球地表平均温度近百年来（1906—2005年）升高了0.74℃，主要是由于化石燃料燃烧和土地利用变化等人类活动排放的温室气体导致大气中温室气体浓度增加所引起的情景研究预测，到21世纪末，大气中温室气体的浓度将增加1倍，全球平均温度仍将上升1.1～6.4℃，海平面可能上升0.6～2m。为避免对气候系统造成不可逆转的不利影响，必须采取措施减少和控制温室气体的产生和排放。削减以二氧化碳为主的温室气体排放已成为当今国际社会关注的热点。CCUS作为是一项新兴的、具有大规模减排潜力的技术，有望实现化石能源使用的二氧化碳近零排放，被认为是进行温室气体深度减排最重要的技术路径之一。

实现碳达峰与碳中和，已成为当今国际社会的主要目标。我国以化石能源为主要一次能源的能源结构，是实现二氧化碳温室气体减排的现实约束。为实现2030年碳达峰和2060年碳中和的目标愿景，不仅需要能源结构变化，还需要有对现有传统化石能源利用技术的突破，实现化石能源的低碳高质利用，大力推进能源技术革命。碳捕集、利用与封存（Carbon Capture, Utilization and Storage，CCUS）技术是指将化石能源利用中所排放的二氧化碳捕集，经压缩纯化后注入深部油气田或咸水层等地点进行长期封存，或资源化利用的技术。根据国际能源署（IEA）数据研究预测，2050年我国化石能源依旧占能源消费比例10%以上，CCUS将为实现该部分化石能源近零排放利用提供重要支撑。电力系统在进行碳减排实现碳达峰目标的同时，要保证供电的灵活性、稳定性和可靠性，CCUS是碳中和目标下保持电力系统灵活性的主要技术手段。因此CCUS技术是我国实现化石能源大规模低碳利用的唯一技术选择。

近年来，为促进该技术的发展与应用，欧盟、美国、澳大利亚等发达国家均已启动大规模的计划推动CCUS技术的研发与示范，并在20国集团、碳收集领导人论坛等框架下积极推动CCUS在全球范围的发展。中国能耗总量大，能源结构以煤为主的现实在未来将长期存在，在温室气体减排问题上也将面临越来越大的压力。开展CCUS技术的研发和储备，将为中国未来温室气体减排提供一种重要的战略性技术选择。为积极应对气候变化，增强控制温室气体排放技术能力，中国对CCUS技术给予了积极的关注和高度重视，政府、科研机构和企业从不同的层面围绕该技术领域开展了大量的工作。

（一）CCUS及其特点

CCUS技术是指将二氧化碳从电厂等工业或其他排放源分离，经富集、压缩并运输到特定地点，注入储层封存以实现被捕集的二氧化碳与大气长期分离的技术。CCUS是一项系统技术，包括二氧化碳捕集技术、运输技术和封存技术的系统集成，主要应用对象为大规模的二氧化碳排放点源，包括电厂、煤化工厂等。根据排放源类型的不同，捕集技术分为燃烧后捕集、燃烧前捕集和富氧燃烧捕集，分别用于传统燃煤电厂、IGCC电厂和富氧燃烧系统。运输可采用槽车、船舶、管道等方式。封存方式包括地质封存与海洋封存，地质封存可在深层咸水层、油气藏和深层煤层中进行。

二氧化碳是工业活动的必然产物，对其进行捕集和封存在经济效益上是纯耗费的行为，如能加以资源化利用，可创造额外的经济和环境效益。为此，我国格外关注创新型二氧化碳资源化利用技术的研发，提出系统发展CCUS技术，并在国际社会产生了一定影响。2010年7月，主要经济体能源安全与气候变化论坛（MEF）成立了CCUS工作组，以推动CCUS技术在全球层面的研发、示范与推广。

CCUS技术是一项具有战略意义的新兴温室气体控制技术，总体上尚处于研发和示范阶段，目前仍存在许多制约其发展的突出问题，主要包括高能耗，以电厂燃烧前捕集系统为例，在目前的技术水平下低浓度二氧化碳的捕集、分离、提纯将降低整个电厂发电效率。此外运输、注入等环节也均需消耗能量，高能耗势必带来高成本，目前技术水平下二氧化碳捕集成本为13~51美元，占全流程成本80%左右，可持续发展效益不显著，除实现控制二氧化碳排放外，没有其他方面的经济、环境效益，额外的能源消耗还可能释放更多的氮氧化物、硫化物和颗粒物等常规环境污染物，长期封存的安全性和可靠性存在风险，封存的二氧化碳若发生泄漏可能危害人体健康、影响当地生态系统，进行二氧化碳封存还可能污染地下水，甚至可能诱发地震。因此，加强技术研发和示范以解决这些问题是现阶段推动该技术发展的重点。

（二）CCUS技术种类

碳捕集技术通过将二氧化碳富集、压缩纯化得到高浓度二氧化碳。目前常见有3种碳捕集技术，分别为燃烧前捕集、燃烧中捕集和燃烧后捕集。

燃烧前捕集主要运用于整体煤气化联合循环发电系统（IGCC）中，将化石燃料气化成煤气，再经过水煤气反应得到H_2和CO_2。CO_2、H_2混合气经碳分离获得高纯氢气用于燃烧发电、冶金等，高浓度二氧化碳则被压缩纯化进行后续利用或封存。该技术在效率以及污染控制方面有一定潜力，但其工艺路线复杂，投资成本高，可靠性有待提高，且与传统燃煤电厂无法兼容，不适用于现有电厂的改造。

燃烧中捕集技术主要有富氧燃烧技术和化学链燃烧技术。富氧燃烧技术采用传统燃煤电站的技术流程，通过空分制氧获得高纯O_2代替空气进行燃烧，通过大比例（约70%）烟气再循环以调控炉膛燃烧和传热特性，直接获得高浓度二氧化碳的烟气。富氧燃烧碳捕集技术具有相对成本低、易规模化、适于存量机组改造等诸多优势，被认为是最可能大规模推广和商业化应用的CCUS技术之一。

面对我国每年近百亿吨的碳排放量，实现碳中和的时间窗口比发达国家更窄，碳减排压力巨大。鉴于我国的能源结构，CCUS技术是实现碳中和目标的重要保障技术。要实现CCUS产业化破局突围，从工业示范到大型商业应用，需要加深理解CCUS技术的科技定位与应用价值，采取更加有力的政策和措施，推动CCUS技术持续创新发展。近期可针对性建立区域性CCUS产业园区，完善产业部署以及管理体系，形成CCUS低碳产业链，进而建立健全绿色低碳循环发展经济体系。推动CCUS技术促进经济社会发展全面绿色转型，实现产业模式更新变革，解决资源环境生态问题，助力碳中和愿景实现。

CCUS在我国的发展从2000年后正式启程，被认为是解决我国以煤为主能源体系低碳化发展的重要战略性技术之一。经过近20年的发展，我国已初步形成了CCUS发展的技术体系。碳中和目标的提出给CCUS这一重大技术的发展提供了新的动力，同时也提出了新的要求，如何在新的目标下发展CCUS成为当下业界热议的话题和研究方向。

第二节　CCUS技术面临挑战

2006年以来，国家发展和改革委员会、科学技术部、财政部、外交部、工业和信息化部等多达16个国家部委先后参与制定并发布了10多项国家政策和发展规划，如《中国应对气候变化国家方案》《国家中长期科学和技术发展规划纲要（2006—2020年）》《中国应对气候变化科技专项行动》《工业领域应对气候变化行动方案（2012—2020年）》等，都提出了鼓励和支持发展CCUS。

2006年以来，CCUS被列为中国中长期技术发展规划的前沿技术，CCUS开始受到国家科研资金的大力支持。2006年至今，中国政府给予CCUS的研发资金支持从未中断；支持资金面向自由探索、基础研究、技术开发和工程示范多个阶段；覆盖包括捕集、运输、利用和封存全流程技术链条；形成了比较广泛和稳定的CCUS研究队伍。2015年，在亚洲开发银行的支持下，国家发展和改革委员会气候变化司制定了中国CCUS示范和部署路线图，并进一步强调中国政府重视CCUS系统在履行国家气候变化承诺方面的贡献。

2011年，科技部社会发展科技司和中国21世纪议程管理中心发布《中国碳捕集、利用与封存（CCUS）技术发展路线图研究》，明确了中国发展CCUS的愿景：为应对气候变化提供技术可行和经济可承受的技术选择。针对捕集、运输、利用、封存以及全系统分别提出了开展研发和示范的规模、技术和成本等阶段性目标。2019年，科技部更新了CCUS技术发展路线图，总体愿景是构建低成本、低能耗、安全可靠的CCUS技术体系和产业集群，为化石能源低碳化利用提供技术选择，为应对气候变化提供技术保障，为经济社会可持续发展提供技术支撑。

（一）CCUS发展面临资金、技术、法律和政策等挑战

首先，CCUS产业发展需要长期和庞大的资金投入，而当前产业融资风险依旧偏高，以政府扶持为主。CCUS产业是一个复杂的过程，涉及二氧化碳的捕集、运输、封存、利用四个环节，涵盖电力、石油、运输、煤炭、化工、钢铁、食品等众多行业，具有较长的产业链，对资金的需求量大，资金交叉普遍，资金关联度高，融资关系复杂，且资金使用期限较长。同时，碳捕集、运输和封存阶段所需高昂的投资成本，在气候效益没有实现内部化之前，企业对其能否获取利润产生担心，造成企业投资的动力不足，甚至不愿投资。目前，我国CCUS项目资金主要源于国家科技计划、央企自筹款、国际合作项目资金，存在资金来源少、总量小、渠道窄的现象。

其次，技术选择的不确定性和法律法规缺失是CCUS进一步发展的重要阻碍。CCUS技术是捕集、利用、运输与封存等与之相关的各项技术高度集成，需要有序、平衡地推进各环节发展。

在捕集环节的额外能耗不可避免的情况下，封存环节的地质勘查是CCUS技术发展最大的不确定性。中国地质条件复杂，地质勘探工作较为薄弱，对二氧化碳地质封存的信息支持不够，企业也无法对地层结构、储存潜力、封存风险和检测方案等问题做全面评估，增加了企业经营风险。

CCUS的有序发展需要制定一系列法律法规来明确各参与方的职责，提出对CCUS项目的审核和监测方案，确定灾害发生时的应急措施后续处理方式，法律法规的真空对企业意味着财务上、声誉上的多重风险，直接阻碍了企业参与CCUS项目的积极性。

再次，缺乏市场化的激励机制和商业模式，二氧化碳没有形成稳定的市场化去除或封存需求。考虑到CCUS高昂的成本以及技术的不确定性，企业往

往不愿意独自承担投入CCUS研发和示范的风险。由于投融资机制在很大程度上与政策设计直接相关，所以缺少有效的政策激励成为企业开展CCUS研究和示范项目的重要障碍。

我国没有形成规模化的二氧化碳需求，商业化发展的基础较弱。CCUS当前在国际上的主要发展方式为政策驱动和市场驱动，分别以欧洲和北美为代表。现阶段看来，由雇主（EOR）引领的市场驱动发展模式更加具有可持续性。EOR长时间的发展积累已经促使北美形成较为成熟的二氧化碳需求市场，二氧化碳捕集方如燃煤电厂，相对石油公司等二氧化碳需求方，具备一定的议价能力。例如，加拿大的边界坝项目，其从燃煤电厂捕集二氧化碳后直接出售给有EOR需求的石油企业。EOR在国内的开展起步较晚，还没有形成稳定的二氧化碳需求，买方和卖方数量有限，根本上削弱了CCUS商业化发展的可能性。另外，CCUS产业链上几乎囊括了能源生产和消费的各个环节，甚至还关系到化工生产，随之而来的就是庞杂的利益链条之上的多个企业间的合作问题。在现有的市场环境和政策框架下，煤炭、石油、电力、化工等企业之间存在明显的利益分配问题，如果不能合理解决该问题，将极大地阻碍企业参与的积极性，而环环相扣的产业链上的任何一个环节企业的消极对待，都将直接影响CCUS的发展进程。

最后，CCUS项目缺乏明确的产业政策支持，在低碳技术竞争中被看作"预备役"。由于缺乏明确的政策支撑等，企业部署CCUS设施面临较高的成本和风险，流入资金的匮乏又反过来阻碍了CCUS项目部署的进度和技术的发展。碳中和目标提出之后，国内顺应国际社会应对气候变化而禁煤的呼声和趋势渐长，国内控煤措施趋紧，对于电力和工业部门提出大力发展可再生能源以替代煤炭的目标，进而认为CCUS技术可以发挥的空间也将随着煤炭的逐步替代而减少。这种观点将CCUS技术看作众多低碳减排手段中的"预备役"，忽视了能源结构调整过程中的煤炭也将释放大量二氧化碳所可能产生的累计排放也需要CCUS技术予以捕集。

（二）近期CCUS发展的几个任务

过去我们定义CCUS技术往往因为减排目标难以定量，大多从科学角度进

行分类，而且分类的角度也比较多元化，有的从碳循环的角度进行分类，有的从减排的效果进行分类，如负排放技术，还有的将CCUS与地球工程合并讨论。

CCUS技术在不同领域的结合会产生出新的技术组合，主要是在捕集端有所不同，捕集之后在运输、利用和封存等环节上则基本一致，那么可以从捕集的二氧化碳源来进行分类。

一是对化石能源燃烧过程产生的二氧化碳排放作为捕集的碳源，面向人类活动特别是能源活动产生的二氧化碳排放，可称为化石能源与碳捕获和储存（fossil energy with carbon capture and storage，FECCUS）。

二是对生物质能源使用产生的二氧化碳排放作为捕集的碳源，对这个碳源的捕集开始介入自然界的碳循环过程，即生物质吸收的大气中的二氧化碳，开始具有负排放的特征，此即已经所熟知的生物能源与碳捕获和储存（biomass energy and carbon capture and storage，BECCUS）。

三是直接将大气作为捕集的碳源，是典型的负排放技术，可称为直接空气碳捕获和储存（direct air carbon capture and storage，DACCUS）。

对CCUS技术体系讨论的意义主要在于两个方面：一方面，完整地面向碳中和的CCUS技术体系的勾勒和构建对后续整个CCUS的发展非常重要，有助于形成系统化的能更好支撑碳中和目标实现的体系；另一方面，当前不仅要讨论实现碳中和目标时CCUS要发挥的作用，更重要的，还需要考虑从当前迈向碳中和目标过程中CCUS的发展路径，这对于当下来说至关重要。

第三节　CCUS技术应用领域

作为目前唯一能够实现化石能源大规模低碳化利用的减排技术，CCUS是我国实现2060年碳中和目标技术组合的重要构成部分。近年来，我国在碳捕集、输送、利用及封存多个技术环节均取得显著进展，已经具备CCUS技术工业化应用能力；但CCUS商业化一直面临高成本、高能耗的挑战，相关激励政策、产业部署及管理体系有待完善。未来，应加快开展CCUS大规模全链条集成示范，科学制定CCUS技术发展规划和激励政策，为实现碳中和目标、保障能源安全、促进经济社会可持续发展提供技术支撑。

我国能源系统规模庞大、需求多样，从兼顾实现碳中和目标和保障能源安全的角度考虑，未来应积极构建以高比例可再生能源为主导，核能、化石能源等多元互补的清洁低碳、安全高效的现代能源体系。2019年，煤炭占我国能源消费的比例高达58%；根据已有研究的预测，到2050年，化石能源仍将扮演重要角色，占我国能源消费比例的10%~15%。

2060年前达到碳中和目标要求电力系统大幅提高非化石电力比例，并提前实现净零排放，但短期内迅速提升非化石电力占比，必将造成电力系统在供给端和消费端不确定性的显著增大，影响电力系统的安全稳定。充分考虑电力系统实现快速减排并保证灵活性、可靠性的多重需求，火电加装CCUS是当前具有竞争力的重要技术手段。火电加装CCUS可以推动电力系统净零排放，提供稳定清洁电力，平衡可再生能源发电的波动性，在避免季节性或长期性的电力短缺方面发挥惯性支持和频率控制等重要作用。国际能源署发布2020年钢铁行业技术路线图，预计到2050年，钢铁行业通过采取工艺改进、效率提升、能源和原料替代等常规减排方案后，仍然剩余34%的碳排放量，即使氢能直接还原铁技术取得重大突破，剩余碳排放量也超过8%。水泥行业通过采取其他常规减排方案后，仍剩余48%的碳排放量。CCUS是钢铁水泥等难以减排行业实现净零排放为数不多的可行技术方案。

CCUS与新能源耦合的负排放技术是实现碳中和目标的托底技术保障。研究表明，到2060年，我国仍有部分无法减排的温室气体排放需要通过碳汇和负排放来抵消，应提前储备和部署生物质耦合CCUS技术（BECCS）和直接空气捕集（DAC）等负排放技术。考虑我国尚未开展BECCS示范项目，并且生物质燃料的资源潜力受空间分布不均、可利用土地面积有限、环境政策制约等多种因素限制，聚焦评估BECCS减缓气候变化的综合效用和潜在风险，并为未来大规模实施BECCS开展技术储备和部署规划是当务之急。

国外近年来碳利用有很多新兴的利用方向，如荷兰和日本均有较大规模地将工业产生的二氧化碳送到园林，作为温室气体来强化植物生长的项目。

包括温室气体利用技术在内，国外处于示范项目阶段的碳利用技术有二氧化碳制化肥、油田驱油、食品级应用等；正处于发展阶段的有二氧化碳制聚合物、二氧化碳甲烷化重整、二氧化碳加氢制甲醇、海藻培育、动力循环等；尚处于理论研究阶段的有二氧化碳制碳纤维等。

国内新兴的碳利用方向主要有二氧化碳加氢制甲醇、二氧化碳加氢制异构烷烃、二氧化碳加氢制芳烃、二氧化碳甲烷化重整等，如山西煤化所、大连化物所、中科院上海研究院、大连理工大学等，对这些技术进行了研究，但大多都处在催化剂研究的理论研究阶段或中试阶段。

二氧化碳捕集后，可以通过泵送到地下、海底长期储存，或直接通过强化自然生物学作用把二氧化碳储存在植物、土地和地下沉积物中。当前的碳封存技术主要分为以下两种。

第一种是将二氧化碳高压液化注入海洋底，基于二氧化碳的理化性质，在海平面2.5km以下，二氧化碳主要以液态的形式存在。由于密度大于海水密度，将这一区域作为海洋碳封存的安全区域；第二种是将二氧化碳进行地质封存。在地下0.8~1.0 km这一高度区域内，超临界状态的二氧化碳具有流体性质。基于二氧化碳的理化性质改变，可实现地质碳封存。

随着工业化进程的加快，国内也开启了二氧化碳捕集项目的研究。相比国外，中国的CCUS项目起步较晚，且尚无百万吨级规模的捕集项目。目前，国内以捕集量为10万吨级规模的项目为主。2007年，中国石油吉林油田和中石化华东分公司草舍油田开启了国内二氧化碳捕集项目的新篇章。经过长期实践，中国石油吉林油田于2007年首先实现CCUS-EOR技术的工业化，建立五类二氧化碳驱油与埋存示范区，年埋存二氧化碳能力可达35万吨；同年，中石化华东分公司草舍油田建成了二氧化碳年注入量4万吨的先导试验项目，后期建成了二氧化碳回收装置，年处理量可达2万吨。随后，基于日趋成熟的二氧化碳捕集技术，中石化胜利油田、中国神华、延长石油及中石化中原油田加速推进二氧化碳捕集项目的工业化。

2010年，中石化胜利油田建成了国内首个燃煤电厂的CCUS示范项目，以燃煤电厂烟气二氧化碳为源头，采用燃烧—捕集技术，将捕集的二氧化碳注入油田中进行驱油，二氧化碳捕集能力达3万～4万吨/年；2011年，神华鄂尔多斯10万吨/年的CCUS示范项目落成，采用甲醇吸收法捕集煤气化制氢项目尾气中的二氧化碳，后向咸水层中注入二氧化碳，该项目是国内第一个咸水层地质封存实验项目；2012年，延长石油建成了5万吨/年的二氧化碳捕集利用项目，该项目利用煤化工产生的二氧化碳，经过低温甲醇洗技术提纯加压液化后注入油田中，降低了原油黏度，提高了原油采收率并实现了二氧化碳永久封存；2015年，中石化中原油田炼厂尾气CCUS项目建成，项目将已经接近废弃的油田，通过二氧化碳驱油将油田采出率提高15%，目前已有百万吨二氧化碳注入了地下。

除了传统二氧化碳捕集技术，国内还开展了二氧化碳新型再利用技术，应用于食品、精细化工等行业。

2009年，上海石洞口第二电厂碳捕集项目建成，捕集规模为10万吨/年，捕集后的二氧化碳主要用于食品行业；2011年，经连云港清洁煤能源动力系统研究，将IGCC产生的二氧化碳捕集后一部分用于尿素和纯碱工业，另一部分注入咸水层进行封存；2012年，天津北塘国电集团二氧化碳捕集示范项目采用燃烧后捕集技术，年捕集量为2万吨，捕集后的二氧化碳用于食品行业。

此外，微藻固碳技术在世界范围内仍处于发展阶段，2010年，新奥集团在内蒙古达拉特旗利用微藻固碳技术，将煤制甲醇/二甲醚装置的尾气吸收后，一部分用作生物柴油，另一部分用作生产饲料，处理量达2万吨/年。除已建项目，国内将加速建设二氧化碳捕集项目，如齐鲁石化在建CCUS-EOR项目（2020年）。在一些双边协议中，中美将在中国开展一些大型CCUS项目，如中美气候变化合作延长石油CCUS示范项目等。

第四节　CCUS技术未来前景

2020年12月，能源基金会发布的《中国碳中和综合报告2020》指出，电力行业达峰之后碳排放必须立即下降，到2050年实现零碳或负排放。与2015

年相比，2050年我国建筑和工业行业必须实现90%减排，交通实现80%减排，所有行业都需要尽快达峰；停止新建未使用CCUS技术的常规燃煤电厂；识别并关停一小部分老旧、高污染且效率低下的现有燃煤电厂。以上约束指标体现了对CCUS技术的刚性需求，必将加速CCUS产业关键技术的迭代发展。

国际能源署研究表明，基于2070年实现净零排放目标，到2050年，需要应用各种碳减排技术将空气中的温室气体浓度限制在450ppm以内，其中CCUS的贡献率为9%左右，即利用CCUS技术捕集的二氧化碳总量将增至约56.35亿吨，其中利用量为3.69亿吨，封存量为52.66亿吨。到2070年，化石燃料能效提升与终端用能电气化、太阳能/风能/生物质能/氢能等能源替代和CCUS是主要碳减排路径，累计减排贡献的占比分别可达40%、38%和15%。对于中国而言，到2050年，电力、工业领域通过CCUS技术实现二氧化碳减排量将分别达8亿吨/年、6亿吨/年。如果要将净零目标从2070年提前到2050年，全球CCUS设施数量必须再增加50%。

尽管CCUS技术目前能耗和成本仍较高，但长期来看，必将随着技术的不断进步而趋于下降。IEA预计，碳捕集成本在未来10～20年将下降30%～50%。其中，通过推广电化学分离技术预计可使电厂平准化度电成本（LCOE）下降30%；使用膜分离、先进化学吸收法、变压吸附（PSA）和变温吸附（TSA）、钙循环法等工艺可使LCOE下降10%～30%；使用加压富氧燃烧、化学链燃烧和吸附强化水煤气变换技术可使LCOE下降10%。随着智能化钻井技术和勘探技术的发展，预计碳封存成本到2040年将下降20%～25%。并且随着二氧化碳交易价格的不断上涨，CCUS将越来越具有经济性。

近期发布的绿色低碳产业扶持政策将推动中国CCUS产业迈出坚实步伐。2020年7月8日，人民银行会同国家发改委、中国证监会发布《关于印发〈绿色债券支持项目目录（2020年版）〉的通知（征求意见稿）》，CCUS被首次纳入其中，进一步拓展了项目融资渠道。

2021年政府工作报告中提出，要扎实做好碳达峰碳中和各项工作，制订2030年前碳排放达峰行动方案。"十四五"时期，单位国内生产总值能耗和二氧化碳排放分别降低13.5%和18%，这两项指标将作为约束性指标进行管理。陕西省和海南省在2021年地方政府工作报告中也提出，要发展CCUS产业，开展相关研究。同时，2021年"两会"期间，多位代表委员表示，要"多措并举"加快碳中和进程，一手抓传统能源的技术改造，另一手推新能源的深度发展。

《中华人民共和国国民经济和社会发展第十四个五年规划和2035年远景目标纲要》也提出，要"开展碳捕集利用与封存重大项目示范"。从长期来看，CCUS对于碳中和是不可或缺的技术，而且发展规模将快速增长。可以预见，未来5年开展重大项目示范，将推动CCUS在21世纪30年代初步实现产业化，对于我国2060年前实现碳中和目标意义重大。

（一）碳中和目标的提出明确了CCUS在未来气候经济下的关键作用

2060年碳中和目标的提出将引领中国进入气候经济时代。碳中和目标不仅意味着40年后我国将实现二氧化碳的净零排放，同时也意味着这40年间我国需要在经济产业、能源消费、基础设施等领域全方位作出改革和调整，构建一个清洁绿色的高质量发展经济体。如在电力生产方面，目前仍然以化石燃料为主，燃煤电厂比例超过70%，转型不仅需要强大的决心和政策支持，还需要庞大的资金投入和先进的技术。

在我国提出碳中和目标之前，IEA已经明确了CCUS技术对于实现全球气候目标的重要性。IEA在《能源技术展望报告2017》中指出，按照《巴黎协定》下各国的自主贡献减排目标（NDCs），到2060年碳排放不能高于90亿吨，需要提高能源效率、规模化开发可再生能源、发展CCUS等各类技术共同实现减排目标。

CCUS可以捕集发电和工业过程中使用化石燃料所产生的多达90%的二氧化碳，防止二氧化碳进入大气，而当前尚无其他成熟技术可以达到如此之高的脱碳水平。IEA的研究结果表明，要达到《巴黎协定》全球升温幅度控制在2℃以内的气候目标，到2060年，累计减排量的14%来自CCUS，且任何额外减排量的37%也来自CCUS。IPCC等许多其他国际机构也证实没有CCUS就无法实现国际气候变化目标。

IPCC于2018年发布的《全球升温1.5℃特别报告》指出，不使用或者使用有限对冲项目的1.5℃路径模型，都需要在21世纪内利用碳清除技术去除1000亿~10000亿吨二氧化碳。

报告指出，CCUS是未来应该气候变化、实现《巴黎协定》目标的重要减排技术，推荐对包括CCUS在内的一系列的技术进行投资，建议未来大力部署CCUS。因此，作为当前仍旧以煤炭为主要消费能源的世界第一碳排放国家，我国在未来实现碳达峰和碳中和目标的进程中，CCUS至关重要，不可或缺。

（二）CCUS能够帮助我国构建兼具韧性和弹性的能源系统

未来气候经济下的能源系统需要满足高效稳定、绿色低碳和灵活便捷的需求，这就使得能源系统具备多元化和低碳化的特征。一个能够保障能源安全和气候安全的能源系统在中国迈向气候经济的发展阶段尤为重要。韧性的能源系统能够提供可持续的稳定能源供应，保证中国在未来经济发展过程中的能源安全。弹性的能源系统则能够满足不同地区和资源禀赋对于低碳能源的需求，保障中国高质量发展中的气候效益。

CCUS技术是中国能源系统韧性化和弹性化进程中不可或缺的关键技术之一。无论是韧性还是弹性，多元化和低碳化的能源供应结构都需要传统化石能源在逐步减少的进程中实现低碳化。作为长期主导我国能源领域的煤炭，还有多个工业领域不可替代的油气资源，其脱碳过程都需要CCUS技术的配合才能够实现。

化石能源燃烧占我国二氧化碳排放量的80%以上，其中煤炭占75%。从煤基工业和燃煤发电行业中减排二氧化碳是当前我国减排的关键，而CCUS是目前唯一能够实现这种减排的技术手段。此外，二氧化碳利用技术在减排的同时可以形成具有可观经济社会效益的新业态，促进发展并增加就业，尤其适用于我国所处的发展阶段。另外，CCUS在一定程度上可以弥补传统减排手段可能存在的诸多局限，如提高能效的潜力有限、可再生能源发电不稳定、天然气供应不足等会限制其减排潜力。

CCUS作为一种未来减排温室气体的战略性技术，其大规模产业化实施取决于技术成熟度、经济可承受性、自然条件承载力及其与产业发展结合的可行性。尽管目前CCUS技术还不是很成熟，捕集、运输和封存成本高昂，但如联合国政府间气候变化专门委员会（IPCC）第五次评估报告认为的那样，如果没有CCUS，绝大多数气候模式都不能实现减排目标。IEA研究报告也指出，要实现21世纪末不超过2℃的目标，CCUS技术将贡献14%的碳减排量。鉴于CCUS技术在应对气候变化和碳减排的重要作用，欧美发达国家已在探索给予CCUS和其他清洁能源同等待遇的政策，以支持基础研究和产业技术发展。因此，CCUS技术是未来我国减少二氧化碳排放、保障能源安全、构建生态文明和实现可持续发展的重要手段。

由于我国现状仍是"一次能源以煤炭为主、二次能源以煤电为主"的基本能源结构，尽管近年来我国可再生能源发展迅速，但是比例增长仍较为缓慢。我国规划2030年非化石能源占比20%，无法满足能源需求的增长，而我国政府已郑重承诺在2030年二氧化碳排放达峰。CCUS技术可以在避免能源结构过激调整、保障能源安全的前提下完成减排目标，使我国能源结构实现从以化石能源为主向以可再生能源为主的平稳过渡，因此，CCUS技术有望在2030年后的去峰阶段发挥重要作用。但目前CCUS技术尚不成熟，费用高昂仍是制约其大规模应用的重要因素，从发展前景来说，近期应优先解决CCUS技术成本、能耗和安全问题，若CCUS技术在节能减排的同时能创造直接或间接的经济效益，抵消部分成本甚至能创造利润，届时企业也会自愿去应用，相信这也是CCUS技术发展的方向。

我国煤电、煤化工、钢铁和水泥四大产业是主要的煤炭消费产业，占二氧化碳集中排放的90%以上。而我国以煤为主的能源结构短时间内难以改变，因此，要实现减排目标，实现煤炭的低碳利用是关键。CCUS集群具有基础设施共享、项目系统性强、技术代际关联度高、能量资源交互利用等优势，是一种高效费比的发展方式。CCUS技术同煤电、煤化工、钢铁、水泥等传统产业相结合，可以大规模减少二氧化碳排放，实现煤炭清洁低碳利用。因此，探索煤电、煤化工、钢铁、水泥等高碳产业同CCUS技术耦合发展的低碳产业链和产业集群也是CCUS技术未来的发展方向。

总体来说，当前CCUS技术仍处于研发和示范阶段，仍存在许多制约其发展的突出问题，其中能耗和成本过高是不可忽视的问题，同时也存在长期封存的安全性和可靠性有待验证等问题。但CCUS技术是未来实现碳减排目标的重要手段和技术，相信随着基础理论和技术研发的不断推进，制约其发展的成本、能耗、安全等问题也将迎刃而解，CCUS技术的环境效益和社会经济价值也将凸显。

第 七 章

体系保障：
构建"双碳"发展政策体系

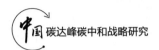

第一节　中国"双碳"发展体系现状

随着我国碳达峰碳中和战略向纵深推进，以绿色低碳技术作为核心支撑实现"双碳"目标的主体思路基本形成。从当前全球绿色低碳技术的发展形势来看，欧美等主要发达国家都已宣布碳中和计划，并发布相关战略规划支持绿色低碳技术发展。除不断加大绿色低碳技术研发投入外，各国政府还运用碳排放交易、碳税和法规等多种政策工具，推动激励绿色低碳技术创新，促进经济社会系统转型，国际绿色低碳技术竞争加剧。我国目前绿色低碳技术发展的理论支撑不足，构建思路不明确，与欧美等发达国家相比整体技术水平仍有明显差距，创新路径不明确。我国要推进绿色低碳技术体系构建，需要自上而下构建绿色低碳技术体系长期发展的理论支撑、自下而上构建绿色低碳技术体系思路，并以不同发展需求构建绿色低碳技术体系。推进我国绿色低碳技术体系的创新路径是：实施以绿色低碳科技革命为统筹的系统创新路径；以国有企业为创新主体，推动主体绿色低碳技术体系创新；以私营企业为创新主体，推动新型绿色低碳技术创新；建立工业创新平台，推动碳中和关键技术创新；促进国际合作，加速绿色低碳技术创新进程。此外，可采取加强顶层设计、加强创新能力保障、加强政府和市场双轮驱动、加强国际合作等措施，推进"双碳"各项工作，确保我国如期实现"双碳"战略目标。

2021年10月24日，中共中央、国务院下发《关于完整准确全面贯彻新发展理念做好碳达峰碳中和工作的意见》（以下简称《意见》），10月26日，国务院以"国发〔2021〕23号"文件的形式印发《2030年前碳达峰行动方案》（以下简称《方案》）拉开了我国碳达峰碳中和政策文件密集出台的大幕。

一、绘出绿色低碳高质量发展蓝图

《意见》提出构建绿色低碳循环发展经济体系、提升能源利用效率、提高非化石能源消费比重、降低二氧化碳排放水平、提升生态系统碳汇能力5个方面的主要目标，认为实现"双碳"目标是一项多维、立体、系统的工程，涉及经济社会发展的方方面面，并明确了我国碳达峰碳中和工作的路线图和施工图。

《方案》聚焦"十四五"和"十五五"两个碳达峰关键期，提出了提高非化石能源消费比重、提升能源利用效率、降低二氧化碳排放水平等方面主要目标，提出了能源绿色低碳转型行动、节能降碳增效行动、工业领域碳达峰行动等"碳达峰十大行动"，并对部分达峰行动提出了明确的时点目标。两个政策文件提出了我国推进"双碳"工作的指导思想、工作原则、主要目标和任务举措，擘画了我国绿色低碳高质量发展的蓝图。

二、搭建我国实现"双碳"目标的顶层设计

《意见》是我国"双碳"目标"1+N"政策体系中的"1"，是2025—2060年我国"双碳"工作的系统谋划和总体部署，属于"路线图"性质的政策文件，具有宏观性、战略性和全面性的特点。《方案》是以"N"为首的政策文件，是碳达峰阶段的总体部署，在目标、原则、方向等方面与《意见》保持有机衔接的同时，聚焦2030年前碳达峰目标，相关指标和任务更加细化、实化和具体化，各部门将根据《方案》部署制订能源、工业、城乡建设、交通运输、农业农村等领域以及具体行业的碳达峰实施方案，各地区也将按照《方案》要求制订本地区碳达峰行动方案，具有阶段性、指引性和实操性的特征。《意见》和《方案》共同构成我国实现"双碳"目标的顶层设计。

第一，两个政策文件出台具有深刻的背景和深远的意义。两个政策文件

出台的时间距离习近平主席在第七十五届联合国大会一般性辩论上宣布中国二氧化碳排放力争于2030年前达到峰值，努力争取2060年前实现碳中和正好一年。实现"双碳"目标是推动高质量发展的必然要求，是维护能源安全的重要保障，更是以习近平同志为核心的党中央统筹国内国际两个大局、经过深思熟虑作出的重大战略决策，背景深刻。同时，实现"双碳"目标是一场广泛而深刻的经济社会系统性变革，面临前所未有的困难和挑战。当前，我国经济结构还不合理，工业化、新型城镇化还在深入推进，经济发展和民生改善任务还很重，能源消费仍将保持刚性增长。与发达国家相比，我国从碳达峰到碳中和的时间窗口偏紧，出台顶层设计政策文件，对"双碳"这项重大工作进行系统谋划和总体部署，对统一全党对"双碳"目标实现的认识和意志，汇聚全党和全国力量来完成"双碳"目标这一艰巨任务具有重大意义。

第二，明确了实现"双碳"目标需重点关注的产业领域。从最新统计数据分析，能源、钢铁、有色金属、石油化工、建材、交通、建筑等高耗能产业碳排放占比达到全国碳排放总量的95.6%，《意见》明确了未来上述高耗能产业将出台专项碳达峰实施方案，有针对性地开展降碳工作。在《方案》提出的重点实施的"碳达峰十大行动"中，能源、工业、交通等领域的碳达峰行动排名靠前，就是按照实现碳达峰贡献度制定的。未来这些产业领域的"双控"执行力度会更强，"两高"（高能耗、高污染）项目也会受到更加严格的限制。

第三，明晰了实现"双碳"目标的主战场。节约能源和优化能源结构是实现"双碳"目标的首选途径和关键路径。《意见》把节约能源资源放在首位，实行全面节约战略；《方案》把节能降碳增效列为"碳达峰十大行动"中排名第二的行动，提出全面提升节能管理能力，推进重点用能设备节能增效。《意见》提出了2025年、2035年、2060年3个时间点我国非化石能源消费比例，明确风电、太阳能发电将在未来能源体系中承担更为重要的责任。《方案》则提出了"十四五""十五五"两个关键时期我国非化石能源消费比例和单位国内生产总值二氧化碳排放等指标。

第四，强调科技创新对实现"双碳"目标的支撑作用。深度脱碳要求发电、储能、电网、二氧化碳捕集利用与封存（CCUS）等领域技术出现突破性进展。一方面，"双碳"目标对新能源产生了巨大需求，而新能源随机性、间歇性、波动性的特点，使储能、电网领域同样面临转型升级的挑战；另一方面，实现"双碳"目标也需要吸收端助力，我国二氧化碳捕集、利用与封存技术整体处于工业示范阶段，重大战略技术仍存在缺口，与碳中和愿景的需求存在差距。

《意见》提出将加强基础研究和前沿技术布局，加快先进适用技术研发和推广，编制碳中和技术发展路线图，以培育国家重点实验室、国家技术创新中心、重大科技创新平台等方式，重点推动新能源大规模友好并网、氢能、储能、二氧化碳捕集利用与封存等领域的技术突破。《方案》则将"绿色低碳科技创新行动"列为"碳达峰十大行动"之一，提出了发挥科技创新的支撑引领作用，加强绿色低碳科技革命，制定完善的创新体制机制，制订科技支撑"双碳"行动方案，加强创新能力建设和人才培养，强化应用基础研究，加强先进适用技术研发和推动应用等举措。

第五，指出"双碳"目标实现需要政府和市场"双轮驱动"以及全民参与。《意见》指出实现"双碳"目标需要政府和市场同时发力，政府层面主要通过完善法律法规推动"双碳"目标实现，研究制定"双碳"专项法律；市场机制层面，则主要通过完善全国碳排放权交易市场助力减碳工作。

《方案》将"绿色低碳全民行动"列为"碳达峰十大行动"之一，提出增强全民节约意识、环保意识、生态意识，把绿色理念转化为全体人民的自觉行动。两个文件都明确了引导全民参与绿色低碳行动的主要方向和内容。

"双碳"工作两个顶层设计文件出台后，在未来一段时间里，必须加快出台政策体系，指导地方科学制订实施方案，推动各方统筹有序做好"双碳"工作。后续，"双碳"目标"1+N"政策框架体系中的"N"包括能源、工业、交通运输、城乡建设等分领域分行业碳达峰实施方案，以及科技支撑、能源保障、碳汇能力、财政金融价格政策以及统计核算、标准计量体系、督察考核等保障方案。相信未来一段时期陆续出台的一系列文件将构建起目标明确、分工合理、措施有力、衔接有序的"双碳"政策体系，指导、统筹和协调我国"双碳"目标下的各项实施工作。

第二节 "双碳"发展的机遇与挑战

实现"双碳"目标是我国进入新发展阶段、面向建设社会主义现代化强国的新任务，推动循环经济创新发展、支撑"双碳"目标实现，在创新技术、产业支撑和政策保障等方面面临着新的挑战。

一、能源转型对循环经济保障战略性关键资源安全提出新要求

能源体系绿色转型是实现碳达峰碳中和的关键路径之一。随着光能、风能、氢能等可再生能源、清洁能源产业和新能源汽车等行业的大规模发展，将带动大量风电机组、光伏发电设备、新能源汽车、储能设备等需求提升，从而促使一些关键矿产资源和基础原材料的消耗量不断增长。研究表明，陆上风力发电厂所需的矿产资源是同等发电装机容量的燃气发电厂的8倍，而一辆电动汽车使用的矿产资源是传统汽车的5倍。当前，我国铬、钴、锂、铜、镍等与新能源产业密切相关的重要矿产品对外依存度不断攀升，其回收再利用也并不理想，我国中长期重要战略性资源和关键矿产资源保障形势严峻。相关战略性资源和关键原材料已成为我国中长期能源体系转型的物质基础，循环经济亟须在这些关键资源的安全供给保障中发挥重要的支撑作用。如何突破和提升这些关键矿产资源开采、使用、回收与再利用过程中的循环利用技术，如何统筹国际、国内两个市场、两种资源，完善构建绿色产业链、供应链，以及开展产品设计和技术攻关，将是未来循环经济发展中面临的新的重要挑战。

二、以碳减排为目标导向的循环经济产业体系亟待升级

在碳中和转型新格局下，我国循环经济技术和产业发展要以低碳目标为引领。当前，我国一些传统领域循环经济发展存在质量不高、循环不经济、循环不低碳等现象。例如，在再生资源循环利用行业，70%是中小企业，加上行业种类多、差异大，一些行业的能耗量较高，甚至属于高能耗、高碳的制造行业。同时，对循环利用技术缺乏全生命周期的经济成本效益、资源环境效益、能源碳排放效益等综合评估，一些企业在技术选择中缺乏指导，循环经济产业中仍存在一些落后技术和产能，影响了产业的高质量发展。我国传统循环利用技术的清洁化、低碳化水平和行业规模化、规范化发展程度仍有待进一步提升。此外，随着能源结构和产业结构的调整，新能源和化石资源材料化等领域基于新技术、新业态、新模式的创新突破，也需要加强相应产业发展的引导和支持力度。

三、循环经济碳减排核算评价标准体系亟待建立完善

要将循环经济纳入碳减排的管理体系和市场体系，准确核算循环经济活动的碳减排量是基础和关键。循环经济活动往往涉及方方面面，且时间跨度长、空间范围广，其碳排放核算极具复杂性。当前，我国在区域、园区、行业、企业等层面的循环经济活动与碳减排耦合关系量化分析方面，存在基础数据支撑不足、缺乏方法和工具、标准不统一、统计评价机制不健全等亟待解决的问题。这些问题的存在，一方面，将直接影响政府管理层面的考核评价和相关政策的制定等；另一方面，将阻碍循环经济市场机制建立，如无法将企业循环经济碳减排效益纳入全国碳市场交易体系，特别是在国际碳边境调节机制下，还有可能影响企业产品在国际贸易体系中的竞争力等。

"双碳"目标的实现是一个经济社会向绿色低碳转型的长期持续的过程。在此过程中，作为宏观调控政策重要支柱之一的货币政策既要根据宏观

经济发展的趋势,进行科学有效的逆周期和跨周期调节,确保宏观经济平稳发展,又要为能源结构转型升级、重点产业节能减排以及低碳技术创新等"双碳"目标的实现营造良好的货币金融环境。这些均对中央银行进一步优化货币政策目标体系,创新政策工具,疏通政策传导渠道和提升政策传导效果等提出了新的要求和挑战。

(一)货币政策体系面临的挑战

1. 货币政策在多目标间的权衡取舍更加困难

长期以来,就最终目标而言,保持货币币值的稳定,并以此促进经济增长是我国货币政策的法定目标。在实现"双碳"目标的过程中,经济和产业结构的绿色低碳转型极有可能影响能源和运输价格,并对其他大宗商品价格产生间接影响,引发通货膨胀,进而影响价格稳定。向低碳经济转型过程中紧缩的气候政策可能会导致高碳行业转型带来的供求两方面的冲击,包括相关行业投资大幅减少造成的需求侧冲击和能源供给波动导致的供给侧冲击进而影响经济增长。另外,在向绿色低碳转型过程中,极端天气气候事件的发生会导致食品和能源等大宗商品短缺,带来能源和大宗商品价格波动,短期内对通货膨胀会产生影响。洪水和风暴等极端天气事件造成的损失同样会导致供求两方面的冲击,包括因家庭财富损失导致的私人消费的减少、实物资产和金融资产受损引发的投资减少等造成的需求侧冲击和由于人力资本、生产性资本减少以及全要素生产率下降导致的供给侧冲击,均会影响经济增长。因此,实现"双碳"目标将可能使经济出现高通胀、低增长的"滞胀"局面,影响货币政策最终目标的实现,进而使得中央银行不得不在稳定通胀和稳定产出波动之间进行权衡。

2. 结构性政策工具面临期限错配和激励兼容问题

根据丁伯根法则,要实现多个政策目标,就必须拥有不少于政策目标数量的政策工具。"双碳"目标下货币政策目标的多元化要求碳减排政策工具的创新与之相适应。传统的总量型政策工具难以实现经济结构的绿色低碳转型,需要中央银行进一步创新结构性货币政策工具,提升政策工具的效果。

2012年以来,为推进新常态下经济结构转型和供给侧结构性改革,我国中央银行创新性地推出了包括短期借贷便利、中期借贷便利、抵押借贷便利等中短期定向结构性货币政策工具，为经济高质量发展提供了良好的货币金融环境。然而，由于绿色低碳项目具有成本高、回收周期长、收益偏低等特征，银行提供绿色信贷的动力并不强。尽管该类先借后贷工具可以更精准地以结构性的方式促进经济向绿色低碳转型，但是也会因为资本的逐利性以及低碳项目的回报周期长而增加货币向信贷转化效果的不确定性，而且这类中短期工具在保宏观经济"稳增长"和促"双碳"长期目标实现之间可能存在期限错配问题。因此，为了激励金融机构开展绿色信贷，碳减排政策工具激励约束机制的设计就显得尤为重要。

正因如此，2021年，我国中央银行针对清洁能源、节能环保和碳减排技术三个领域推出了先贷后借的快速作用于实体经济的货币政策工具。与传统的中期借贷便利等先借后贷工具相比，这种工具更能确保直达性，疏通金融向实体经济的传导，引导资金精准流向绿色项目。同时该类工具的推出还可以引导金融机构和企业进一步充分认识实现绿色低碳经济的重要性，鼓励社会资金更多投向绿色领域。但从目前来看，这类政策工具的运用和实施仍面临需要进一步优化的问题。首先，缺乏明确的绿色金融标准。绿色金融标准是绿色金融发展的基础制度，如果没有明确的绿色标准，金融机构难以准确识别绿色企业和绿色项目，资金也就无法准确投向绿色项目。其次，信息披露的真实性问题。中央银行向商业银行提供低息再贷款的前提是金融机构及时提供相关贷款的碳减排数据，并承诺对公众披露相关信息。这对项目减排的可行性评估、碳减排数据的核算、借贷双方信息披露的真实性以及第三方机构的核查提出了更高的要求。最后，未能覆盖低碳转型领域。碳减排支持工具主要侧重于纯绿色项目（接近净零排放的项目），而对于支持碳密集型产业向绿色低碳转型缺乏相应的激励和标准，绿色金融的界定标准和披露要求尚无法识别哪些项目属于转型项目或高碳项目，导致高碳企业在转型过程中难以获得资金支持。

3. 货币政策传导效果的不确定性加大

结构性货币政策工具的实施虽然有助于激励金融机构将金融资源直接配

置于实现"双碳"目标的新能源开发、产业结构转型和绿色技术创新。但是，面对绿色低碳转型可能出现的经济增速放缓、绿色项目成本高、回收期长以及高碳企业的转型路径不明确等问题，向绿色低碳转型过程中如何实现货币宽松向信贷宽松的传导也是中央银行需要解决的问题之一。

自2008年金融危机以来，发达经济体中央银行持续的量化宽松政策使得全球金融市场流动性异常充裕，但是，因全球经济增长前景不确定性较大，商业银行信贷意愿并未因中央银行的货币宽松而得以提升。货币政策并未实现由货币宽松向信贷宽松的传导。这也是各经济体中央银行创新种类繁多的结构性货币政策工具的原因之一。就我国中央银行而言，尽管多年来，我国基本上以稳健的货币政策为主，未实施大规模的量化宽松政策，但是，总量的流动性过多和实体经济领域流动性不足的结构性矛盾一直存在。就国内来看，货币宽松向信贷宽松传导不畅，既有以商业银行为代表的金融机构偏离主业，大规模从事影子银行业务，使资金资源游离于实体经济而在金融领域空转的供给侧原因，也有经济增速放缓，部分企业资产负债状况恶化，融资需求降低等需求侧原因。而在实现"双碳"目标的过程中，因缺乏统一的绿色金融和转型金融标准和信息披露机制不完善，加上绿色低碳项目和绿色技术研发的回报周期较长、收益偏低以及高碳企业向低碳转型路径的不明确，势必会影响商业银行绿色信贷和转型资金投放的意愿。而对于绿色金融的需求方——绿色低碳投资企业而言，同样会因为绿色低碳项目的投资周期长、投资回报的不确定性较大等原因而降低对绿色低碳项目或经济转型的投融资需求。

另外，"双碳"实现过程中可能出现的物理风险和转型风险也会影响商业银行的信贷意愿，进而影响货币政策的传导。在实现碳达峰碳中和的过程中，气候灾害带来的物理风险的增加，会导致银行杠杆率上升，进而减少贷款。转型风险会通过影响资产价格、企业的偿债能力导致违约率的上升进而损害银行的资产负债表，银行为满足资本充足监管会选择收缩信贷。信贷市场中商业银行信贷意愿的收缩将直接影响货币政策对绿色转型的信贷传导，阻碍货币政策传导渠道的畅通。

（二）宏观审慎监管面临的新要求

在向绿色低碳经济转型的过程中，由于资产搁浅和转型力度不当可能引发的转型风险已成为系统性金融风险的重要来源之一。防范和化解绿色低碳转型中可能出现的转型风险已成为各国宏观审慎监管的重要组成部分。2008年全球金融危机后建立的宏观审慎监管体系，在监测、评估和控制系统性风险方面发挥了重要的作用。但是，现有的监管框架忽略了绿色转型情况下出现系统性风险的可能。这给以防范和化解系统性金融风险的宏观审慎监管体系带来了严峻的挑战，同时也对监管部门在气候风险识别和评估以及创新宏观审慎监管工具方面提出了新的要求。

第三节 "双碳"发展的建议与对策

围绕绿色低碳转型的新形势、新要求，更好地发挥循环经济在促进转型中的重要支撑作用，亟须加快完善以减碳为导向的循环经济制度基础，加强关键技术创新和市场化应用，培育壮大相关产业，加强国际合作交流，构建面向"双碳"目标的循环经济体系。

完善循环经济法律法规，强化制度保障。一方面，应加快推进《循环经济促进法》及《资源综合利用法》等法律及配套法规的制修订工作，强化顶层设计，突出"双碳"目标的引领作用，把碳减排作为推动循环经济发展、提升资源利用效率的重要目标。另一方面，加快完善一系列配套制度和政策，落实循环经济重点制度，将循环经济的理念和模式融入生产、消费的全过程和各环节，实现经济、社会、资源、能源、环境、生态、气候等多领域协同增效。一是加强可持续产品生态设计，建立和完善可持续产品、生态产品、再生产品等的标签标识管理制度，减少产品碳足迹和生态足迹；逐步完善产品标准及配套政策，如完善再生产品的规范和认定以及扩大使用的相关制度安排等。二是结合我国所处的经济社会发展阶段和国情，逐步完善生产者责任延伸制度，同时关注生产端和消费端，政府、企业和消费者共同推动关键制度如押金制等的设计和落实。三是关注并研究建立清洁能源、可再生能源

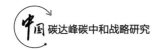

领域设施（如太阳能光伏板、风力发电机等）报废回收与再利用的相关制度。

一、建立循环经济的碳减排评价体系

一是建立完善循环经济活动碳减排贡献的核算方法。从区域、行业、企业等不同层面，研究完善核算方法，明确核算边界和范围等关键问题，建立形成统一的核算框架、方法工具和核准机制。二是完善循环经济的统计核算工作机制。建立区域、行业、企业及供应链上下游的物质材料循环代谢情况的基础数据库，开展资源循环利用活动基础数据的定期统计调查和上报，探索增加生产、消费、流通环节中循环经济活动的经济产出、资源节约和碳减排效益的统计核算职能。三是推动相关标准的制定。统筹推动资源综合利用标准和节能减排相关标准的制修订，建立规范统一的碳减排评估标准。发挥循环经济协会等组织的作用，推动完善循环经济行业和产品的资源效率标识、标准、标杆体系，推进国内标准与国际标准的接轨。四是完善认证核查体系。制定循环经济的碳去除认证监管框架，建立MRV体系，基于稳健透明的碳核算，保障碳减排数据的真实性、准确性。建立健全第三方认证制度，形成以市场化为基础的循环经济活动的碳减排核算和认证体系。

二、强化科技创新及应用转化

一是加强传统循环利用领域高值化、低碳化关键技术创新。建立基于全生命周期分析的循环利用技术综合评估筛选机制，筛选节约资源、低碳、经济可行的关键与前瞻技术，淘汰不低碳、不经济的循环利用技术和产能。加强绿色低碳循环产业链接、多源固废协同处置技术研发创新，加强特定种类固废在特定应用场景下的精细化利用技术研发、大宗工业固废高值化利用技术研发。二是加强低碳转型新业态、新领域循环经济技术突破与创新。重点开展化石能源材料化利用过程中关键脱碳技术研发与创新；加强新能源产业对应的关键矿产资源的高效使用、资源回收、材料替代与循环利用技术研究与创新，如清洁能源储能设施、光伏发电设施报废后的回收与资源化利用技术等；加速推动二氧化碳的循环利用、综合利用技术创新，探索成本有效的二氧化碳制燃料、材料等碳捕集与利用技术；加强这些关键技术的产学研合作与应用转化。三是探索与创新技术融合，发展智慧循环经济。关注生产、消费领域的数字化、智慧化转型，推动循环经济相关技术与互联网应用、工业4.0、大数据等前沿科技领域的融合，提升资源能源的综合利用效率。探索网络化、数字化等新型消费模式下循环低碳物流技术创新，鼓励消费端的循环经济技术、模式和产品开发与创新。

三、加强循环经济领域的国际合作

一是积极开展双边、多边合作，提升我国循环经济发展水平和国际影响力。以共同应对全球气候变化为目标，将循环经济促进减碳作为开展国际合作的重点领域，加强不同国家间政策对话、技术合作与人才交流，促进技术融合与标准互认，共同完善国际碳管理体系。积极推动落实《中美应对气候危机联合声明》、中欧《循环经济合作谅解备忘录》等合作框架下的具体行动计划。二是加强第三方市场合作。探索将循环经济纳入共建绿色"一带一路"、应对气候变化南南合作计划的重点项目和工程，分享我国在发展循环经济中积累的成功经验，推动相关产能输出、技术输出和模式输出。选择重点区域和国家，在减少塑料污染、海洋保护、发展循环型农业、应对气候变化等领域搭建合作平台，构建绿色供应链与循环产业链。

四、构建智慧能源体系的实施路径

当前，在"双碳"目标任务下，我国"十四五"现代能源体系规划和能源碳达峰碳中和实施方案正在紧锣密鼓研究制订中。综合考虑当前国际国内能源发展形势，建议将着力构建支撑"双碳"目标的智慧能源体系作为能源转型的重要方向，着重开展以下几项工作。

第一，将智慧能源体系建设明确为"双碳"目标下我国能源转型方向之一。以辩证思维看待当前能源发展面临的风险和挑战，顺应国际能源转型大势，将建设智慧能源体系作为"双碳"目标下能源发展重点方向，引导能源产业转型升级。以智慧能源体系建设为抓手，持续推动能源结构调整，继续大力发展清洁能源和可再生能源，有序控制煤炭开发和煤电建设规模，逐步实现能源结构的"轻碳化"；持续优化能源生产和消费布局，在提高跨省跨区资源调配能力的同时，着力提高能源消费中心基本能源供给和保障能力；推动建设多能互补、集中式与分布式相统一的综合能源体系，提高能源系统效率，带动产业链智慧升级。

第二，大力推进试点示范，为智慧能源体系建设探索路径。围绕保障能源安全、发展能源经济、实现清洁环保等能源转型重大课题，针对产、供、储、销、用等能源全产业链，分领域、分阶段开展智慧能源体系建设试点示范。结合乡村振兴战略，以县级以下行政区为单元，创新新能源投资建设模式和土地利用机制，大力推进分布式发电、微网、泛能网试点示范建设。在青海、海南、浙江、雄安等地开展现代能源互联网建设试点，示范以可再生能源为主的能源系统、零碳海岛、综合能源清洁利用和智能电网建设等能源开发利用新模式。以工业园区、城市新区等为重点，开展微电网、泛能网等综合能源利用试点，提高能源综合利用效率。以需求侧响应能力提升为目标，在北京、上海、江苏、广东等省市整合居民、商业和一般工业等各类需求响应资源，培育大规模灵活负荷聚合商。推动电动汽车、氢燃料电池、智慧节能建筑等能源与交通、建筑领域的跨界融合，探索推广V2G、商业储能、虚拟电厂、"光伏+"等新型商业模式。充分挖掘能源数据价值，完善电力消费、能耗指标、能流方向等指标数据收集体系，探索能源数字经济新模式。

第三，大力推动能源技术革命，为智慧能源体系建设提供技术支撑。推动能源领域科研体制创新，聚焦智慧能源技术发展的前沿领域，加强氢能与燃料电池、新型储能、碳捕集利用与封存、能源互联网、能源数字化、能源信息管理等新兴技术的研究与应用，抢夺未来能源发展制高点，催生新发展动能。以能源国家实验室建设为重点，集中力量攻克工业控制系统、工业芯片等"卡脖子"技术，不断提升自主创新能力。加大技术创新在国有能源企业经营业绩考核中的比重，设立能源产业科技创新投资基金，完善能源企业研发费用计核方法，持续提高企业研发动力和能力。

第四，大力推进能源体制改革，为智慧能源体系建设创造良好政策环境。围绕微电网、泛能网、智能电网和能源互联网等智慧能源技术的发展应用，不断推进相关行业体制机制改革创新，助力智慧能源体系建设和商业模式创新。加强能源与工信、交通、住建等部门的协调与配合，消除影响智慧城市能源、智慧交通、电动汽车、智慧节能建筑等跨领域融合发展的体制掣肘。打破传统能源行业"竖井"，统筹煤、电、油、气等不同能源品种发展战略，推动供电、供气、供热、供冷等能源基础服务一体化审批，消除能源互联网建设行业壁垒。建立可再生能源与分布式能源并网快速通道，推动油气管网无歧视向第三方开放，实现大用户天然气直供，激发智慧能源体系商业模式创新动力，降低终端用户用能成本。

第五，大力推进能源领域开放，为智慧能源体系"走出去"创造条件。积极主动参与全球能源治理，倡导通过构建智慧能源体系推动能源转型新模式，争取未来能源发展的主导权。在"一带一路"等能源国际合作中，通过亚洲基础设施投资银行、金砖国家新开发银行等金融平台，采取设立国际智慧能源产业基金等方式，推动我国智慧能源技术和商业模式走出去，共同推动国际能源转型。

第四节　构建全新"双碳"体系互联网

能源互联网是一种利用电力电子技术、信息技术和智能管理技术，将分布式能量储存装置和各种类型负载构成的新型电力网络能源节点互联起来，实现能量双向流动的能量对等交换与共享网络。

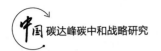

一、中国能源互联网和"两个替代"

（一）能源互联网

能源互联网最早是美国以FREEDM项目（即未来可再生电力能源传输与管理系统）为代表提出的，其内涵最初与智能电网部分内容建设相辅相成，主要是依靠各系统间的高效互联，实现经济效益和社会效益的最大化，构建能源互联网场景下清洁低碳、安全高效的现代能源体系。中国能源互联网最早是以热电联产作为分布式能源出现的。

能源互联网形态主要包含综合能源系统、分布式能源、微电网和智能电网四类，且形态之间存在互相交叉、包含的关系。能源互联网因具有可再生、分布式、互联性、开放性和智能化等特点，因而在不同情况下能源物联网应用场景也存在差异性。

（二）"两个替代"

清洁替代是指在能源源头上，用太阳能、风能和水能等清洁能源替代煤炭、化石能源发电；电能替代是在终端能源消费环节利用便捷、高效、安全和优质的电能代替煤炭、石油和天然气等一次能源，通过大规模集中转化来提高燃料使用效率、减少污染物排放，从而实现社会的清洁发展。"两个替代"的核心就是要从源头生产和消费方式上彻底改变能源消费格局，加快形成以清洁能源为主供应、以电为中心的能源消费体系的"双轮驱动"模式，减少碳排放，使能源更加绿色和高效。

根据国家能源局发布的《2020年度全国可再生能源电力发展监测评价报告》显示，2020年，我国非化石能源占一次能源消费的比重为15.9%，已达世界平均水平，煤炭消费比重降至56.8%；清洁能源供给能力持续提升，水电、风电、光伏发电和在建核电装机规模等多项指标保持世界第一。清洁能源发电装机规模增至10.83亿千瓦，占总装机的比重接近50%。我国是能源消费大户，但我国的能源利用效率仅约33%，低于发达国家的平均水平。而工业能源消费量占全国能源消费总量的70%左右，化石能源消耗产生的碳排放量占全社会碳排放总量的近90%，清洁能源替代仍然需要进一步加强和优化。

目前，我国电能替代已经进入"深水区"，分布式能源、储能、电动汽车和智慧用能等技术快速发展，指导了需求侧用能方式发生根本性变化。能源供应呈现清洁化、高效化和智能化发展特征，但同时，政策相对较少，电能替代的新技术、新材料和新产品研发相对滞后，技术储备不足，以及装备支持不够等问题在很大程度上制约了电能替代的大范围推广，电能替代作为减排的"先锋"，要走出"深水区"，还需要进一步进行能源体制机制的改革和技术的革新。

二、实现"双碳"目标路径的思考和探索

（一）总体思路

实现"双碳"目标的实质，就是要从源头上和终端上改变能源生产和消费的形式，而要想实现"两个替代"，就必须在坚持绿色发展的基础上，坚持创新驱动，加大技术革新，尤其要发展能源互联网，因时、因势、因地、因情将能源互联网技术和"两个替代"相结合，系统解决好能源开发、能源配置等问题，形成以清洁能源为主导、以电为中心、以能源互联网为基础的现代能源体系，从而实现全社会减排，实现绿色、低碳的可持续发展。

（二）加快中国能源互联网建设

要大力发展分布式能源体系。目前，我国能源消费增量正向居民生活、商业建筑和战略性新兴产业转变，分布式能源体系可以根据用户的消费习惯提供定制化的能源服务，充分利用可再生能源，实现以需求侧响应为目标的能源供应侧改革，充分将"用能"与"供能"融合，达到节能减排的目的。

要全面推广智能电网技术。智能电网作为中国电网现代化的核心，具备强大的资源优化配置能力，具有更高的安全稳定运行水平，能够提供高度智能化的电网调度能力并实现全寿命周期管理。智能电网的建立，可以实现大水电、大煤电、大核电和大规模可再生能源的跨区域、远距离、大容量、低损耗和高效率输送，使区域间电力交换能力明显提升。

要加快发展特高压电网。特高压技术是我国原创、在世界领先的具有自主知识产权的重大创新技术，从根本上破解了远距离、大容量和低损耗输电的世界难题，也是实现清洁能源在全国范围高效优化配置的核心技术。尤其是针对我国能源分布散、重工业城市分布广和清洁能源基地偏远的特点，特高压电网可以在最大限度上减少能源损耗，保证能源安全。

要大力推动能源清洁化。一方面要加快西北部太阳能发电、风电基地和西南水电基地的建设，尽早建成东部和西部的高压同步电网，将分布式清洁能源和海上风电、水力发电等技术结合，填补煤电的缺口，满足不同性质、不同群体的用电需求。在能源源头上，提高清洁能源发电效率；在能源消费上，推广先进用能技术和智能控制技术，提升钢铁、建筑和化工等重点行业用能效率。

要推行生产消费"双脱碳"。一方面建立以特高压电网为骨干网架、协同综合能源系统、分布式能源和智能电网等技术的全国电力市场，加快风能、太阳能和水能等清洁能源生产"国内大统筹、区域小配置"的格局；另一方面，大力推进电能替代，深化电能替代在工业领域、交通领域、建筑领域和居民生活领域的技术升级，改变产业能源应用体系和人们的生产生活方式。实现碳达峰碳中和的"双碳"目标是我国目前和未来很长一段时间肩负的巨大任务和挑战，同时也是涉及经济、社会、生态、技术、环境和气候等各方面的综合性工程，除了要构建以清洁能源为主导、以电为中心、以能源互联网为基础的现代能源体系外，更要不断开创中国和全球能源互联网发展新局面，为我国加快碳减排提供全面系统、经济高效的综合解决方案。

第 八 章

消费转型：
低碳消费势在必行

第一节　低碳消费的深远意义

当前，节能仍然是全球减少二氧化碳排放的关键手段。中国目前的能源结构以煤为主，节能是较为有效且成本较低的减排措施。中国过去在节能领域的工作以提高能源效率为主，已经取得了显著的成果，但碳中和目标对中国的能源需求总量控制提出了更高的要求。从广义的角度来理解，碳中和背景下的节能不仅在于提高能源效率，同时也包括产业结构调整、低碳消费和循环经济。中国是一个发展中国家，未来经济仍将继续以中高速增长。由于中国的能源消费结构仍是"生产型"而非"消费型"，因此通过产业结构调整能更快地减少能源消耗，同时促进脱煤和减排，实现经济高质量发展。此外，中国经济增长需要鼓励消费，但其他条件不变，更多的消费却意味着更大的能耗和更多的碳排放。解决这一矛盾需要鼓励清洁低碳消费。在预期人均能源消费及居民部分能源消费占比将持续增加的前提下，中国需要倡导低碳消费以倒逼企业低碳清洁生产。循环经济也是解决消费增长与碳排放矛盾的重要方面。中国正处于技术高速进步阶段，产品更新换代频繁，需要尽可能实现再利用、再生产、再循环。所以，在碳中和的背景下，政策制定者需要更广义地看待节能的内涵，并制定和完善具体政策，坚持生产侧和消费侧并重。

2020年9月，中国提出二氧化碳排放力争于2030年前达到峰值，努力争取2060年前实现碳中和的目标。实现"双碳"目标对中国能源消费强度和总量控制提出了更高的要求。作为应对气候变化的最有力手段，节能和提高能源利用效率在减少二氧化碳排放方面的作用已经成为全球共识。过去中国在节能领域的工作主要围绕提高能源效率这一主题展开。作为基本国策，节约资源和保护环境始终是经济建设工作的重点内容，同时也是推动经济高质量发展、实现绿色清洁低碳发展的重要立足点。

　　然而，在当前可再生能源占比仍旧不足的情况下，若能源需求总量得不到有效控制，即便清洁能源继续发展，仍将在无法满足能源增量的前提下替代化石能源消费存量，这将增加碳中和的难度和成本。回顾西方发达国家人均能源消费的演变历程，大多经历了从快速增长到达峰饱和、再到逐步降低的过程。但从中国目前的发展现状来看，当前经济发展的潜力还很大，人均能源消费量与西方发达国家人均能源消费量峰值还存在较大差距，这意味着中国能源消费总体还处于达峰饱和前的上升阶段，倡导低碳消费行为也显得越发重要。实现"双碳"目标意味着中国要严格执行能源消费总量和能源强度双控制度，除了对产业结构和能源结构进行宏观调控，政府还需要关注消费部门。产业结构调整是进一步挖掘节能增效与碳减排潜力的可行选项。作为制造业大国，中国第二产业增加值占国内生产总值的比例很大，单位能耗最高。"双碳"目标要求制造业特别是高耗能产业降低能源需求和能耗水平。从西方国家产业结构的变迁历程来看，未来中国先进制造业和服务业规模存在显著的提升空间，这将有助于在保证经济发展的大前提下顺利实现节能减排的目标。

　　改革开放四十余年中国经济腾飞，科学技术与生产水平有了明显提升。然而，技术进步的加速导致产品迭代频繁、重复生产等问题，一方面造成了生态破坏和环境污染，另一方面加剧了能源资源浪费。发展循环经济有助于缓解以上负面影响。该经济模式充分利用生产余料、废料进行再生产、再创造，不仅可以充分挖掘废料余料的价值，还能够在一定程度上减少能源需求，提高用能效率和避免能源浪费。综上分析，除了提升能源利用效率，碳中和背景下的广义节能还包括产业结构调整、低碳消费和循环经济等新内涵。

　　中国是一个发展中国家，人均GDP还将大幅增长，经济增长需要鼓励消费。在其他条件不变的情况下，显然更多的消费意味着更大的能耗和碳排放。解决这一矛盾需要鼓励清洁低碳消费。行为经济学的发展使得居民消费理论不再仅仅关注其与收入之间的关系，基于非完全理性的消费行为成为新的研究对象。消费者的个体心理特征和社会形态与消费之间的关系开始逐渐进入经济学家的视野，包括城乡结构、人口结构、财富结构以及产业结构都对居民消费产生着重要影响。其中，消费结构和产业结构之间的关系是相互依存又相互制约的，有实证结果表明消费结构与第二产业之间存在双向因果关系。总的来说，居民收入、产业结构、产品价格、人口总量及人口结构、自然生态环境、人工物质环境、社会经济文化环境，以及精神文化和科学技术发展都是影响消费结构的重要因素。根据居民需求的不同层次，产品可被划分为用于满足生存需求的生存资料和用于满足更高层次的享受需求和发展需求的享受资料和发展资料。居民对于不同产品的需求弹性是不同的，其对于生存资料的需求是缺乏弹性的，而对于享受资料和发展资料的需求弹性是较大的。因此，对于享受资料和发展资料的消费存在着较大的调整空间。

随着生态环境的恶化，可持续消费和绿色消费的概念被提出。而随着气候变化危机愈演愈烈，低碳消费的概念也开始进入居民生活。低碳消费是可持续发展在消费领域的体现，其理念倡导在生产过程碳排放较少、对生态环境污染较小和有利于低碳发展的消费行为，例如选择低碳食物、购买节能型家电、自带环保袋、乘坐公共交通工具等。低碳消费行为将倒逼企业转变生产模式。当人们树立了低碳消费观，就会避免购买高碳排放的产品，而对于低碳产品需求又会催生出相应的新生产活动，从而开辟出新的低碳消费领域，这可以同时促进产业结构和消费结构优化调整。相对于传统商品而言，低碳产品的成本会有一定上涨，相应地，其价格也会随之上升，但消费者对于低碳产品的支付意愿会向企业释放出积极信号，引导资源更多地流入低碳消费产品的生产领域。低碳产品结构和产业结构也会相应地得到优化升级，随着生产规模扩大，低碳产品成本也可能随之下降。由于生产活动具有碳排放量大、政策可操作性强的特点，世界各国大多将电力、交通、建筑等行业作为碳减排规制的重点关注对象。在日益严峻的气候变化形势下，以电力生产、工业制造等"排放大户"为抓手无可厚非，但需要指出的是，生产的最终目的是消费，碳排放的终极根源是消费。从消费侧来看：一方面，居民的交通出行等活动会带来直接碳排放；另一方面，居民用电和商品消费等会带来间接碳排放，此外，工业用电和交通运输等生产活动的产品最终也是为了满足消费者的需求。

综上分析，较之于生产活动造成的碳减排，从消费角度控制碳排放可能更重要。政府之所以倾向于在生产侧发力，只是因为更容易落实政策。实际上，消费者行为偏好不仅决定了自身消费，对生产部门的生产决策也有一定的引导和制约作用。消费者低碳消费和对碳减排的支付意愿，很可能是实现碳中和目标的重要因素。因此，低碳消费应当是碳中和内涵的重要组成部分。

近年来，全球源自生活消费领域的能源消耗和碳排放逐步增加，特别是与居民生活息息相关的建筑与交通领域能耗快速增长。随着全球生活水平的提高，到2040年建筑和交通部门将分别占全球能耗的29%和21%，控制消费端能耗和碳排放的重要性日益凸显。

中国从生活消费端减排既面临压力也极具潜力。一方面，源自家庭生活消费的碳排放不断上升。据能源基金会研究表明，发达国家居民消费产生的碳排放占碳排放总量的比例高达60%~80%，中国居民生活消费领域碳排放水平与1970年瑞士的水平接近，但与英国、美国等发达国家尚存较大差距。然而，随着中国城镇化快速推进和居民生活水平的提高，生活端能源消费需求持续刚性增长，将成为主要碳排放源。另一方面，中国拥有庞大的人口规模和巨大的消费能力。2020年，中国最终消费支出占GDP比例高达54.3%，消费俨然成为经济增长的主要拉动力。据《大型城市居民消费低碳潜力分析（2020年）》测算，在国内1000万以上人口的大型城市里选择使用低碳产品或服务，个人消费年均减排潜力将超过1吨，约占中国人均碳排放的1/7。与此同时，公众对美好生活的追求意味着对消费产品和服务品质的要求越来越高，绿色、低碳、环保产品更符合当代可持续发展准则，也将在消费升级的浪潮下被更多人青睐。因此，从生活消费端减碳，不仅是中国实现"双碳"目标的主要依托，也是创新消费模式、激发内需潜力、提高居民生活品质的重要途径。

低碳消费以消费环节的能源消耗和碳排放控制为核心内容，势必成为落实我国"双碳"目标的重要环节。当前，针对低碳消费的内涵辨析、影响因素、规制手段有效性分析等单个方面的研究较为丰富，但对低碳消费模式的全貌解读较为欠缺。而低碳消费由理念转化为实践需要兼顾多方主体、多重目标和多种利益，特别是在"双碳"目标导向下，更应全面认识低碳消费的基本内涵、现实短板和政策引导方向。

第二节　低碳消费面临的制约因素

低能耗高利用、低污染高安全的低碳经济正逐渐成为应对全球气候变化的一种新的经济模式。低碳经济包括经济发展各个环节的低碳化，其中低碳消费是其重要环节。由于消费在经济发展过程中有着承上启下的作用，低碳消费通过现实消费需求引导着低碳生产的方向，同时又通过消费市场上消费需求的有效实现进一步推动低碳生产的可持续发展。所以，推行低碳经济，离不开低碳消费市场的发展。近年来，中国低碳生活和低碳消费行为的理念多次被提出，如何引导消费行为低碳化，成为一个越来越重要的问题。

一般而言，随着经济发展和收入水平的提高，个人消费领域的碳排放会逐渐增加。一些发达国家的消费领域碳排放量占国内碳排放量的40%~50%，其中交通、食物和住宅的碳排放占比位居前三。以美国为例，仅居民家庭生活和旅行所排放的二氧化碳占排放总量的比例就高达41%。近年来，中国居民生活直接碳排放在碳排放总量中的比例也在逐步提高，但人均碳排放水平与欧美发达国家的平均水平相比仍有较大差距。预期中国人均能源消费还会持续上升，所以居民生活中的能源消耗及相关碳排放也将持续增长。随着中国消费的增长，消费侧碳排放持续增加将提高碳中和的成本和难度。消费行为和生活习惯通常具有一定的路径依赖性，可能会导致消费碳排放的锁定效应；而且，消费行为往往主导市场供需，如果消费者不积极转向低碳生活方式，生产企业很难真正实现低碳转型，并且生产侧的减排效果往往会被消费侧的排放所抵消。从碳排放的源头看，相比于消费侧，生产侧排放更集中，碳减排的核算难度相对更低。以交通运输为例，对石油生产或销售的碳排放核算要比核算单个交通工具排放更加简单易行。因此，现有碳减排措施主要在生产领域，鲜有针对直接消费排放的规制手段。

我国低碳消费市场才刚刚起步，无论是需求还是供给都十分不足，与市场发展相关的制度建设尚未启动，与发展低碳经济的要求尚有巨大的差距，专家学者的调查研究也印证了这一状况。制约低碳消费市场发展的因素从市场主体来看，主要表现为以下几个方面。

一、消费者低碳消费需求不足

低碳消费需求是指在一定时期内消费者愿意而且能够购买的低碳产品数量。影响低碳消费需求的因素包括消费理念、低碳消费品价格、相关商品的价格、消费者收入、消费者对未来价格的预期等。

1. 从消费理念来看，"消费主义"主导的消费理念制约了低碳消费。消费理念是消费者在进行或准备进行消费活动时对消费对象、消费行为方式、消费过程、消费趋势的总体认识、评价与价值判断，是基于一定的社会经济基础，在长期的消费行为的过程中逐渐形成的。我国在市场经济发展过程中，随着经济发展和人们生活水平的提高，"消费主义"被当作现代社会似是而非的真理，成为时代风尚。所谓"消费主义"，就是把消费作为人生的目的和体现人生价值的根本尺度，并把消费更多的物质资料和占有更多的社会财富，作为人生成功的标签和幸福的符号，从而在实际生活中无所顾忌和毫无节制地消耗物质财富和自然资源，以追求新、奇、特的消费行为来炫耀自己的身份和社会地位，持有"生存即消费"的人生哲学和存在方式。受此影响，过度性消费、炫耀性消费、快捷性消费、便利性消费等消费习惯和行为大行其道。这种不合理的消费理念大大制约了低碳消费的发展。

此外，关于消费认识的其他误区，如消费是个人的权利，不消费就衰退，低碳消费降低生活质量等，误导了人们对低碳消费的认识，使得低碳消费的理念还停留在意识层面，远未形成低碳消费的习惯和自觉的消费行为，低碳消费产品还没有成为大多数人的首选消费品。

2．从低碳消费品价格来看，由于各方面原因，使得低碳消费品价格比普通产品高。对于理性的消费者来说，价格是影响消费者购买行为最重要的因素。调查显示，对绿色产品价格高于非绿色产品价格的现实，表示"能够接受"的人只有53.6%，有24.6%人明确表示"不能接受"。较高的价格限制了消费者对低碳产品的选择。

3．从消费者收入来看，低碳消费水平和消费模式受人们收入水平高低的影响较大，只有当收入水平达到一定的程度，人们才会开始关注其消费行为对自然和社会的影响。我国是一个发展中国家，居民较低的收入水平无疑影响了其对低碳产品的消费能力。

（二）企业低碳消费产品供给不足

低碳消费产品供给，是指在一定时期内厂商愿意而且能够提供的低碳消费产品的数量。目前低碳产品的市场占有率还比较低，无论是低碳产品的种类还是数量都不能满足消费者的低碳消费需求。导致目前低碳消费产品供给不足的原因有诸多方面。

首先，我国正处于工业化、城镇化中期，以土木钢石为主的产业结构将在很长一段时期内存在，高能耗、高投入的粗放式增长难以在短期内实现根本性转变，低碳消费产品生产难以在短期内占据主导。

其次，就技术而言，我国的低碳技术远远落后于发达国家，由于技术开发的难度增加了低碳产品的成本，使得低碳产品的价格远远高于其他产品。再加上低碳消费产品的市场前景不乐观、投资风险大等不利因素的影响，许多企业特别是中小企业的生命周期不长，企业往往更注重短期利益，选择生产开发周期短、技术含量不高、所需资本少的产品，从而导致市场上低碳产品供给不足，客观上阻碍了低碳消费的发展。

（三）政府宏观调控不到位

低碳消费实质上是一种文明、科学、健康的消费，它不仅是一种生活方式，更是一种崇高价值观的体现，不仅有助于消费者精神家园的建设，有利于人自由而全面的发展，而且有利于缓解能源和环境压力，实现人类的可持续发展，具有很强的外溢性。低碳消费市场的健康发展需要政府的介入。

近年来，我国政府虽然通过立法等手段对节能减排提供了一定的制度保障，如《环境保护法》《清洁生产促进法》《循环经济促进法》《可再生能源法》等，通过政策宣传等手段向公众倡导低碳消费，但总体来看尚有一定的差距。

一是政府对低碳消费的宣传不到位。政府的宣传还停留在意识形态层面，各种传媒手段未能有效利用，广大基层老百姓对低碳消费还未能形成全面认知。

二是缺乏必要的制度建设，包括低碳技术标准、低碳产品认证、市场准入制度等，使得消费者无法识别是否为低碳消费品，不利于消费者的消费选择，也不利于生产者之间的公平竞争。

三是未能充分利用各种政策手段对低碳消费进行必要的调控。政府可以通过各种政策手段对低碳消费进行引导和调控，我国政府远未形成低碳消费的调控体系，未能发挥其政策调控的作用和优势。所以政府无论在软环境建设上还是在硬环境建设上都难以满足低碳消费市场发展的要求。

（四）社会团体未能充分发挥其优势和作用

国外的非政府组织，如绿色和平组织、世界自然基金会、地球之友等，在宣传环境保护、倡导低碳消费等方面发挥了政府所不能及的作用。我国目前虽然有一些社会团体，如中国环境保护协会、野生动植物保护协会、中华环保基金会、自然之友、地球村等民间环保组织在开展低碳消费宣传和教育，但由于自身存在诸如数量较少、规模有限、财力困难等制约因素，宣传教育的力度和广度远远不够，还没有深入普通民众层面。目前，环保组织开展的活动以开展宣传教育、捡拾垃圾等为主，最多扩大到植树造林、生态恢复等方面，但往往不能做深、做实，深层次的活动不够，发动面有限。

第三节　低碳消费的现实路径

目前我国低碳消费市场尚处于起步阶段，参与这一市场的主体包括企业、政府、社会团体和个体消费者。低碳消费市场发展还存在许多制约因素，包括低碳消费需求不足、企业供给不足、政府调控不到位、社会团体未能充分发挥其优势等。因而基于市场主体视角，要充分调动市场各相关主体的积极性，发挥各自的优势，以促进我国低碳消费市场健康快速发展，具体包括刺激消费者的低碳需求、企业增加低碳产品的供给、加强政府对低碳消费的宏观调控、社会团体充分发挥其优势等四个方面。

（一）刺激消费者的低碳需求

在全社会树立低碳消费的全新消费理念。理念是行动的先导，在中国推行低碳消费，当务之急是在全社会广泛倡导和确立低碳消费的全新理念，从根本上超越消费主义的价值观念。这就需要消费者对当下的消费理念和消费模式进行自觉的哲学反思和理性的价值审视。我们要继承中华民族崇尚节俭的优良传统，充分挖掘这一文化传统的时代内涵，以保护地球、维护生态平衡作为公民义不容辞的责任和义务，形成"节俭为荣，奢侈为耻"的社会风尚。为此，政府具有不可替代的重要职责，政府要借助其特有的公信力和重要的社会职能，通过各级政府部门、学校等，利用广播、电视、报纸、网络等各种媒体开展广泛的宣传教育，在全社会广泛倡导低碳消费的价值理念，营造有利于低碳消费的社会氛围，将低碳消费转化成国人的自觉行动。

降低低碳产品的市场价格。努力降低低碳产品成本，降低低碳产品的市场价格，使低碳产品的价格在消费者可承受范围内，提高低碳产品的市场竞争力，满足消费者的需要。

增加消费者收入，优化收入分配，提高消费者消费能力。消费者收入是决定其对低碳产品需求的重要因素。首先，通过初次分配，提高劳动者的工资收入，提升其对低碳产品的消费能力；其次，通过再分配（如个人所得税、遗产税、赠予税、社会保障税等），优化收入分配结构，提高中低收入群体的收入，调节高收入群体的收入，也有助于增加低碳产品的消费。

（二）企业增加低碳产品的供给

企业作为低碳产品的供给者，首先，要提供大量的低碳产品，使消费者在购买时能够根据低碳化程度进行选择，企业要承担应尽的社会责任，顺应低碳消费时代的发展要求，为社会提供更多的低碳消费产品，包括种类和数量。其次，企业要充分利用广告等营销手段，促进低碳消费。企业要充分发挥广告在低碳消费中的积极引导作用。

（三）加强政府对低碳消费的宏观调控

政府作为低碳消费的推动者，应充分运用各种政策手段，为低碳消费的发展提供制度保障。政府促进低碳消费手段有行政手段、经济手段和法律手段等。

1. 行政手段

行政手段是指国家依靠行政组织系统，通过发布命令、决议、规定等方式直接干预经济活动。对于低碳消费，运用一定的行政手段是必要的。国家要完善相应的市场准入制度，减少高能耗产品进入市场，加强市场监管，维护市场公平竞争环境，加快推进低碳产品认证工作。目前德国、英国、日本、韩国等十几个国家已经开展了低碳产品认证。中国生态环境部也已经制定了关于开展低碳产品认证的发展规划，并将低碳产品认证工作分为三个阶段："中国环境标志——低碳产品"阶段、产品碳足迹标志阶段和产品碳等级标志阶段。低碳产品认证将为消费者提供更多的信息，更好地帮助其在消费过程中进行判断和选择低碳产品，推动低碳消费的发展进程。

行政手段往往会面临社会公平问题，影响社会和谐，也不利于市场的正常培育和发展，所以往往较少使用。

2. 经济手段

经济手段主要包括财政政策和货币政策，财政政策又包括税收政策和支出政策。促进低碳消费的税收政策可以分为两个方面：一方面，对高碳消费品和消费行为课以惩罚性税费，如通过提高燃油税、超额水费、电费等措施，抑制高碳消费；另一方面，对低碳消费品和消费行为采用低税费优惠措施，促进低碳消费的支出政策。政府可以采取直接购买低碳产品，进行低碳消费，从而为社会公众树立榜样。或直接投资于低碳产品的生产，以增加低碳产品的供给。也可以通过财政补贴引导消费者进行低碳消费，抑制高碳消费方式，例如：通过财政补贴鼓励消费者购买小排量汽车，使用节能灯，等等。

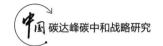

3. 法律手段

法律手段是指国家通过经济立法和经济司法来调节经济关系，促进低碳消费。当前运用法律手段主要是制定碳排放的相关税收法规，从法律上明确碳税的地位。加强环境法、消费法等相关法律的制定与执行，对消费者、生产者等低碳消费的利益相关者进行有效监督和管理，协调各方面的利益关系。

（四）社会团体要充分发挥和利用其自身优势

社会团体是现代市场经济中的重要主体，对促进低碳消费市场发展具有不可替代的作用。其分布广泛且深入社会各阶层，以其自身的布局优势和地位比政府能更广泛、深入地开展宣传教育活动。社会团体要充分利用其来自民间、扎根民众的优势，弥补政府与企业的空缺，做低碳消费的践行者和引领者。

第四节　低碳消费的政策保障

中国自"十一五"开始大力推动节能减排，从支持节能家电、新能源汽车等低碳产品，到着手建设低碳建筑、智慧低碳交通等重点领域转变公众生活方式，绿色、低碳消费理念逐步深入人心。但结合各地实践来看，低碳消费实际参与度较低，低碳消费可选择的产品和服务具有局限性，有必要完善相应的引导政策。

（一）中国低碳消费政策变迁

1. "十一五"时期：开启节能减排推动下的低碳消费

"十一五"时期，中国开启节能减排推动下的低碳消费，大力推动节能减排。"十一五"规划纲要提出降低能源强度的要求，针对消费端明确指出，政府应当提升节约意识，鼓励生产和使用节能高效的汽车和各类节能、节水产品，开发节约能源型和省地型的建筑物，建立节约型消费模式，旨在顺应节约能源、提高能效的基本准则。为了应对经济社会发展中突出的资源能源约束问题，中国提出建设资源节约型、环境友好型社会，推动经济发展

方式向集约型转变，以环境保护导向的绿色消费逐渐进入公众视野。2005年
《国务院关于落实科学发展观加强环境保护的决定》中指出，在消费环节，
要大力倡导环境友好的消费方式，实行环境标识、环境认证和政府绿色采购
制度。自此开始以制度规范引导绿色消费方式的构建。2009年，在哥本哈根
气候峰会上，中国政府首次向世界宣布碳强度目标，从能源强度控制到碳强
度控制，意味着从全方位应对气候变化的角度，推动能源消费结构转型、能
源使用效率提升，在节能减排浪潮下，更多节能节电产品走入公众生活，低
碳建筑、新能源汽车的建设进程逐步加快。

2. "十二五"时期：建立绿色生活方式和消费模式

"十二五"时期，我国低碳消费从更广泛的维度着眼于形成绿色生活方
式，服务于应对气候变化的要求"十二五"规划纲要明确提出，倡导文明、
节约、绿色、低碳的消费理念，推动形成与我国国情相适应的绿色生活方式
和消费模式。基于扩大内需、提高能源资源利用效率的现实国情，推动绿色
消费也是激发经济增长动力、缓解环境压力的重要内容。2015年，国务院政
府工作报告着重强调推动绿色消费。随后，《关于加快推动生活方式绿色化
的实施意见》《关于促进绿色消费的指导意见》《绿色生活创建行动总体方
案》等文件相继出台，将绿色消费阐释为以节约资源和保护环境为特征的消
费行为，为绿色消费的宣传教育、市场建设和政策支持作出系统部署。低碳
消费也是一种绿色消费方式，更侧重节约能源和减少碳排放。2015年，中国
政府在《强化应对气候变化行动——中国国家自主贡献》文件中正式提出向
公众推广低碳消费，强调了应对气候变化兼顾生产端和消费端变革的系统性
及其受众群体的广泛性。

3. "十三五"时期：将低碳消费纳入现代化经济体系

"十三五"以来，我国低碳消费制度建设逐步完善，低碳消费成为构建
绿色低碳循环发展现代化经济体系中的重要内容。党的十九大报告指出加快
建立绿色生产和消费的法律制度和政策导向，建立健全绿色低碳循环发展的
经济体系，针对绿色生产、流通、消费等政策制度逐步完善。在扩大内需的
战略导向下，促进消费相关体制机制日趋完善。2018年，生态环境部等五部

门联合发布的《公民生态环境行为规范（试行）》，倡导公民"践行绿色消费，选择低碳出行，坚持简约适度、绿色低碳的生活方式"，强调公民个人践行生态环境责任。2020年，国家发展改革委和司法部联合发布《关于加快建立绿色生产和消费法规政策体系的意见》，从绿色采购、认证标识、税收优惠等方面，为全国和地方绿色消费制度建设提供了指导，低碳消费作为其中一项重要内容，针对低碳产品供给、市场交易标准等相关配套政策逐步完善。

4. "十四五"时期："双碳"目标导向下加快低碳消费部署

"十四五"时期，我国"双碳"目标驱动下的经济社会整体变革与高质量发展要求具有一致性。一方面，以生产端减排为主、以消费端减碳相协调，双侧发力推动碳排放总量和强度双重控制，缓解能源约束压力和减排压力。2020年12月，国务院新闻办公室发布的《新时代的中国能源发展白皮书》明确指出，在全社会倡导勤俭节约的消费观，培育节约能源和使用绿色能源的生产生活方式，大力推动能源消费革命，加大能源需求侧管理。2021年7月，全国碳市场上线交易启动，未来居民低碳行为有望被更多纳入碳市场，以市场机制培育绿色低碳消费习惯。另一方面，把握新时期消费扩大和升级要求，以"碳"为量化约束倒逼消费品质提升，有利于激发经济活力，畅通国民经济大循环，与新发展格局相适应。2021年2月，国务院出台《关于加快建立健全绿色低碳循环发展经济体系的指导意见》，提出构建涵盖国民经济循环的绿色生产、流通、消费体系，鼓励绿色产品消费和绿色生活创建活动，强调绿色、低碳和循环三者的相互协同，提高效率、资源化利用、减少排放具有共通性，依赖于产品全生命周期管理。随着"线上线下"消费新业态新模式发展，新型消费模式将成为新时期促进消费的一大亮点，消费者以更低的能耗和排放获得更优质的消费体验，而新型消费本身倡导的数字化、便捷化，也将为低碳消费带来更多机遇。

（二）中国低碳消费实践成效

1. 低碳消费的政策体系雏形显现

我国低碳消费专项促进政策逐步完善。中国已出台《节能产品惠民工

程》《高效照明产品推广补贴资金管理办法》等一系列法律法规，实施了
"新能源汽车补贴政策""脱硝电价补贴政策""老旧汽车报废更新补贴车
辆范围及补贴标准"等多种补贴方案。2009年，节能惠民补贴政策率先在家
电领域开展，低碳产品的推广力度不断增强；国家发改委、工信部等部门共
同印发的《进一步优化供给推动消费平稳增长促进形成强大国内市场的实施
方案（2019年）》提出，对节能减排的绿色、智能化家电，给予消费者适当
补偿，对节能环保的家电产品消费起刺激作用，完善低碳消费补贴措施仍是
重要方向。

　　同时，我国低碳产品认证体系逐步完善。"十一五"规划纲要明确推行
强制性能效标识制度和节能产品认证制度。2008年《国务院办公厅关于深入
开展全民节能行动的通知》提出，鼓励和引导消费者购买使用能效标识2级
以上或有节能产品认证标志的多款商品。2013年，国家发展改革委和国家认
证认可监督管理委员会共同制定《低碳产品认证管理暂行办法》，着手实施
全国统一的低碳产品目录，统一的国家标准、认证技术规范和认证规则，统
一的认证证书和认证标志，围绕低碳消费的配套政策不断细化。2019年，财
政部等四部门联合发布的《关于调整优化节能产品、环境标志产品政府采购
执行机制的通知》，政府采购节能产品和环境标志产品由"产品清单管理"
转为"品目清单管理制"，品目内容可根据产品节能环保性能、技术水平和
市场成熟度等制定并适时调整，有利于简化审核认证程序、降低行政管理成
本、提高企业参与绿色低碳生产的积极性。

　　2. 绿色低碳交通体系建设取得积极进展

　　我国加快推进新能源和清洁能源替代。2010年以来，中国新能源汽车快
速增长，销量占全球新能源汽车55%，新能源汽车产销量、保有量均占世界
1/2。开展绿色交通省市、绿色公路、绿色港口等示范工程，年节能量超过63
万吨标准煤，沿江沿海主要港口集装箱码头全面完成"油改电"。全面开展
运输结构调整三年行动，深入推进大宗货物"公转铁""公转水"，通过中
央车购税资金，支持建设综合客运枢纽、货运枢纽、疏港铁路，统筹推进公
铁联运、海铁联运等多式联运发展。

3. 节能省地型建筑向绿色建筑发展转变

我国打造了一批节能和生态示范小区。国家住房和城乡建设部组织推动实施了绿色建筑评价标识、绿色建筑示范工程建设等一系列措施，相继制定《绿色工业建筑评价标准》《绿色办公建筑评价标准》《被动式超低能耗绿色建筑技术导则（试行）（居住建筑）》《绿色建筑运行维护技术规范》等专项规范，"十三五"时期正式将"推进建筑节能与绿色建筑发展"作为主要任务。北京、上海、广州、杭州等经济发达地区，结合当地自身特点，打造了一系列示范建筑、节能示范小区和生态小区。

4. 公众对低碳消费参与意识逐步提高

地方政府积极推动碳积分账户体系，引导公众培育低碳消费习惯。例如，深圳碳账户、广东碳普惠平台、成都碳惠天府平台等，积极开发低碳行为场景，对公众绿色出行、绿色购物等行为的减排量进行核算，换算成积分予以相应的奖励，激发公众低碳消费的积极性。企业在提供低碳产品和服务、推动公众进行低碳消费上的作用越来越显著，如京东物流协同上下游企业推行减量化、循环物流包装；美团外卖推出"不提供一次性餐具"选项；"蚂蚁森林"用户通过支付宝完成绿色出行、网上购物等低碳消费行为，换算相应的碳减排量转化为森林能量，对应实际植树造林行动，鼓励用户积极参与低碳活动。

第 九 章

科技创新：
精准规划"双碳"能源战略布局

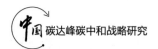

第一节　能源科技创新推进"双碳"战略

2021年4月，习近平主席在"领导人气候峰会"上指出，要以创新为驱动，大力推进经济、能源、产业结构转型升级，让良好生态环境成为全球经济社会可持续发展的支撑。这一重要论述明确了科技创新在"双碳"目标实现过程中发挥引领和支撑作用。

近年来，我国全面贯彻新发展理念、构建新发展格局、推动高质量发展，经济社会实现长期健康稳定发展，经济占全球比重逐步提升，对世界经济增长的稳定器和动力源作用更加明显。与此同时，我国能源消费体系具有高碳、高煤系统的特点，随着能源电力需求持续攀升，二氧化碳排放量进入大体量、高增速阶段。根据统计报告估算，2020年我国来自能源领域的二氧化碳排放量已近100亿吨，占全球碳排放总量的1/3。自2007年我国成为世界最大二氧化碳排放国以来，十三年的时间碳排放总量增长49%，年均增速为美国2倍多，居全球首位。

自碳中和目标提出以来，如何在保证国民经济如期增长前提下有序推进能源改革成为摆在全国人民面前的新挑战。习近平总书记在两会期间多次强调要坚持先立后破、通盘谋划。必须在保障能源电力安全的前提下突破能源高效转化、存储，利用前沿变革科技，构建清洁低碳安全高效的能源体系。通过分析世界清洁低碳能源科技发展路径，并与我国科技创新现状结合，提出符合国情的能源科技创新政策建议，以科技创新和技术引领有效推动我国能源清洁低碳转型、顺利达成碳中和能源体系构建目标。

能源工业既是国民经济的基础产业，又是技术密集型产业。能源科技创新具有战略性、公共性、前瞻性和系统性等特点，需要持续高水平投入以及超前部署。因此，能源科技创新在整个国家科技创新体系中都占有十分重要的地位。当前，我国正处于工业化快速发展期，而新一轮科技革命和产业变革要求实现信息化与工业化的深度融合，对能源供给提出更高的需求。

要实现"双碳"目标，一方面，要加强"高效—洁净—低碳"三位一体的变革性、多重目标的化石能源转化利用新科技；另一方面，在可再生能源领域，风电、光伏等产业在未来相当长的一段时期中将持续快速发展。然而现有电力系统难以支撑更高比例的新能源消纳。随着大规模新能源电力并网以及负荷侧的角色转变，我国电力系统满足随机负荷与波动电源之间实时平衡面临更加严峻的挑战，其能量的时空分布特性、生产消费方式与传统电网存在诸多不同甚至本质差异。

因此，我国构建清洁低碳安全高效的能源体系，无论从科技还是模式等方面都史无前例，迈入了国际能源科技领域的"无人区"，亟待突破一系列基础理论研究和核心关键科技。尤为值得重视的是，我国能源禀赋具有"富煤贫油少气"的特点，已探明煤炭储量占我国化石能源的90%以上，其作为我国兜底保障能源的作用不可替代。在已有电网体系下，未来风电、光伏大规模入网消纳和电网稳定运行也需要煤电的调峰匹配，因此提升煤炭清洁高效利用水平，对我国能源转型、经济发展具有重要意义。

以能源科技创新引领能源高质量发展的关键在于能源供给侧结构性改革，促进能源体系清洁低碳、安全高效转型；以供给结构创新激发能源消费活力，全面提升能源终端电气化和智能化水平；以投入结构优化加快核心关键科技攻关，实现"卡脖子"科技的完全自主可控，推动我国迈进能源领域"无人区"后的全面创新引领。加强能源科技原创性、前瞻性布局，着力发展清洁能源、智能电网、储能、氢能等领域的基础理论与关键科技研发，立足我国自身资源禀赋及能源需求结构推动持续科技创新，满足我国能源安全和可持续发展需求，落实碳达峰碳中和目标。

一、清洁能源转化

在煤炭清洁高效利用领域，针对智能化以及支撑多种发电形式发展技术需求，开发快速变负荷及启停技术，煤电机组深度调峰和快速变负荷技术，数字化、自学习、自适应、互动化特征显著的智能发电技术，煤电提效与新型循环发电技术，煤转化制清洁石油和天然气等清洁燃料技术，煤制甲醇/乙二醇/烯烃等化学品技术，高效低成本燃煤电站及工业领域燃煤多污染物联合控制技术，煤转化过程污染物控制技术及资源化回收技术。在可再生能源领域，重点研究深远海超大型风电、太阳能热利用、地热、海洋能、生物质等可再生能源高效利用；新型高稳定和宽光谱吸收光电转换材料和器件、高效稳定的晶体硅太阳电池、新型模块化光伏系统与设备等核心科技。

二、储能技术

在储能领域重点研究能源生产、输送、利用不同场景、环节适用的电能、热能高安全低成本规模化储能存储原理和方法，推动高功率电容器、高功率电池、飞轮储能、电介质薄膜、固态锂电池、钠离子电池、液态金属电池储电科技，热化学、相变储热科技及电制燃料等新型储能科技创新；大规模分布式储能与电网的高效智能耦合互动机制；高比能、长寿命储能材料、器件及高功率大容量储能科技，推进GWh级储能电站集成；储能系统多物理场多尺度能质转化协同机制及调控理论。

三、氢能

在氢能领域重点研究高电流密度、低贵金属用量的电解制氢材料与装备、热解/光解等制氢新科技，氢气制烃、醇、氨载体及氢载体重整制氢与纯化科技；突破电解直接制合成气/氨及高压氢等新科技。针对单质氢存储、交通网及管道网输配，研发高安全、低成本的储氢压力容器科技，氢气高效低温液化与运输科技，天然气/燃气管道的掺氢/纯氢输送科技，创新高密度、高性能的可逆储氢材料新体系。针对清洁交通、综合供能等不同终端场景，研发稳态长寿命、动态高功率燃料电池材料和电堆及系统科技，富氢/纯氢/醇/

氨高效燃烧及动力装置，氢—电转换新材料新器件与热机—燃料电池集成新系统科技。

四、新型电力系统

在可再生能源主动支撑科技领域，重点研究风光发电并网主动支撑和自组网、局域100%新能源电力系统等基础理论，在新型输电科技领域，重点研究交直流特高压输电、电网柔性互联关键科技，大力支持高端电力能源装备研发；在电网安全高效运行科技领域，重点研究"双碳"目标下新能源电力系统故障机理及动态安全控制、多层级源网荷储全景测量及灵活智能调控等基础理论，推动综合能源利用与能源互联科技创新；在基础支撑科技领域，重点研究智能环保的高性能电工材料、器件与装备核心关键科技，推动先进技术对接产业验证，加快科研技术到产业应用的迭代进程。

加强推动能源技术创新是我国能源清洁低碳转型、实现碳达峰碳中和目标的迫切需求，也是世界范围抢占科技制高点的国家战略。通过分析世界主要发达国家低碳能源科技路径和我国能源科技面临的挑战，结合我国自身资源禀赋及能源结构需求，提出能源结构中已有形式的清洁化高效化技术领域、高安全低成本规模化储能技术领域、氢能产储用技术领域及面向可再生能源随机性波动性的新型电力系统关键技术领域的重点科技创新需求，以期对能源科技创新发展和政策制定具有参考价值。

科技创新的水平决定着低碳经济发展的成效，并对实现"双碳"目标产生关键影响。而要深入研究科技创新对"双碳"目标实现的支撑路径，首先要深刻理解把握世界各国对碳达峰碳中和的战略决策。

近年来，我国大力推进全球气候变化治理进程，通过坚定实施应对气候变化国家战略、扎实推进"1+N"政策体系的部署和考核、加速形成绿色低碳集成技术体系、加大科技投入实现低碳技术突破、优化能源消费结构提高能源使用效率等方式，二氧化碳排放量得到了有效的控制。截至2020年底，我国单位GDP二氧化碳排放较2005年降低约48.4%，超额完成向国际社会承诺的到2020年下降40%～45%的目标。目前，科技部正在制订和推进科技支撑"双碳目标"方案和技术路线图。学界也在积极行动，如中国科学院发布了科技支撑"双碳"战略行动计划，确立科技战略研究等8大行动以及行动框架下具体实施"双碳"科技发展路线图等18项重点任务。

国际社会普遍认为，科技创新是推进技术生态化创新发展的不竭动力，是实现"双碳"目标的关键支撑，是点燃经济高质量发展的强大引擎。各个参与主体应充分利用各自资源优势，实现创新活动各环节的有效协同，并通过相应的运行机理作用，促进科技创新支撑"双碳"目标的实现。

第二节　科学规划能源战略布局

能源作为一国战略必争领域，国家需求导向和战略引领在能源科技发展中起到核心关键作用。世界主要国家因各自国情特点进行差异化战略布局推进能源转型，在能源系统层面组织开展多学科交叉的全价值链创新已成为顶层战略布局和科研活动组织的典型模式；同时，各国推动能源科技体制改革，构建全链条协同联动的能源科技创新生态系统。我国作为世界上最大的能源消费国、第一人口大国和第二大经济体，能源战略和能源观必须要有全球视野、大国格局。

从世界能源发展历史和各国能源发展战略方向看，能源的低碳化、清洁化、安全化、高效化是主流趋势。不同国家的资源禀赋和经济社会发展程度决定了其能源政策和未来发展路径，我国必须把握世界发展大势，根据自身能源资源禀赋和国情实际，以"2030年碳达峰、2060年碳中和"为目标，科学制定能源战略和发展路径，把握好社会主体能源变革和逐步替代的节奏、节点和节律，筑牢高质量可持续发展的能源根基，这是加快国家发展强大，实现中华民族走向伟大复兴的关键。

"多煤、贫油、少气"的资源禀赋、长期占主导地位的化石能源体系和世界第一能耗大国的现状共同决定了我国能源的清洁低碳、安全高效发展之路将充满挑战。从国土面积、人口数量和油气资源探明储量看，我国是典型的多煤、贫油、少气国家。因此，无论是从巨大的能源需求还是天然的资源禀赋来看，以煤炭为社会主体能源是基于我国国情出发的必然选择，这也决定了我国的能源体系和工业体系的基本格局。

煤炭在我国能源体系中长期占据绝对主体地位，为我国的经济发展和民生福祉改善作出了重要贡献。煤炭支撑了我国74%的电力、8亿多吨粗钢、24亿吨水泥、7000万吨合成氨以及煤制油、烯烃、乙二醇、甲醇等现代工业发展的基本需要，为我们这个人口大国、工业大国和农业大国提供了重要的能源、原材料和化工产品。长期以来形成的以煤炭为主体的能源体系奠定了支撑我国工业发展的主体技术群，产业发展成熟、产业链配套齐全、经济带动力强，有庞大的产业工人队伍，这是国民经济快速发展的主要动力和发展成就，也是国计民生所系。

以煤炭为主体能源，长期形成的庞大产业体系路径依赖和发展惯性成为我国由煤炭经济向低碳经济转型的重点和难点所在。同为化石能源，煤炭比石油和天然气的热效率更低、碳排放量更高。20世纪中叶以来，石油、天然气逐步取代煤炭成为主要发达国家的社会主体能源，煤炭在其能源消费总量中仅占10%~20%，而我国煤炭在一次能源消费占比高达60%，为全世界最高。我国在从煤炭经济向油气经济转型的过程中已经显露出资源禀赋差、转型包袱重、升级阻力大等短板，构建以清洁可再生能源为主的清洁低碳、安全高效能源体系必将充满挑战。

按照《零碳社会》作者杰里米·里夫金的观点，当太阳能和风能等清洁可再生能源在一个国家能源中的占比达到14%时，资本就会不可逆地从化石能源产业流向清洁可再生能源领域。基于这种推断，我国未来的社会主体能源低碳化和转型升级之路充满挑战，出现许多不容回避也不能忽视的社会主体能源变革所引发的连锁震荡反应，这是我国实现碳达峰碳中和目标所必然付出的代价。

在碳达峰碳中和目标的倒逼下，我国有可能将跳过油气经济，直接实现从煤炭经济向低碳经济的转型升级，这在世界发达国家中尚无先例，对我们这个全世界最大的发展中国家来说，这样的转型压力和升级难度将更大。

能源安全关系国家安全，以碳达峰碳中和为目标，加快发展清洁可再生能源、推动电能替代是保障国家安全的重要战略举措。碳达峰碳中和目标的提出不仅体现大国责任的担当，也是出于维护我国能源安全的战略需要。能源安全是国家安全的重要组成部分，我国现在仍处于并将长期处于工业化时代，能源对我国具有不可替代的重要作用。能源是维护国家安全的重要保障，是经济繁荣发展和社会进步的重要推动力量，是生态文明建设和可持续发展的重要支撑，是提高国家竞争力、增加社会财富，保障并提高人民生活质量的重要基础。

大力发展清洁可再生能源对优化我国能源结构，建立多元化能源供应体系具有重大意义。多元化的能源体系能够带来能源系统内的相对稳定，而能源稳定就是最大的安全。对我国来说必须建立以清洁可再生能源为主体，多种能源互供互补的能源体系，调整变革以化石能源为主体的单一能源结构，这是我国应对系统性风险和维护国家安全的重要保障手段。

我国石油、天然气对外依存度很高，大力发展清洁可再生能源，可以降低我国能源对外依存度，提高能源自给能力，保障国家能源供给安全。基于石油和天然气的主体能源体系、科技体系、经贸体系和运输体系长期以来都由西方主导，极容易被西方反华势力作为打压我国经济发展的撒手锏。化石能源的价值和作用不仅在于保障日常能源供应，而且是重要的化工原材料和极为重要的战略资源储备。多开发、多使用一些可再生能源，就能为我国多储备一些宝贵的、不可再生的化石能源，减少一些进口环节的外部风险。从能源供给安全角度看，发展清洁可再生能源将有效提升我国经济发展抵御海外能源市场波动风险的能力。

我国能源及化工产业长期依赖煤炭，通过发展清洁可再生能源，加快掌握不同类型能源的关键核心技术，确保对能源及工业体系的完全控制，是保障国家经济整体安全的关键。当前，我国已经在化石能源开发利用领域取得了令世界瞩目的发展成就，如超临界火电机组、煤化工、石油化工等很早就已经具备世界领先水平。在水电以外的清洁可再生能源领域，我国仍然需要不断加快突破关键核心技术，全力实现从规模引领到技术引领。一旦清洁可再生能源相关核心关键技术被西方国家优先掌握并形成垄断优势，特别是核心部件、关键设计软件和控制系统如果依赖国外，我国能源产业的转型发展将受制于人。

大力发展清洁可再生能源，减少污染物排放、降低化石能源生产消费带来的环境问题，是维护国家生态安全、构建生态安全屏障的关键。生态问题是系统性问题，解决系统性问题必须首先解决结构性问题，构建合理的能源结构是破题的关键。保持生态系统的长期稳定和正常功能，是我国从工业文明走向生态文明建设的关键，任何生态环境问题最终都会演化为社会问题、发展问题和资源问题，并最终发展成为国家安全问题。因此，大力发展清洁可再生能源是从源头上保护环境、修复生态的有效途径，也是保障国家生态安全的切实举措。

加快推进清洁能源替代和电能替代，从源头上消除化石能源作为一次能源所产生的碳排放，是实现碳达峰碳中和目标的治本之策。目前，我国化石能源占一次能源的比重为85%，占全社会碳排放总量的近90%。清洁替代即在能源生产环节以清洁能源替代化石能源发电，加快形成以清洁能源为主体的能源供应体系。电能替代即在能源消费环节以清洁电能替代煤炭、石油和天然气，不断降低化石能源在一次能源中的比重，培养全社会的绿色、低碳用电需求、用电习惯，加快形成以清洁电能为社会主体能源的能源生产和消费体系。

构建我国清洁低碳、安全高效能源的战略路径思考。党中央对我国能源体系建设高度重视，已将能源战略上升为国家战略。能源体系始终处于发展变动之中，必须要有全球视野和长远眼光，要不断摆脱传统思维的桎梏，不断摆脱落后主体能源的发展惯性和路径依赖。我国不能等待新一轮能源革命发生、定型后才有所行动，必须要有见微知著的敏锐察觉和超前的战略布局，提前做好顶层设计，加大基础研究投入，实现战略引领，不为短期的发展利益所惑，也不为发展转型的艰难所困，加快推动能源科技创新与产业变革、经济发展的全面融合互动，通过新一轮能源革命的创新发展，打造新型能源产业和优势产业集群，创造新产业、新业态，推动实现军民融合，塑造

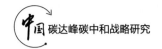

我国高质量发展的强大新动能。

我国不仅是世界水电大国，也是世界水电强国。水电是我国清洁可再生能源体系中的重要组成部分，具有特殊优势，应当成为构建我国清洁低碳、安全高效能源体系的优先发展对象。水电工程可以实现多目标、多功能、多效益，除发电目标外，还可以实现防洪、航运、生态、水资源综合利用和扶贫开发等多重目标。水电和火电同时诞生，是目前技术最成熟的能源开发利用形式，也是目前开发的最经济的清洁可再生能源，其经济性仅次于火电。水电是调度最灵活的清洁能源，是行业公认的电网"稳定器""压舱石"。我国水电资源禀赋好、可集中大规模开发利用成为社会主体清洁能源，破解资源、发展与生态保护之间的矛盾。

我国海上风电具备独特优势，可以发展成为一种替代落后煤电、不依赖国家补贴、可大规模集中开发的新型主体清洁可再生能源。海上风电与陆上风电、光伏、水电、核电等清洁能源相比，除了都具有绿色低碳等特征外，还具有其特殊的优势：海上风电资源禀赋好，资源储量大，可以集中连片大规模开发，是未来最具开发潜力并成为沿海地区主体能源的清洁可再生能源。海上风电资源集中、风速大、风能密度高，可驱动大容量海上风机，出力较稳定，发电质量可媲美大水电。海上风电场靠近我国东部沿海用电负荷中心，电能消纳条件好。我国海洋面积十分广阔，不占用耕地和林地，未来发展空间巨大。开发海上风电不使用海水，不影响航道和景观，对海洋生态环境的影响极小。海上风电产业带动能力强，有利于发展养殖、造船、通信、海水淡化、制氢储能等海洋经济。此外，海上风电开发对于我国巩固领海防御和开发具有战略意义的远海孤岛意义重大。随着人类对海洋认识的不断深入，以及开发技术不断取得突破并日趋成熟，海上风电的优势特性将更加凸显，未来具有广阔发展前景和巨大市场空间，我国必须加快科技创新，推动海上风电规模化经济性开发，打造一种新型的清洁可再生主体能源。

重点开发太阳能资源禀赋优越地区，采用大规模集中连片开发和分布式开发两种方式，不断提高太阳能利用的经济性和电能输出质量。我国太阳能资源丰富，其中，宁夏北部、甘肃北部、新疆东南部、青海西部和西藏西部等地都具备大规模集中连片开发条件。根据清华大学能源互联网创新研究院《2035年全民光伏发展研究报告》的测算，将城市建设用地、交通建设用地、农业光伏也作为光伏可利用资源进行评估，在基本开发强度下，基于我国已开发国土的光伏装机资源，2030年和2035年分别可达到31.65亿千瓦和33.7亿千瓦，仅光伏发电就可以满足我国基本能源供应需求。未来，以光伏为代表的新能源将是成本下降最快、经济性提高最显著的能源类型，并且还有继续降低的巨大潜力。目前，在青海等光资源丰富、土地成本较低的区域已经基本具备平价上网的条件，已经初步形成了与煤电的价格竞争优势。

第三节　加强"双碳"战略下的智慧城市建设

智慧城市的概念自2008年提出以来，在国际上引起了广泛关注，并持续引发了全球智慧城市的发展热潮。智慧城市概念自诞生之日起即被学界与行业赋予了解决"城市病"的使命，因此，"绿色""低碳"从一开始就被纳入作为智慧城市建设的内涵与特征之一。自2009年以来，各国对智慧城市推进的节奏、模式、路径等均存在差异。全球变暖、空气污染、垃圾处理等问题日益突出，为"双碳"时代智慧城市的发展带来严峻挑战，但也带来低碳化发展的全新机遇。

智慧城市经常与数字城市、感知城市、无线城市、智能城市、生态城市、低碳城市等区域发展概念相交叉而混杂。智慧能源城市其实就是指基于城市的能源物联网，能源物联网就是智慧能源实现的组织方式和形态之一；也是实现碳达峰碳中和发展目标的基础支撑。城市能源物联网通过城市能源清洁化、区域化、智能化和互联网化转型升级而实现。

构建城市能源物联网将解决城市能源电力就地平衡的瓶颈，促进各类能源与电能转换，提高清洁能源在供给侧和电能在消费侧的使用比重，优化城市能源结构、提高能源利用效率、促进清洁能源开发利用，最终实现城市能源消费的低碳化。而其未来的发展将伴随着能源物联网技术的提升，能源属性将会出现叠加；基于能源物联网通信标准的智能光伏、智能水表、智能电表、智能气表、智能储能、智能燃机、智能热表、智能开关、智能控制柜、智能充电桩等在智能化过程中，因其计量的基础和数字化基础都是基于标准和区块链，从而电力、热力、压力等都会演变为流量，流量就是数字，数字的背后就是能源，能源的表现不再是度电或温度，从数字化本身去理解就是区块和数据；能量流变成数字流，数字的镜像就是能量，能量的表达就是数字，这时能源数字化才可实现；一旦实现，能源数字经济的大门就将打开；社会参与度将巨大发展，能源数字金融和绿碳数字及绿碳数字资产的价值应运而生，基于信息化数字化基础的智慧加能源的城市智慧能源完整的系统诞生了。

能源是驱动现代社会发展的血液，作为社会前进的动力，能源推动新一轮工业革命。随着分布式能源的基础设施越来越多，能源生产结构愈加复杂，随着城市扩张用户侧用能曲线也更加动态，能源数据无论是从数量、类型还是从动态随机性上都远比传统能源时代要上一个台阶，仅凭人力无法及时、有效、准确地对分布式能源的供需曲线进行判断和管控，能源的智慧化，利用各类高新科技代替人脑做海量数据优化、分析、判断、决策，发出指令，以及更先进的技术实现能源管理和能源商业发展；在碳中和发展的强力需求下，更是尤为重要和迫切。在能源物联网的世界里，人们可以使用探测系统实时监视城市用电数据，结合大数据分析通过智能电网自动调节电能质量；利用由新材料和新设计技巧所建的智能建筑，结合数字化技术构造智能社区，提高各用能系统的效率，减少能源浪费；屋顶太阳能板、小型风力发电机、地热发电、新能源汽车以及储能系统构建智能微网及城市分布式能源系统，实现新能源自给自足及双向交易。将实现新能源产业的革新，将光伏、风电、地热、生物质能等新能源因地制宜地整合到一座城市的能源结构中，利用智能系统加以精准调配，弥补了新能源随时间、空间变动的缺点，保障了新能源有效的供应，同时为传统能源的可持续利用提供了保障。

从智慧能源城市的基础建设上来看，其内核有几个内容：智慧能源城市的建设，其技术范围包括但不限于新能源发电技术、先进电力电子技术、先进储能技术、先进信息技术、需求响应技术、微网技术、源网荷储一体化能源管理平台、碳管理平台，也包括关键装备技术和标准化技术。

一、新能源发电技术

新能源发电包括风能、太阳能和生物质能等可再生能源发电，新能源发电技术包括各种高效发电技术、运行控制技术、能量转换技术等。也包括微型燃气轮机分布式电源技术，以及燃料电池功率调节技术、谐波抑制技术、高精度新能源发电预测技术、新能源电力系统保护技术；研究动力与能源转换设备、资源深度利用技术、智能控制与群控优化技术和综合优化技术。在具体运用场景上通常有：地面光伏电站、屋顶分布式光伏电站、分布式风力电站、BIPV一体化、光伏车棚、风光火储一体化、燃气发电、水源热泵、地源热泵、空气源热泵、天然气三联供、太阳能供热、光热发电、绿色建筑、储能系统、电动汽车充电设施、配电系统、冰蓄冷系统、压缩空气储能、LED照明系统、管廊、生物质发电系统、智慧灯杆系统、配套设施和配套管线及监控等。

二、先进电力电子技术

先进电力电子技术包括高电压、大容量或小容量、低损耗电力电子器件技术、控制技术及新型装备技术。

三、先进储能技术

先进储能技术包括压缩空气储能、飞轮储能、电池储能、超导储能、超级电容器储能、冰蓄冷热、氢存储、P2G等储能技术。从物理形态上讲，包括可用于大电网调峰、调频辅助服务的储能装备，也包括用于家庭、楼宇、园区级的储能模块。风电、光伏等可再生能源发电设备的输出功率会随环境因素变化，储能装置可及时地进行能量的储存和释放，保证供电的持续性和可靠性。超导储能和超级电容储能系统能有效改善风电输出功率及系统的频率波动；通过对飞轮储能系统的充放电控制，实现平滑风电输出功率、参与电网频率控制的双重目标；压缩空气储能是一项能够实现大规模和长时间电能存储的储能技术。储能技术及新型节能材料在电力系统中的广泛应用将在发、输、配、用电的各个环节给传统电力系统带来根本性的影响，是电工技术研发的重点方向，也是城市智慧能源系统的灵魂之一。

四、先进信息技术

由智能感知、云计算和大数据分析技术等构成代表能源领域信息技术的发展方向。能源物联网开放平台是利用云计算和大数据分析技术构建的开放式管理及服务软件平台，实现能源互联网的数据采集、管理、分析及互动服务功能，支持电能交易、新能源配额交易、分布式电源及电动汽车充电设施监测与运维、节能服务、互动用电、需求响应等多种新型业务。

五、基于"数字化的智慧+能源系统"

核心部分就是通信技术和信息化数字化技术的支撑，细分市场可以理解为数字化测量技术、基于边缘计算的云计算技术、大数据分析技术等。

六、数字化测量技术

智能感知技术包括数据感知、采集、传输、处理、服务等技术。智能传感器获取能源物联网中输配电网、电气化交通网、信息通信网、天然气网、热网运行状态数据及用户侧各类联网用能设备、分布式电源及微电网的运行状态参数，传感器数据经过处理、聚集、分析并提供改进的控制策略。基于能源物联网通信标准，使用植入商用密码的能源物联网终端模组作为数据采集、传输的载体；利用基于IPv6的开放式多服务网络体系，支持端到端的业务，实现用户与微电网及电网之间的互动，而且可实现各种智能设备的即插即用，除了智能电能表以外，还支持其他各种非电表设备的无缝接入。

七、基于边缘计算的云计算技术

边缘计算就是基于分布式城市微小站点的轻量级计算中心的算力，与用户最近，以最短的时间和最低的能源消耗利用特殊的组网方式和算法而实现的一种云计算。云计算是一种能够通过网络随时随地、按需方式、便捷地获取计算资源（包括网络、服务器、存储、应用和服务等）并提高其可用性的模式，实现随时、随地、随身的高性能计算。能源物联网将利用互联网强大的互联互通能力，支持发电商、网络运营商、用户、批发或零售型售电公司等多种市场主体任何时间、任何地点的交易活动。

八、大数据分析技术

大数据是指无法在一定时间内用传统数据库软件工具对其内容进行提取、管理和处理的数据集合。能源物联网中管网安全监控、经济运行、能源交易和用户电能计量、燃气计量及分布式电源、电动汽车等新型负荷数据的接入，其数据量将较智能电能表数据量大得多。从大数据的处理过程来看，大数据关键技术包括大数据采集、大数据预处理、大数据存储及管理、大数据分析、大数据展现和应用大数据检索、大数据可视化、大数据应用、大数据安全等。

需求响应也是重点部署的一个部分，需求响应是指用户对电价或其他激励做出响应改变用电方式。通过实施需求响应，既可减少短时间内的负荷需求，也能调整未来一定时间内的负荷实现移峰填谷。这种技术除需要相应的技术支撑外，还需要制定相应的电价政策和市场机制。一般建立需求响应系统包括主站系统、通信网络、智能终端，依照开放互联协议实现电价激励信号、用户选择及执行信息等双向交互，达到用户负荷自主可控的目的。在能源物联网中，多种用户侧需求响应资源的优化调度将提高能源综合利用效率，在实现削峰填谷需求上将大显身手，巨大化地降低尖峰时刻的备用电力需求及地区限电的概率，从而减少巨大的投资。

微能源网是智慧能源城市的核心灵魂，微能源网是指一个城乡社区或园区、工厂、学校等可与公共能源网络连接，又可独立运行的微型能源网络。微能源网是实现园区内工业、商业、居民用户主要或全部使用可再生清洁能源发电、灵活便利的充电设施，太阳能、生物质发电或氢能、水能、热能等可再生能源及传统能源通过能源路由器接入微能源网。各种能源及可再生能源发电可由个人、企业以多种方式建设、运营，微能源网主体实现了用能、产能、售能等业务的融合。微能源网将可能为绿色城镇化和美丽乡村建设树立典范。微能源网主要技术包括多能源协调规划、多能源转换、优化协调控制与管理、分布式发电产能预测等技术。

源网荷储一体化能源管理平台的建设要充分满足城市或园区能源体系的变化和能源转型的调整需求，继承原有的能源管理运行中心系统，构建纵向贯通、横向互联的源网荷储能源管理平台，统一支撑多种能源的运行、检修、交易、需求侧管理和能效管理等业务，避免未来二级部门业务工具分散，数据不能共享、流程不能融合、数据重复录入等问题，实现统一技术支撑平台、多种业务应用、统一的可视化门户展现的目标，同时具有能源交易系统。打造"网供能源+清洁分布式能源+储能"的能源消费新模式，积极开展电交易、热交易、碳交易、需求响应等能源交易服务，着力推进清洁能源市场化交易。以能源管理平台为核心，打造互惠共赢生态圈。

碳管理平台应用融合前沿技术、结合城市或园区实际需求，建设以城市经济运行、资源循环利用、能源与碳排放管理、大数据统计分析等主题目标的绿色低碳循环信息管理与服务平台，为城市或园区管理者及企业等提供数据化、可视化、统一化的全方位服务。通过能源数据、污染数据、经济发展数据采集、分析、应用智能分析系统予以达到碳达峰管理及能源治理。通过碳报告管理、碳资产管理、CCER项目管理、碳交易管理，以及通过碳价格预测、预警分析、市场价格查询、履约分析以达到碳达峰碳中和治理的目的，其中利用多个类型的预测模型分析得到排放数据、碳资产数据，降低履约风险数据、节约成本数据，优化交易策略、节能减排策略等。

　　能源物联网发展的根本支撑是基于标准的，在标准方面，除已出现了工信部有关部门推出的能源物联网通信标准外，中国电力设备管理协会协同工信部电信终端产业协会也已签署合作协议，共同推动能源物联网相关标准的发展和制定，共同推动有关基于标准的终端认证的工作，能源物联网标准体系可由规划设计、建设运行、运维管理、交易服务等标准构成。

　　目前，能源系统物联网通信标准正在陆续以系列标准方式推出，中国移动、中国电信、中国联通及多家能源央企和部分能源运营机构将陆续开展和进行互认互通工作，一旦达成完整的互认互通机制，智慧能源城市的基础建设将会大幅度减少投资，最大化提供能源使用效率，更快地实现能源数字化，即只要获取认证的能源物联网终端及涉及的众多设备，不管什么品牌，一旦接入系统便可自动无缝连接、参与能源运营的多环节及涉及多种能源的转换、交易、服务和多元市场主体。

　　未来，有理由期待在实现碳中和发展目标过程中将会很快出现"城市级智慧能源系统"，将会实现聚焦清洁供电、多能供应、能效升级、智能配电、储能、氢能、智慧能源、能源数字化等领域，实现清洁能源替代、电气化替代，构建清洁低碳安全高效的能源体系，构建以新能源为主体的新型电力系统，推动城市碳中和、形成绿色低碳生产生活方式；促进城市绿色低碳高质量转型，优化能源结构，加速节能降碳，全面落实党中央碳达峰碳中和重大决策，建设人与自然和谐共生的现代化城市。

第四节　智慧城市应用助力"双碳"战略前行

　　在"双碳"战略的大背景下，新型智慧城市的建设也需要增加"双碳"相关的重点内容。中国信息通信研究院在《新型智慧城市发展研究报告（2019年）》中提出新型智慧城市建设应包含顶层设计、体制机制、智能基础设施、智能运行中枢、智慧生活等10个方面。在顶层设计层面，新型智慧城市顶层设计中应增加关于"双碳"战略的内容，通过数字化全面赋能，助力"双碳"战略目标实现。在数字基础设施层面，云网端都应与"双碳"紧密相关，终端侧应大力推进碳监测物联网终端的部署，实现碳数据采集信息化、广泛化；网络侧应推广绿色5G建设，发挥5G"使能效应"，助力各行业提质增效、节能降耗；云计算侧的数据中心是碳减排最相关的建设内容，应打造绿色数据中心，通过余热回收和清洁能源的供应等举措将大大减少数据中心的碳排放。在智能中枢层面，新型智慧城市将继续升级迭代数据中台、AI能力中台、物联网中台、应用支撑平台、城市时空信息平台等中枢平台，但更重要的是进行"双碳"主题库专题库的建设，在数据基础之上进行"双碳"智能分析和智能算法的研究，支撑上层"双碳"相关的智慧应用。在智慧应用层面，在优政、惠民、兴业等方面更多地打造"双碳"特色应用，并且在城市智能运营管理中心（Intelligent Operations Center，IOC）进行"双碳"相关信息的可视化呈现，帮助城市管理者了解"双碳"战略进度并做好决策、指挥工作。

新型智慧城市顶层设计中融入"双碳"元素是下一步智慧城市建设的重中之重。2019年，我国正式发布GB/T 36333—2018《智慧城市顶层设计指南》，在该指南的引导下，越来越多的省、市开始重视智慧城市顶层设计或总体规划，通过顶层设计进行高位统筹谋划已经成为智慧城市建设实施的前提。据中国信息通信研究院《2020年智慧城市产业图谱研究报告》统计，我国智慧城市相关试点已经超过700个，开展新型智慧城市顶层设计的省会城市及计划单列市、地级市已经达到94%和71%。"双碳"战略作为国家战略且与智慧城市建设密切相关，更加需要在顶层设计中体现，在数字基础设施、智能中枢、智慧应用的各个层面都需要重视并设计与"双碳"相关的建设内容，真正把"双碳"战略贯穿在智慧城市的建设中。

一、数字基础设施——巩固"双碳"战略信息化基础

（一）云端——数据中心是能耗减排重要发力点

数据中心是智慧城市建设中的重要部分，一方面，随着5G逐步走向大规

模商用和互联网的迅猛发展，数据中心作为数据处理设备的载体，承接了巨量的业务需求。另一方面，数据中心被列入国家"新基建"战略范畴，成为国家信息基础设施建设的重要一环。但是，数据中心作为能耗大户，也是智慧城市建设中最需要进行碳减排的部分。

数据中心的余热回收将是碳减排中最有效的办法，各地政府纷纷发文支持数据中心进行余热回收利用。2021年4月，北京市经济和信息化局发布的《北京市数据中心统筹发展实施方案（2021—2023年）》明确提到，要鼓励数据中心进行热源利用。鼓励数据中心采用余热回收利用措施，为周边建筑提供热源，提高能源再利用效率。由于数据中心是24小时不间断工作，其中的IT设备在运行时会产生很多热量，传统的风冷设备一般是将热量直接排到大气中，没有经过任何的回收利用。目前的余热回收技术已经成熟，采用液冷技术可以更好地收集余热，将液体作为载体，直接通过热交换接入周边写字楼和社区的采暖系统和供水系统，满足居民供暖和温水供应。在北方以及一些有条件的地区，冬天来临的时候完全可以收集数据中心的余热进行供暖，这样不仅数据中心可以节省能耗，城市也可以减少煤的燃烧量，同时通过收取供暖费创造新的商业模式，对智慧城市长效运营以及碳减排都有非常积极的作用。

余热回收只是数据中心碳减排的一个方面，要推进绿色数据中心建设可从多方面发力。比如强化绿色设计，采用氢能源、液冷、分布式供电、模块化机房等高效的系统设计方案，实现节能、节水、节地、节材和环境保护。对于存量的数据中心也可进行绿色技术应用和改造，推进氢能源、液体冷却等绿色先进技术应用。数据中心是智慧城市建设中碳减排重要的一环，打造绿色数据中心将大大助推"双碳"战略目标的实现。

（二）网络——5G开创节能新路径

网络层面，我国5G网络建设风驰电掣，5G建设所需的能耗巨大，所以5G自身的绿色化发展也是实现"双碳"战略目标的重要一环。下一步5G网络建设需要开创绿色节能新路径，构建5G等多元化组网服务，实现行业场景的全覆盖，构建完善的碳数据传输能力，同时加强5G产业链上下游的积极融创，建立起设备、器件、材料、能源等上下行企业的信息融通、联合创新机制，形成畅通高效的合作链，联合创新节能降耗产品，持续降低5G能耗。同时，运营商部署5G网络的方式也应作出相应改变，在5G网络规划和优化时重点考虑能源效率，比如设计基站的智能电源、在预防性维护中支持人工智能等。

5G也是提高能源效率的重要推动力，可以助力其他行业实现各自的"双碳"目标，这被称为5G的"使能效应"。5G的使能效应来自流程和行为的变化，通过5G与传统高能耗行业的深度融合，助力钢铁、化工、冶炼等高能耗行业在产品开发、技术升级和数字化转型等方面发挥其应有作用，为各行业提质增效、节能降耗、低碳环保作出贡献。

（三）终端——物联网终端精准部署实现碳数据采集精准化

在智慧城市终端建设方面，目前有关碳监测物联网感知设备的部署还不是很多，直接影响到后期碳排放量的测算。碳排放量的测定方法主要有计量法和监测法两种，前者通过碳排放活动和碳排放因子计算得来，后者通过设备监测直接获得数据。目前我国碳排放量的测定仍以计量法为主，但是准确性较差；而监测法具有更高的准确性，且易于监管，但需要部署大量的碳监测感知终端。随着碳市场的完善，碳监测或将逐步取代碳计量：从国内碳市场的发展来看，行业内工艺流程的不断更新会加大监管部门的管理难度，使监管标准不断更迭，推动对灵活性更优、具备云端化能力的碳监测的需求。通过部署布局大量碳监测物联网感知设备，打造"碳排放"数字监测体系，利用底层采集和传输能力，将助力实现碳排放核算的实时化、精准化和自动化。同时，我国应推进低功耗低成本物联网终端产业的发展，实现碳数据采集信息化、广泛化。

（四）智能中枢——"双碳"数据库建设需求上涨

智能中枢层面，各地基本都已经规划或者建设了数据中台、AI中台、物联网中台、应用支撑平台、城市时空信息平台等几个重要的中枢平台，各地政府也都建设了丰富的数据库以满足民生和政务多方面的需要，但是"双碳"主题的数据库建设相对较少。随着各地政府对数据的重视和"双碳"战略的实施，数据中台的建设将更加重要，未来我国将建设更多的"双碳"相关主题数据库（如碳排放数据库、碳交易数据库）并进行相关的智能分析。目前，国内比较知名的"双碳"数据库有中国碳核算数据库（China Emission Accounts and Datasets，CEADs）。CEADs主要包括能源清单、二氧化碳排放清单、工业过程碳排放清单、排放因子及投入产出表等子数据库。随着各地政府"双碳"战略的进一步落地，基于本地区更加准确的实时"双碳"数据库需求将大大增加，数据中台的内容也将更加丰富。"双碳"数据的智能分析将根据不同需求更加多样化，比如碳中和智能分析、碳配额预测预警分析、碳足迹数据分析、城市碳减排推演等。在智能中枢层面，通过"双碳"数据库的建设以及智能分析，结合城市IOC进行可视化专题呈现，帮助政府管理者了解目前"双碳"战略实施的进度，辅助管理者决策，从而进行更加科学的指挥调度，助力当地"双碳"目标的达成。高能耗行业企业也可借助"双碳"大数据智能分析、人工智能领域的算力，制订智慧能效解决方案，优化能源系统运行方式，提高运行效率，以此推进节能减排，助力建设节能低碳、绿色生态、集约高效的用能体系，推动全面绿色转型。

二、智慧应用——多场景智慧应用助力碳减排

（一）优化政策——智慧政务多措并举节能减排

政府运行节能低碳对推广低碳生活、引领社会经济绿色转型具有重要意义。通过推广协同办公系统、移动办公系统可在实现无纸化办公的同时促进文件高效流转、提升办事效能。数字集约化OA办公平台具备电子套红、电子印章和电子签名等功能，从公文的拟稿到签发，可以实现全流程电子化，并支撑业务部门的公文流转、公文交换、信息交换等协同工作，并通过多端同屏在线的移动办公实现工作"掌上办、指尖办"。"一网通办"是优化办事流程的有力抓手，通过一门式受理、让数据多跑路实现减环节、减材料，可极大地降低耗材使用，提供高效化低碳化服务。

智慧城市还可为政府碳监测提供抓手，通过碳排放数据的精准采集与数据可视化指导政策制定与低碳场景打造。"一网统管"是城市精细化管理的

重要手段，可将重点园区、企业、社区、楼宇的物联网数据、水电气数据等纳入一网统管数据体系，实现碳排放运行动态监测，服务于环境管理部门、环境监测部门、污染排放及治理企业和公众，并为政府的科学规划和宏观调控提供参考。此外，针对高排碳企业，在营商环境监测平台中将低碳可持续作为一个关键模块或指标纳入企业画像库中，构建产业和企业的碳画像体系，控制企业的二氧化碳排放，提高能源利用效率。建立高效、清洁、低碳的市政体系也是实现城市低碳运行的关键举措，构建城市综合能源数字化智慧化平台和行业数字化使能平台，为政府部门、能源企业、用能客户的能源碳监测、碳评估、碳预测等提供智慧化手段，如以智慧水务提升水环境监测能力和优化分质供水的减碳能力，完善垃圾资源回收利用处理系统，以"互联网+"精细化推进生活垃圾分类管理等。解决碳排放问题不仅需要管控高排碳行业和企业，还需要加强对自然资源的有效保护和利用，更好地发挥林草系统碳汇作用，将植被碳汇量精准管理纳入智慧林业平台，通过智慧林业实现林地智慧监管、高效保护。

建立碳排放权交易市场是我国通过市场机制配置碳排放权资源的重要途径，可在助力政府构建、管理和规范碳交易市场方面发挥重要作用。我国多个省、市都在持续探索碳排放权交易市场建设，截至2021年7月，我国陆续在北京、上海、天津、重庆、湖北、广东、深圳和福建8个省、市开展了碳排放权交易试点。可围绕碳交易构建面向企业的交易平台，利用区块链技术实现碳排放权交易数据可溯源，在碳排放核算、数据统计、数据质量控制方面保障数据安全可信。此外，还可面向企业构建服务平台，提供碳减排、碳转化等解决方案并推广节能技术。面向市民提供碳普惠平台，将绿色出行等低碳行为转换为现实收益，并结合数字人民币形态拓展平台应用场景。

（二）惠民措施——智慧交通和智慧社区向低碳化迈进

交通行业的二氧化碳排放量约占全国碳排放总量的10%，其中道路交通在交通全行业碳排放中的占比约为80%，且仍处于快速发展阶段，提升交通工具能效可在未来30年累计额外减排32亿吨二氧化碳当量，以道路交通为主的交通行业绿色化转型势在必行。

在智慧交通方面，从近期来看，可以优先提升交通工具能效，利用城市交通大脑、智能交通调度指挥系统等改善道路拥堵状况，有序发展网约车、共享单车和共享电单车，依靠平台算法优化车辆使用效率，减少拥堵和空驶率，推动出行结构低碳共享化。而从中远期来看，可大力发展电动交通工具，并配套发展充电桩等基础设施，虽然提高电动交通工具占比需要较高的设备投入和运行维护成本，但此举可带来较大的减排效果。逐步发展自动驾驶改变人们的出行习惯并提升公路运输效率，加快零碳交通目标的实现。此外，仓储物流也是高排碳行业，需以智慧仓储、智慧运输、智慧包装为核心，智能化、精细化管控运输、经营、服务和管理各个环节，提升能源利用效率，优化物流生态体系。

从人居环境的角度来看，小到智慧家居中的节能家电使用，大到智慧低碳建筑、零碳社区、低碳园区等建设都将对碳达峰作出重要贡献。在低碳建筑方面，建筑运营的碳排放量不可小觑，可在智能化绿色建筑中依托智能终端设置智能照明系统、空调采暖系统、智能遮阳板等，并在智能楼宇IOC中对大楼照明、空调、用水等楼宇能耗数据进行监测分析，构建楼宇能耗指标体系，对能耗控制与消耗进行有效配置管理。目前，我国老旧小区改造和新型社区建设都将向绿色化、低碳化方向发展，并从绿色建筑、绿色能源、循环资源、节能家居等多方面实现智慧与低碳的结合，如利用感知设备对社区中的人车物、道路管网、能源供给与消耗、绿化碳汇、民生服务等信息进行智能感知和自动获取，依托综合服务平台对获取的信息进行整合、分析与共享，并接入城市管理部门平台进而推动碳排放的精细化管理。

（三）兴业——智能制造和智慧农业绿色化转型

随着国家对数字经济的重视，各地政府对智慧城市在兴业方面的建设要求也越来越高。首先是智能制造，在"双碳"战略的大背景下，低碳化、节能化成为制造业升级转型的大趋势，也将成为制造业高质量发展的必然结果。而要实现制造业低碳节能，数字化技术赋能是关键着力点，智能制造应借助大数据、人工智能、工业互联网等新一代信息技术实现提质增效，以更小的消耗和排放实现相同甚至更高的产出价值，达到节能降耗的目的。通过数字化技术的赋能，不仅能在生产过程中提质增效，而且能在设计、销售等环节打造全生命周期的智能管理，以系统和持续的方法消除生产制造系统中的浪费，实现资源能源的循环利用，最终实现全面的节能降耗。

当然"双碳"目标实现不只需要智能制造，还应在智慧能源这些工业领域发力，智慧农业也对"双碳"战略具有重要的意义和贡献。农作物生长需要大量的二氧化碳，通过数字化技术对农业生产全生命周期的赋能将实现农业降本增效，有助碳中和，甚至可以达到零碳排放。将农业物联网技术应用于田间种植，通过对种植过程的精细计算，可以有效节约肥料、农药的投入，促进农业生产节能降耗。还有通过水肥一体化智能灌溉系统结合土壤墒情监测系统、植物传感器和智能气象站，可以监控农作物生长的整体环境，包括光照强度、土壤养分以及空气温湿度，从而决定播种、灌溉、施肥的最佳时间点，有效节约资源并提升农作物的产量和质量，最终从智慧农业方面助力"双碳"目标的实现。

（四）城市IOC——实时掌握"双碳"态势

目前，各个城市的智慧城市建设中城市IOC基本已成为标配，通过IOC的建设，可全面展现城市管理、产业经济、民生服务等关键领域的运行状况。未来IOC的建设需要增加"双碳"主题内容（如碳画像、碳足迹、碳排放预警监测等），依托智能中枢"双碳"数据的强大支撑，实现对全市"双碳"态势的可视呈现、智能预警、实时分析和协调指挥，打造城市碳排放"一屏观"，还可以基于数字孪生技术，建立可视化碳地图模型，构建排放驱动因素追踪、减排动态模拟推演、能耗告警检测分析等能力，融合物联网、社交媒体、行业数据、消费数据等相关大数据，从而建立起清晰的碳排放监测、管控、分析等体系，便于城市管理者直观掌握城市"双碳"实时状态，支撑科学决策，丰富IOC的强大功能。

第 十 章

"双碳"时代，"绿色"先行
——山西争当排头兵

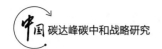
第一节　碳达峰碳中和的山西力量

"双碳"承诺，吹响产业革命号角。力争2030年前实现碳达峰、2060年前实现碳中和，是以习近平同志为核心的党中央站在中华民族永续发展和构建人类命运共同体的高度，经过深思熟虑作出的重大战略决策，是一场广泛而深刻的经济社会系统性变革。山西作为资源型地区和碳排放大省，实现碳达峰碳中和目标意义重大、任务艰巨，必须切实担负起历史使命和政治责任，坚定不移走好生态优先、绿色低碳发展道路。

推进碳达峰碳中和，不是别人让我们做，而是我们自己必须要做，但这不是轻轻松松就能实现的，等不得，也急不得。必须尊重客观规律，把握步骤节奏，先立后破、稳中求进，要积极稳妥推动实现碳达峰碳中和目标，为实现第二个百年奋斗目标、推动构建人类命运共同体作出应有贡献。习近平总书记在山西考察调研时的重要指示精神高瞻远瞩、内涵丰富、要求具体，具有极强的政治性、引领性、针对性，为积极稳妥推动实现碳达峰碳中和目标，进一步指明了前进方向、提供了根本遵循。

山西碳排放总量、强度都相对较高，必须科学谋划、把握进度。要积极落实党中央关于碳达峰碳中和的决策部署，高质量编制实施山西省碳达峰行动方案及能源、工业、交通、建筑、科技、碳汇等领域支撑方案，抢抓碳达峰碳中和过程中产业布局和能源结构调整的战略机遇，加快构建有利于实现碳达峰碳中和的体制机制和政策体系。要尊重规律，实事求是，统筹把握碳达峰碳中和时间节点和工作节奏，坚决避免大干快上、不切实际的"运动式减碳"。

实现碳达峰碳中和是一个多维、立体、系统的工程，必须协同发力、系统推进。要处理好能源安全、经济发展与节能降碳，省内排放与能源外送，传统能源与新能源、清洁能源等关系，推动减污降碳协同增效，加快形成节约资源和保护环境的产业结构、生产方式、生活方式、空间格局。要坚持政府和市场双轮驱动，深化能源和相关领域改革，建立健全市场化激励约束机制，让排放成本越来越高、减碳收益越来越大。

实现碳达峰碳中和体现问题导向、目标导向、结果导向，必须突出重点、做足特色。要严格实施能耗"双控"行动，坚决遏制"两高"项目盲目发展，加快新旧动能转换，积极布局绿色产业，合理发展用能产业，鼓励发展新技术、新业态，为如期实现碳达峰创造有利条件。要加大对新能源领域的投资，解决好煤炭资源多元化利用、非常规天然气增储上产、低碳零碳负碳科技创新等焦点难点问题，积极探索资源型地区实现碳达峰碳中和有效路径。

2017年6月，习近平总书记视察山西时，充分肯定了山西不当"煤老大"、争当能源革命排头兵的战略抉择，对山西提出殷切期望。2019年5月，中央全面深化改革委员会第八次会议，审议通过《关于在山西开展能源革命综合改革试点的意见》，赋予山西为全国能源革命提供示范引领的新使命。8月，中办国办正式印发《关于在山西开展能源革命综合改革试点的意见》，这是党中央从世界能源大势和新时代能源战略全局出发，赋予山西的国家使命，是继国发〔2017〕42号文件之后，近年来党中央对山西省改革发展的又一次顶层设计和大力支持，对于实现从"煤老大"到"排头兵"的历史性跨越，带动全省高质量转型发展，为全国能源革命提供示范引领，具有重大而深远的意义。9月16日，全省能源革命综合改革试点动员部署大会召开，对全面实施中办国办《关于在山西开展能源革命综合改革试点的意见》作出部署，要扛起国家使命，彰显山西担当。

此前，山西提出要深化拓展能源领域对外合作。牢固树立内陆和沿海同处开放一线的观念，把能源革命作为山西走向世界的名片，在新一轮对外开放中争得更多市场、资源、技术和话语权。主动融入京津冀能源协同发展行动。加强与国际能源署、外国友好省州和知名高校、科研机构对接交流。继续深化与全球能源领军企业合作，打造国际合作示范项目。

勇担国家使命，引领能源革命，彰显我国国家战略。党中央审时度势，高屋建瓴地提出了"推动能源消费革命、能源供给革命、能源技术革命、能源体制革命和全方位加强国际合作"重要论述，为我们指明了方向，提供了根本遵循。通过全方位加强国际合作，可以高效利用国际资源，获得更多先进技术成果，更有效地推动能源革命这一国家战略实施。

当今世界正处于新一轮能源革命的前夜，以新能源技术与信息技术融合为主要标志，以高效化、清洁化、低碳化、智能化为主要特征的能源革命，方兴未艾，已经成为全球能源发展的方向和潮流。随着经济全球化的发展，能源资源已经全球配置，加快能源转型发展已经成为世界各国的自觉行动，国际社会亟须合作新机制，维护各国核心关切和整体能源安全。

在山西开展能源革命综合改革试点，是一次为全国探路示范的引领性改革，是一次破解深层次矛盾的关键性改革，是一次贯通各领域的全局性改革。2021年4月30日，习近平总书记在中共中央政治局第二十九次集体学习时指出，"十四五"时期，我国生态文明建设进入了以降碳为重点战略方向、推动减污降碳协同增效、促进经济社会发展全面绿色转型、实现生态环境质量改善由量变到质变的关键时期。碳达峰碳中和是推动我国经济高质量发展的重要抓手，实现碳达峰碳中和是一场广泛而深刻的经济社会系统性变革。山西作为转型综改示范区和资源型经济转型综合配套改革试验区，要坚定不移地走生态优先、绿色低碳的高质量发展道路，通过高标准谋划、优化能源结构、节约集约利用资源提升生态系统碳汇能力、积极参与碳排放市场交易等措施，深入实施碳达峰碳中和"山西行动"，推动形成绿色发展和生活方式。

一、碳达峰碳中和"山西行动"

（一）山西的决策部署及实施战略

党中央提出要做好碳达峰碳中和工作后，山西省委、省政府高度重视，把握先机，在全国率先作出安排部署，出台、完善绿色低碳发展相关政策，引领山西碳达峰碳中和战略的实施。2021年1月15日,山西省政府召开常务会议,强调要持续推进能源节约高效利用,实施碳达峰碳中和"山西行动"。1月19日,山西提出坚持"稳煤、优电、增气、上新",加快构建"清洁低碳、安全高效"的现代能源体系,呼应我国的碳达峰碳中和承诺,随后起草完成了《山西推进如期完成碳达峰碳中和任务工作方案初步设想》。2021年山西省政府工作报告提出,把开展碳达峰作为深化能源革命综合改革试点的牵引举措,研究制订行动方案。时任山西省委书记、山西省推进碳达峰碳中和工作领导小组组长林武分别主持召开了山西省推进碳达峰碳中和工作领导小组第一次、第二次会议,会议审议通过了《省推进碳达峰碳中和工作领导小组工作规则》《省推进碳达峰碳中和工作领导小组办公室工作细则》,进一步强调实施碳达峰碳中和"山西行动",是贯彻落实党中央决策部署的重大政治任务,是山西全方位推进高质量发展的必然要求。同时,进一步明确要把实施碳达峰碳中和"山西行动",与建设国家资源型经济转型综合配套改革试验区、深化能源革命综合改革试点同全方位推进高质量发展统筹起来,通过科学谋划、把握进度、协同发力、系统推进,突出重点、做足特色等战略措施,在"全国一盘棋"推进碳达峰碳中和进程中体现山西担当。

(二)碳达峰碳中和"山西行动"及成效

2021年3月11日,山西首家"碳中和"研究院——山西碳中和战略创新研究院在山西转型综改示范区发起设立。3月24日,"碳达峰碳中和山西行动"气象工作研讨会暨中国气象局温室气体及碳中和监测评估中心山西分中心在太原成立,开展有关碳中和有效性及潜力的评估工作,为我国碳中和及应对气候变化工作提供重要的科技支撑。9月3日,2021年太原能源低碳发展论坛召开,论坛成果转化落地工作有序推进,并取得了一定的成果。11月11日,山西省碳达峰碳中和产业技术创新联合体成立,该联合体的23家发起单位将借助各自领域的学术和专业优势,围绕实现碳达峰碳中和的重大战略需求,发挥高端智库作用,开展前瞻性咨询研究,为碳达峰碳中和山西行动提供支撑。此外,山西省政府与华为公司合作共建的智能矿山创新实验室揭牌运行。

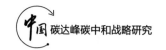

二、山西实现碳达峰碳中和的制约因素

山西作为资源型地区和碳排放大省，实现碳达峰碳中和任务艰巨，面临着严峻的挑战，短期内仍然有运行机制需完善、碳排放总量大、减排技术瓶颈仍需突破、生态碳汇能力有限和碳排放权交易市场不健全等诸多制约因素，影响碳达峰碳中和"山西行动"的实施。

（一）运行机制仍需完善

碳达峰碳中和是一项涵盖多领域、多方面的任务，涉及政府、企业和公众等多个主体。目前，山西虽然已经制订出工作方案初步设想和推进碳达峰碳中和工作领导小组工作规则、工作细则，但是具体的配套政策措施如碳减排标准体系、碳减排投融资和绿色金融政策、碳减排的核算体系、碳排放交易实施细则、碳排放监测机制、完成"双碳"目标下监督考核等尚未细化，运行机制还需进一步完善。参与"双碳"任务的主体在推动工作时会出现因政策依据不足而影响"双碳"工作推进的情况。

（二）减排技术创新仍需加大力度

山西是煤炭生产和消费大省，同时作为全国能源供给大省，在全国能源供给体系中扮演着"压舱石"角色，因长期依靠大规模的资源消耗推动经济发展，呈现出产业偏重、能效偏低、结构高碳的特点，碳排放总量大且持续增长、强度总体偏高。目前，山西的煤炭消费量占到了全省一次性能源消费总量的80%以上，主要集中在煤炭、电力、冶金、焦化等行业，碳减排任务艰巨。碳达峰碳中和不是简单的"去煤化"，而是煤炭消费占比的相对降低，煤炭生产方式的深刻变革。

实现碳达峰碳中和离不开技术创新，通过降低碳排放的强度和能耗、提高能源效率、改善工艺技术和流程实现减排。然而，减排技术瓶颈仍是制约山西"双碳"目标实现的重要因素。当前，山西的节能减排技术和可再生能源技术规模化推广还有待提升，煤炭、电力、焦化等高碳行业生产技术有待更新和推广，能源利用率有待进一步提高，二氧化碳排放处理还没有达到最好效果。另外，山西的二氧化碳捕集、封存及利用技术尚处在起步阶段，对于二氧化碳地质封存的潜力评价和相关科研工作在政策、技术等方面的支撑还不够。

（三）生态碳汇能力有限

森林、草原、湿地、海洋、土壤等生态系统具有固碳作用，能够大大提升生态系统碳汇量和生态碳汇能力。山西的生态碳汇吸收量虽然逐年增加，但总量仍偏小，受自然条件的限制，自然生态系统碳汇提升潜力有限。根据第三次全国国土调查结果，山西的林地、草地和湿地面积均排名靠后，陆地生态系统碳汇能力仍需进一步提升。

（四）碳排放权交易市场不健全

山西碳排放权交易市场起步较晚，2021年7月正式开展火电行业的碳排放权交易，未列入我国碳排放交易试点省份。受市场发展时间短、政策层面支持不够、人才吸引力度不强等诸多因素制约，山西在开展碳排放交易过程中主要面临交易行业覆盖不全、交易配套措施不完善、交易形式单一、专业人才缺乏等问题，尤其在政策解读、排放核算、资产交易和信息披露等全碳管理中有困难，制约山西碳排放权交易市场的发展。

三、山西实现碳达峰碳中和的路径

（一）高标准谋划，这是实现碳达峰碳中和的前提

一是完善科学有效的碳达峰碳中和政策体系。政府要按照国家"双碳"目标推动地方性法规的出台，将"双碳"行动落实到法律层面，并尽快出台相关重点领域及行业"双碳"政策的实施方案和支撑保障措施，如出台碳减排行业标准、碳减排投融资和绿色金融方案、碳排放交易实施细则、碳排放监督考核规定等涉碳政策，不断丰富碳达峰碳中和的政策篮子。二是加大生态环境保护资金的投入力度。要建立完善的生态保护补偿投入机制，鼓励多元投入，可通过股权投资、建立基金、PPP（政府和社会资本合作模式）等模式拓宽投资渠道，引导社会资本参与生态环保建设，形成政府、企业和社会

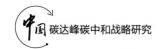

多元化的生态环保投入格局。

（二）优化能源结构，这是实现碳达峰碳中和的根本

要加快化石能源清洁高效利用，促进非化石能源发展，这是实现碳达峰碳中和根本之策。一是控制产能，促进传统产业优化升级。针对部分行业对化石能源具有刚性需求，产业"重化锁定"格局下形成碳排放的"高碳锁定"问题，要实施重点行业和领域减污降碳，通过淘汰落后产能、严控新增产能、优化过剩产能、盘活存量产能、区分增量产能等措施，推进传统产业改造升级，同时要给传统供给企业一定的过渡时间和稳定预期。二是推广新技术，促进产品市场发展。要持续研究和推广先进的适用技术，加大建链、强链、补链、延链力度，突破非常规天然气开发技术瓶颈和解决市场消纳问题。三是开发清洁能源，加大能源基地建设。加大低碳能源、无碳能源的开发力度，促进能源资源利用结构重心向风电和光伏等产业转移，通过优先就近开发利用，加快负荷中心及周边地区分散式风电和分布式光伏建设，推进多能互补的清洁能源基地建设。

（三）节约集约利用资源，这是实现碳达峰碳中和的关键

推进绿色低碳产业发展，提升矿产资源节约集约利用水平，这是实现碳达峰碳中和的核心。一是提高能源替代效率。用能源替代、能效提高、在线监测与核算等技术方式实现减排，突破减碳关键技术攻坚，推动高效安全的储能技术、绿色氢能、生物质能规模化应用。二是促进采矿业绿色发展。要实现由要素驱动向创新驱动模式转变，激励引导矿山企业加快技术改造，推广使用先进适用技术装备，推动矿山企业转型升级，促进矿产资源勘查开发全面绿色转型，形成现代化矿业的新发展模式。三是推进绿色化、低碳化、数字化的能源革命。要以能源低碳化倒逼发展方式转型升级，从而促进经济社会绿色低碳系统性改变。同时，利用数字化技术，构筑更高效、更清洁、更经济、更安全的现代能源体系，实现能源数字化转型，为传统产业低碳化赋能，控制和减少二氧化碳排放的增量，推进碳排放尽早达到峰值，并迅速转为下降趋势，走长期碳中和的发展路径。四是推广二氧化碳捕集、封存及利用技术的应用。一方面，政府要根据国家技术标准完善省级的标准体系建设，出台CCUS的相关政策，鼓励和激励高校、研究机构和企业参与关键核心技术的研发和技术示范，推动二氧化碳捕集、封存及利用产业的发展；另一方面，要通过开展自然资源调查，完成山西二氧化碳地质封存潜力评价，编制山西二氧化碳地质封存适宜性评价图。

（四）提升生态系统碳汇能力，这是实现碳达峰碳中和的重点

绿色是发展的底色，持续提升生态系统碳汇能力，采用合理有效的措施将更多的碳固定于生态系统中，这是实施碳达峰碳中和战略之重。要在减少二氧化碳等温室气体排放的同时，注重通过国土空间格局优化，更多地实现陆地生态系统的碳汇功能，更多地中和人类经济社会系统的碳排放，使碳排放量和碳吸收量达到平衡。一是在国土空间规划中融入碳约束。要注重对于碳汇高区域空间的保护，特别是在国土空间规划以及国土空间详细规划等编制中，建立碳汇影响评估制度，提出碳汇损失补偿机制，为实现陆地生态系统的碳汇功能提供保障。二是提升森林、草原、湿地、土壤等生态系统的覆盖率。生态系统的固碳功能对中和碳排放贡献较大。要通过大规模地开展国土绿化彩化财化行动、自然保护地体系建设、全域土地综合整治、山水林田湖草沙综合修复治理等生态修复工程，扩大植被覆盖面积，提高山西生态系统质量，增加森林生态系统碳储量，稳定提升森林、草原、湿地、耕地等主要碳汇空间的减排增汇能力。

（五）积极参与碳排放权市场交易，这是实现碳达峰碳中和的保障

建立和发展山西碳排放权交易市场是山西实现碳达峰碳中和目标必不可少的举措，能够有效助推山西经济的高质量转型发展。一是扩大市场覆盖范围。推动企业积极参与全国的碳排放权交易，实现钢铁、化工、有色、水泥、造纸等重点"高碳"行业全覆盖，还要进一步扩大市场覆盖行业范围，充分发挥碳排放权市场对控制温室气体排放的作用。二是完善碳排放权交易配套机制。要围绕完成全国碳排放权交易市场的第一个履约周期，完善碳资产管理体系、交易机制、注册登记系统和交易系统等基础性设施，促使各类企业积极加入统一的市场体系中。三是进一步丰富交易形式。通过碳配额总量约束、碳交易初始价格定价等措施，以碳排放权为交易品，充分利用碳市

场价格为指导，追求利益和效率的最大化，发挥碳基金等金融产品的作用，通过税收和其他制度相结合，促进企业的碳交易，使碳市场交易形式多元化。要充分利用平台经济提高资源的配置效率，推动技术和产业变革朝着信息化、数字化和智能化方向加速演进。四是重点培育一批"双碳"人才。"双碳"人才培养是推动全国性碳交易市场的基础性建设。要强化国家目标、市场需求与学科建设间的联系，促进高等院校、科研院所和企业产、学、研相结合，加快培养一批基础理论扎实、技术研发过硬的低碳行业专业人才，同时对市场参与主体进行能力培训，为碳达峰碳中和"山西行动"的实现提供人才保障和专业支撑。

唯其艰难，方显勇毅；唯其磨砺，始得玉成。深入学习贯彻落实习近平总书记重要指示精神，把系统观念贯穿"双碳"工作全过程，正确处理发展和减排、整体和局部、长远目标和短期目标、政府和市场等重大关系，我们就一定能够积极稳妥推动实现碳达峰碳中和目标，在全方位高质量发展上不断取得新突破，以实际行动践行党的二十大精神，续写山西践行新时代中国特色社会主义新篇章。

第二节　山西能源革命综合改革试点助力"双碳"前行

山西是一个产煤大省，为保障全国经济快速发展和能源安全作出了突出贡献。长期以来，山西经济"一煤独大"，是典型的资源型经济。近年来，山西煤炭行业技改投资过大，负债过重，导致入不敷出。受此影响，山西经济下滑明显，严重制约着山西经济社会的可持续发展。党中央、国务院对山西高度关注，2017年，习近平总书记在山西视察时明确提出，山西不当"煤老大"，争当能源革命"排头兵"，为山西社会经济的发展指明了方向。随后，在国务院印发的《关于支持山西省进一步深化改革促进资源型经济转型发展的意见》（国发〔2017〕42号）中再次提出，山西要打造能源革命"排头兵"；紧接着，山西省委、省政府又出台了《山西打造全国能源革命排头兵行动方案》；2019年5月，中央全面深化改革委员会通过了《关于在山西开展能源革命综合改革试点的意见》。可见，山西打造全国能源革命"排头兵"不仅是山西省必须加以实践的重大发展战略，更是国家战略层面的重要举措。但是，由于山西经济长期依赖煤炭这一传统能源，所以要想能源转型发展、打造全国能源革命"排头兵"，还面临诸多亟待解决的困难。

从国家能源战略的高度出发，山西打造能源革命"排头兵"具有深刻的现实意义和重要的历史意义。山西要紧紧抓住这一战略机遇期，谋划好顶层设计，理顺山西打造能源革命排头兵的内在逻辑，寻找突破路径，摆脱现实困境，建立多种能源消费和供给格局，坚持绿色、生态、可持续发展的能源基地定位，引领能源革命潮流，维护"能源强省"地位，实现全国能源基地的华丽转身。

当前，全球能源转型步伐加快，在山西开展能源革命综合改革试点与全球能源转型发展趋势和国内外能源形势变化密切相关。这不仅是新时代山西改革发展的重要突破口，而且是为全国能源革命探路的现实需要，对走出一条与发达国家不同的能源转型新路具有重大而深远的意义。

习近平总书记提出"四个革命、一个合作"能源安全新战略，从全局和战略的高度指明了保障我国能源安全、推动能源事业高质量发展的方向和路径。山西作为国家重要的能源综合基地，能源发展对全国及全省经济社会发展具有重要的支撑和保障作用。党中央决定在山西开展能源革命综合改革试点，正是推动落实这一战略思想的具体实践，凸显了山西在全国经济和能源变革大格局中的比较优势和战略地位。"十四五"时期，山西要全面贯彻能源安全新战略，加快推动能源革命综合改革试点，提升绿色低碳发展水平，助力资源型地区经济转型，在推进全国能源革命中发挥示范引领作用，更好地担起保障国家能源安全的重任，实现新时代能源事业高质量发展。

一、山西开展能源革命综合改革试点的背景和意义

（一）保障我国能源安全

我国是世界上最大的能源生产国和消费国，资源约束矛盾突出，新时代

面临的风险挑战加剧，能源发展必须首先确保能源安全。山西既是新中国成立以来全国煤炭生产和外调量最大的省份，也是国家最重要的电力供应基地之一，又是我国目前煤层气开发利用规模最大的省份，在保障全国经济发展和国家能源安全方面有着至关重要的作用。新挑战、新条件下，在山西开展能源革命综合改革试点，凸显了山西在国家能源安全中的重要战略地位，有利于全面提升国家的能源安全保障能力。

（二）解决资源环境困境的迫切需要

目前，我国资源环境面临新挑战，亟须转变能源发展方式。长期以来，我国以煤炭为主的能源消费结构对生态环境造成了巨大破坏。建设生态文明和美丽中国，解决日益严重的大气污染、雾霾问题，迫切需要实施绿色低碳战略，从源头上大力优化能源供给结构，控制并削减能源和煤炭使用量，实现化石能源清洁发展。同时，坚持发展非化石能源，实现非化石能源规模化，逐步降低煤炭供给比重，促进能源结构转型。山西作为我国煤炭生产和输出大省，万元GDP综合能耗超出了全国平均水平的2倍，环境空气质量综合指数仍是全国倒数第一，是全国空气污染最严重的区域之一，面临着经济发展和生态环境保护的双重压力。在山西开展能源革命综合改革试点，积极推动能源供给革命，在促进煤炭的清洁高效利用、推进煤炭绿色生产、煤炭资源综合利用，大力发展非化石能源，构建多轮驱动、全面安全的能源供应体系方面进行改革，将以局部的探索实践创造可借鉴可复制的发展模式，为全国能源转型、破解资源生态环境困境提供有益经验。

（三）能源消费面临新要求

目前，全球气候变化问题日益突出，能源作为最大的碳排放源成为解决全球气候变化的核心，迫切需要积极推动能源消费革命。随着世界范围内非化石能源的快速发展和我国能源革命战略的深入实施，将不断倒逼煤炭的减量化、清洁化。在这场全球能源变革竞争中，山西要在推动能源消费方式变革、逐步降低煤炭的消费比重、提升煤炭清洁高效低碳利用水平、构建清洁低碳消费模式方面，探索煤炭大省低碳绿色发展的新路径，为全国能源革命开辟一条可借鉴、可复制、可推广、可持续发展的新路子。

（四）能源发展动力出现新变化

当今世界，以新能源和信息技术融合为标志的第三次能源革命正在全球孕育发展，可再生能源、智能电网、非常规油气等技术开始规模化应用，分布式能源、第四代核电等技术进入市场导入期，大容量储能、新能源材料、氢燃料电池、可燃冰开发等技术有望取得重大突破。这些新技术、新业态的加快发展，将推动人类能源生产利用方式发生前所未有的深刻变革。可以预见，谁率先突破了这些重大技术，谁就占据了新一轮能源革命的制高点，就抓住了产业革命和经济转型的主动权。当前，山西能源开发利用技术和模式与国内外先进水平相比差距明显，面对新一轮能源转型变革发展大势，必须奋力抓住机遇，实现弯道超车，赢得发展主动权。在山西开展能源革命综合改革试点，积极推动能源技术革命，抢占新能源技术制高点成为新一轮能源革命的关键。山西要在煤炭清洁利用转化技术、煤炭开采智能化技术、机器人技术、煤层气开发技术、资源综合利用技术等方面走在全国前列，建设煤基科技创新成果转化基地。

二、山西推进能源革命的实践

从2014年6月13日习近平总书记提出能源安全新战略，到2017年视察山西肯定了山西争当能源革命排头兵的战略抉择，再到党中央决定在山西开展能源革命综合改革试点，6年来，在这一战略指引下，山西顺应全球新一轮能源变革趋势，把打造"能源革命排头兵"作为转型发展三大目标之一，以深化供给侧结构性改革为主线，加快建设国家清洁能源基地，构建现代能源体系，迈出了能源革命的坚实步伐。

近年来，山西全省深入学习贯彻能源安全新战略，制定印发了《山西打造全国能源革命排头兵行动方案》，以推动能源革命为引领，在能源生产、消费、技术、体制合作方面进行了一系列改革和创新。坚定走煤炭"减""优""绿"之路，不断推进产业转型升级：严格控制煤炭产能，推进煤炭供给侧结构性改革，3年累计退出煤炭过剩产能8841万吨，去产能总量全国第一；煤炭先进产能占比提高到68%，建成23座国家级绿色矿山；光伏领跑者基地装机规模400万千瓦，位居全国第一；煤层气产量首次突破56亿立方米，利用量约占全国的90%，位居全国第一；新能源发电装机占比达到22.9%，全省能源供给质量持续改善，实现了由单一煤电向光伏、风电等多轮驱动的转变；切实把能源消费革命摆在战略优先位置，把节能和提高能效作为重要突破方向，对全省能源消费总量和能耗强度实施"双控"，大力淘汰落后产能，积极化解过剩产能，全省能源利用效率不断提高，能源消费结构得到优化。3年来，山西以年均2.2%的能源消费增速支撑了年均6.1%的经济增长，单位地区生产总值能耗累计下降10.4%；能源领域关键核心技术研发攻关加速推进，相继涌现出T1000碳纤维、晋能"光伏异质结组件"等一批具有国内领先水平的重大科技成果和产品，在煤炭转化、煤与煤层气共采等方面初步形成一定研发优势；以制度革命带动能源革命，大力推进资源配置市场化，深化行政审批制度改革，推进电力体制、煤层气管理体制和国有煤炭企业改革，取得了较好成效。

三、山西开展能源革命综合改革试点面临的机遇和挑战

"十四五"时期，是我国转变发展方式、优化经济结构、转换增长动力的关键时期，也是山西推动能源革命综合改革试点的攻坚期，山西能源发展面临着一系列新机遇：世界能源技术创新进入高度活跃期，能源科技创新方兴未艾，可再生能源、智能电网、非常规油气、分布式能源等技术开始规模化应用，大容量储能、新能源材料、氢燃料电池等技术有望取得重大突破，将为山西不断引进和研发突破能源技术提供难得发展机遇；创新驱动提档加速，将为能源革命提供强大科技支撑；转型综改全面推进，特别是党中央通过的《关于在山西开展能源革命综合改革试点的意见》对山西能源革命的顶层设计和支持政策，将进一步激发能源变革的活力和动力；绿色发展理念深入人心，为能源转型奠定广泛群众基础；能源合作向更高水平迈进，有利于山西发挥比较优势，在实现开放条件下共赢发展。

同时，山西开展能源革命综合改革试点也面临着许多现实困难和挑战：山西以煤为主的能源经济结构短期内难以改变，实现能源发展战略目标，任务极为艰巨；企业技术创新能力薄弱，发达国家利用先发优势挤压我国发展空间，使山西在技术引进、消化、吸收和再创新上面临较大阻力；资源环境约束趋紧，节能环保约束日趋强化，实现绿色发展更加紧迫；资源型经济发展存在惯性，体制机制缺乏活力，能源改革仍显滞后，能源转型变革面临"转"和"赶"的双重考验。

面对新的时代要求，迫切需要全面深化能源革命综合改革，扛起国家使命，彰显山西担当，不断探索能源革命新模式，进一步谋好局、破好题、探好路，在推进"四个革命、一个合作"上走在全国前列，在全国率先破题。

四、山西开展能源革命综合改革试点的重点任务

推进能源革命综合改革试点，对山西而言既是一次巨大的发展机遇，又是一项长期而复杂的系统工程。"十四五"时期，山西要按照习近平总书记关于能源革命的重要论述、中办国办《关于在山西开展能源革命综合改革试点的意见》的总体要求，全面启动能源革命体系布局，加快推进能源领域重大变革，以制度突破、机制创新、模式探索为重点，发挥市场在资源配置中的决定性作用和更好发挥政府作用，先行先试、以改革促转型，坚持多元供应结构继续优化、利用效率持续提升、技术创新逐步带动产业升级换代、市场化体制机制改革不断深化、国际合作迈向更高水平的基本原则，努力在提高能源供给体系质量效益、构建清洁低碳用能模式、推进能源科技创新、深化能源体制改革、扩大能源对外合作等方面取得突破，为全国能源革命提供示范引领，实现山西从"煤老大"到"排头兵"的历史性跨越，坚决走出一条具有山西特色的能源高质量发展新路。

（一）建设煤炭绿色开发利用基地，推进开发利用方式变革

煤炭领域是实现能源革命综合改革试点的首要突破口。聚焦质量效率效益，推动煤炭全产业链清洁高效开发利用，全面提高煤炭供给体系质量。推

动煤炭产业"减""优""绿"，有力促进煤炭生产方式转变和市场稳定。变革煤炭开采方式，大力推行煤矿安全绿色开采。因地制宜推广使用"充填开采""保水开采""煤与瓦斯共采"等绿色开采技术，加快煤矿智能化改造。加强生态友好矿区建设。积极推进大宗固体废弃物综合利用基地和工业资源综合利用基地建设，布局建设国家级基地。大力发展清洁高效燃煤发电，逐步提高电煤在煤炭消费中的比重，推进煤电节能减排升级改造。提高煤炭清洁高效利用水平。推动煤转煤粉应用，探索纳米级煤粉应用。在条件适合地区，积极推进煤炭分级分质利用，适度发展现代煤化工产业，加快煤炭由单一燃料向原料和燃料并重转变。

（二）建设非常规天然气基地，推进煤层气增储上产改革

非常规天然气是当今新能源发展的重要方向。山西煤层气资源探明储量全国第一，产量稳居首位，在全国煤层气产业发展中具有重要地位。要改革煤层气勘查开采管理体制。用好国家授权山西制定煤层气勘查开采管理办法、在全国率先试点将"三气"矿业权赋予同一主体、煤层气开发项目备案权下放山西管理三大政策。实行勘查区块竞争出让制度，提高煤层气勘查投入强度标准，完善退出机制。加强山西天然气区域管网和互联互通管道建设，加强第三方公平接入监管。推动煤层气储备调峰能力建设。抓好大气污染治理重点地区气化工程、煤层气发电及分布式能源工程、交通领域气化工程、节约替代工程等四大利用工程，促进煤层气高效利用。推进煤层气销售价格市场化改革，完善居民用气价格机制。

（三）建设电力外送基地，提升电力市场化水平

山西是全国"电力外送基地"，具有一定发电资源、区位及电网通道的优势。要统筹新能源和煤电清洁开发，进一步提升清洁电力发展水平，加大省外市场开发力度，推进电力建设运营体制变革。加强外送通道建设，加快电网优化改接工程，推进智能电网建设，增强电网优化配置电力能力和供电可靠性。将500千伏外送通道全面升级为1 000千伏特高压外送通道，进一步提升外送能力。积极拓展省内外市场，做好山西外送电网通道与国家外送电网通道规划的衔接，尽快研究落实投运特高压通道配套电源的替代方案。深入

推进电力市场化改革，探索输配电费用降低的灵活定价方式。针对山西重点行业或大数据等新兴产业，探索增送电量输配电价降低的途径，研究负荷率定价政策。推进电力现货与辅助服务市场建设。

（四）建设新能源基地，提升新能源可持续发展能力

加快变革新能源发展模式，积极发展分布式能源，探索推广智能电网、多能互补、储能等多种技术创新，形成风电、光电、煤层气发电等多轮驱动的新能源供应体系。加快光伏风电基地建设，打造晋北千万千瓦级风电基地，推进光伏发电应用、领跑基地建设。要科学规划新能源产业开发容量和项目布局，着力推进技术进步、降低发电成本、减少补贴依赖、缓解火电和新能源消纳矛盾，尽早实现风电、光伏平价上网。打造新能源产业链。开展"新能源+储能"试点示范，推动储能在大规模可再生能源消纳、分布式发电、能源互联网等领域示范应用。实施新能源全产业链行动计划，建设以晋能集团、太重集团等大型企业集团为龙头的光伏风电装备制造业基地。拓展能源及相关产业链条，打造能源智能制造、新能源汽车、大数据、氢能源等产业集群，牵引产业高质量转型发展。

（五）建设煤基科技创新成果转化基地，加快科技创新能力建设

能源科技创新对能源革命具有决定性作用。要不断提升能源行业技术创新能力，为推进能源革命综合改革试点提供科技支撑。根据我国发展需求和山西资源特色，围绕重要能源科技问题、技术革命方向，科学选择山西能源重要技术方向和路线，进行能源技术创新总体部署，加快能源产业共性关键技术开发，突破重大关键技术，加速科技成果转化，提升自主创新能力。集聚优势力量打造能源科技创新平台。加强重大能源科技研发基地建设。立足全省现有5个国家级重点实验室和1个国家级工程技术研究中心，大力倡导开放性、包容性创新，加快构建连接全国、面向世界的研发平台，鼓励高校、院所、省属大型企业集团，积极培育建设能源领域国家重点实验室、国家技术创新中心和国家工程技术研究中心。强化企业创新主体地位。对围绕产业重点领域开展技术研发并成功转化的项目给予资助；对承担国家重大能源科技创新项目的企业给予配套资金支持。着力培育能源领域科技创新研发机

构。推进与中国科学院、中国工程院等开展"院地合作"，开展协同创新，全力建设煤基低碳科技创新成果研发和转化高地，在煤炭等能源科技革命方面走在全国前列。

（六）深化能源领域国企改革，扩大能源领域对外合作

以开放促改革、促发展是山西能源革命的必由之路。一是深入推进能源企业发展方式变革。加快推进国企混合所有制改革。支持山西依托龙头企业推行行业兼并重组，推进上下游一体化经营，组建分基地、分煤种世界一流、国内领先的特大型能源集团。推动国企向产业链价值链中高端集中。引导企业不断强化技术创新能力和综合服务能力，尽快从传统产品制造商向综合成套服务提供商转变。加大企业科技研发投入，努力抢占价值链中高端。积极推动资产证券化，提升能源企业资本运作能力。通过"资源资本化""资本证券化"，盘活省内能源企业所拥有的资源存量，借助资本力量支持山西能源企业战略性转型发展。二是继续扩大能源领域开放合作。积极建设国际能源交流合作平台，支持山西将太原能源低碳发展论坛列为国家重点论坛。推进能源企业主动对接"一带一路"倡议，加强与国际能源巨头、研究机构的全面合作，推动能源装备、技术和服务"走出去"和"引进来"。加强能源领域科技对外合作交流，构建更加灵活、高效、开放的能源国际科技合作机制。积极融入区域协同发展。精准对接京津冀协同发展战略，建设京津冀、雄安新区清洁能源保障基地。

总之，在山西开展能源革命综合改革试点，既有现实基础，又是迫切需要。不仅是党中央从新时代能源战略全局出发作出的重大战略决策和部署，更是党中央赋予山西的国家和历史使命要求；不仅是习近平总书记与党中央对山西的充分信任、支持和期待，更是山西适应世界能源发展趋势、推进能源转型的必然选择；不仅明确了山西在全国经济和能源变革大格局中的比较优势和战略地位，更是山西发挥能源资源大省优势、深化重点领域改革、以改促转的制高点和突破口。

第三节　"1+3+N"能源互联网试点稳步前行

近年来，我国大数据产业呈现健康快速发展态势，包括大数据硬件、大数据软件、大数据服务等在内的大数据核心产业环节产业规模快速增长。未来几年，我国大数据产业发展虽面临着宏观经济下行、外部贸易环境错综复杂和产业结构调整的挑战，但也迎来了国家和地方政策重点推动、各领域应用需求不断增长以及生态体系不断完善等重大机遇，预计我国大数据产业将持续保持稳定增长态势。山西围绕建设"转型发展示范区、能源革命排头兵、对外开放新高地"三大战略目标，建立技术先进、应用驱动、保障有力的大数据产业体系已成为政府提升治理能力、优化民生服务、推动创新创业、促进经济转型的迫切需求。山西信息化基础设施比较健全，电力能源供给充沛，政务信息化水平较高，数据资源丰富，具备大数据发展的良好条件。

当前，大数据技术和应用正处于创新突破期，国内市场需求处于爆发期，我国大数据产业面临重要的发展机遇。正如百年前"电能"改变了很多行业，对社会发展起着不可忽视的推动作用。大数据产业作为一个完整的产业链条，包含规划、采集、加工、应用，蕴藏着强大而持久的潜力，需要不同行业、不同地区众多企事业单位或政府管理部门的共同参与，积极探索，深入实践。

按照山西省委、省政府制定的《山西打造全国能源革命排头兵行动方案》中的关于"打造能源大数据平台"的要求，中国（太原）煤炭交易中心开发了能源大数据平台。该平台结合交易中心发展实际，以煤炭为切入点，整合了交易中心运营多年来关于煤炭交易、信息、物流、金融等方面数据以及国内电力、冶金、化工等相关行业的数据。通过对煤炭生产、存储、运输、消费等产业链进行数据汇集整理和挖掘分析，释放数据价值，为能源产业的宏观调控、能源供给、消费预测等多个方面提供数据支持。

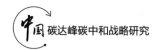

一、山西大数据产业发展的主要任务

山西发展大数据产业的总体思路，应是以习近平新时代中国特色社会主义思想为指导，全面贯彻落实党的二十大精神和"三篇光辉文献"精神，以推动大数据与实体经济深度融合为主线，坚持创新引领、市场导向，聚焦重点领域，优化资源配置，突破关键技术，打造智能产品，培育龙头企业，完善产业生态，构建支撑体系，促进产业集聚发展，加快形成一批点面结合、错位发展、协调共享的新一代大数据产业基地，将大数据产业培育发展壮大成为山西省优势支柱产业。

（一）加快大数据技术产品研发创新

1. 突破一批核心关键技术

依托山西大学、太原理工大学、太原科技大学、中北大学及科研院所，积极推进大数据领域建设重点实验室、工程实验室等创新平台，结合山西省产业优势在大数据细分领域布局建设一批省级制造业创新中心。推进与名校名所名院开放合作，支持高校院所和企业联合组建大数据研究机构、产业技术研究院等新型研发机构。推进建设大数据专业技术服务、基础资源共享与专业化应用开放平台，建立开放协同的大数据科技创新体系。支持和鼓励高校、科研院所及山西省大数据相关重点实验室、工程技术研究中心、工程研究中心和企业技术中心，围绕数据科学理论体系、大数据计算系统与分析、大数据应用模型等领域进行前瞻布局，加强大数据基础研究。发挥企业创新主体作用，引导和支持企业开展大数据关键核心技术的研发，整合产学研用资源优势联合攻关，研发大数据采集、传输、存储、管理、处理、分析、应用、可视化和安全等关键技术。支持将深度学习、类脑计算、认知计算等人工智能技术融入大数据技术研发。

2. 培育完善的大数据产品体系

从基础产品、软件产品、平台产品、行业技术产品四个方面着力，加快培育安全可靠的大数据产品体系，形成一批标志性产品。支持企业加快研发核心信息技术设备、核心关键器件、信息安全产品、云计算等基础产品。支持企业加快研发数据挖掘、数据可视化、指静脉识别等软件产品。支持企业结合数据生命周期管理需求，培育大数据采集与集成、大数据治理、大数据分析与挖掘、大数据交互感知等平台产品。支持企业面向钢铁、工程机械、轨道交通、电信等重点行业应用需求，研发具有行业特征的大数据检索、分析、展示等技术产品，形成垂直领域成熟的大数据解决方案及服务。以品牌企业为依托，推进与关键零部件、系统集成企业及重点用户单位开展合作研发和协同攻关，加快培育一批自主集成大数据产品。

3. 创新大数据服务模式

加快大数据服务模式创新，培育数据即服务的新模式和新业态，提升大数据服务能力，降低大数据应用门槛和成本。围绕数据全生命周期各阶段需求，发展数据采集、清洗、分析、交易、安全防护等技术服务。推进大数据与云计算服务模式融合，促进海量数据、大规模分布式计算和智能数据分析等公共云计算服务发展，提升第三方大数据技术服务能力。推动大数据技术服务与行业深度结合，培育面向垂直领域的大数据服务模式。

（二）深化工业大数据创新应用

1. 加快工业大数据基础设施建设

推进企业数字化与内网络改造，加强对既有生产设备与系统的二次开发，推动"接口开放、机器上网"，扩大企业内网络覆盖范围和终端连接数量，实现关键工序数控化、运行状态信息实时可监测。组织开展"机器设备联网上云"行动，重点推进数控机床、行业专用设备、大型机器设备、工厂辅助设备等的数字化改造和联网管理，汇聚传感、控制、管理、运营等多源数据，建立覆盖数据采集、设备监控、运维诊断、流程优化、节能环保和安全监控的设备信息化管理体系。加强企业外网络升级，在重点工业园区建设全覆盖的光网、无线网络基础设施。推进电信运营商与重点行业的网络与业务对接，通过以租代建等模式为工业企业提供灵活、低成本、高安全隔离的企业专线服务。培育打造综合性工业互联网平台，建设工业App和微服务资源池。支持化工、电子信息、新材料、高端装备等行业的龙头企业建设特定行

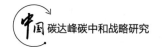

业工业互联网平台，形成面向垂直行业的资源灵活配置能力。

2. 加快工业大数据推广应用

立足全省新兴优势产业链，推动大数据在装备制造、钢铁有色、电子信息、新材料、生物医药、食品加工等重点工业领域应用，支持建设工业大数据平台，助推工业转型升级。每年支持一批工业大数据应用示范项目，鼓励企业在研发设计、生产制造、营销、服务、企业管理等全流程利用大数据工具。加强研发设计大数据应用能力，利用大数据精准感知用户需求，提升研发效率。加快生产制造环节大数据应用，通过大数据监控优化流水线作业，强化故障预测与健康管理，优化产品质量，降低能源消耗。提升经营管理大数据应用水平，提高人力、财务、生产制造、采购等经营管理环节业务集成水平，实现经营活动的智能化。推动客户服务环节大数据深度应用，促进大数据在售前、售中、售后服务中的创新应用。促进数据资源整合，打通各个环节数据链条，形成全流程的数据闭环。

3. 培育数据驱动的制造业新模式

深化制造业与互联网融合发展，推动大型互联网企业和基础电信企业的平台入口、计算能力向制造企业开放，支持制造业企业核心业务系统"上云上平台"，加快工业大数据与物联网、云计算等新兴技术在制造业领域的深度集成与应用。培育数据驱动的协同研发、协同制造、远程运维、个性化定制等制造业新模式。围绕上下游企业之间的业务数据互联互通，实现生产资源优化配置、制造能力精准利用，促进供应链企业高效协同。大力发展基于大数据的个性化定制，推动发展顾客对工厂（C2M）等制造模式，提升制造过程智能化和柔性化程度。利用大数据加快发展制造服务模式，促进生产型制造向服务型制造转变。

（三）深化行业大数据创新应用

1. 促进大数据与行业深度融合

深化大数据在各行业的创新应用，推动跨领域、跨行业的数据融合和协同创新，以跨界融合提升发展潜能，培育新的经济增长点。发挥政府引导作用，以企业为主体，以市场为导向，推动社会各方包括旅游业、现代服务业、高新技术产业和种业、医疗、教育、体育、电信、互联网、文化、维修、金融、交通等重点领域与大数据的深度融合，充分利用大数据的信息资源和技术平台，不断推出新的产品或服务，形成传统产业和大数据开发融合相互促进的良好格局。支持大数据、互联网、电信等企业与其他行业开展大数据融合与应用创新，大力发展信息消费。

2. 推进政务大数据协同应用

深化大数据在执法、社会治理、安全生产、应急救援、市场监管、药品监管、环境保护等领域的应用。促进城市管理部门数据共享和协同应用，建设城市大数据资源库，提升城市精细化管理能力，建立大数据辅助决策的城市治理新方式。推动新型智慧城市建设，推进各市县（区）建设城市大数据管理平台。推动政务大数据的融合发展，推动建设服务型和开放型政府，提升现代治理能力。

3. 深化大数据民生服务融合应用

支持培育大数据App等民生服务应用平台，推动民生领域大数据开放共享。实施社区服务大数据应用工程，加强小区基础设施大数据获取，提升社区大数据便民服务水平。推广以大数据应用为核心的智慧园区，以大数据为手段推动产城融合。推动人口、地理、社会救助、房产交易服务等领域数据融合应用。建设健康医疗大数据中心，实现对公共卫生、计划生育、医疗服务、医疗保障、药品管理、综合管理六大业务应用的支撑。

（四）加快大数据产业主体培育

1. 推动大数据产业创新创业

鼓励设立大数据研发中心，对获得国家（含国家地方联合）新认定的大数据工程（技术）研究中心、工程（重点）实验室、企业技术中心等平台按照有关政策给予重点支持，推动建设一批省级企业大数据技术中心。鼓励互联网"双创"平台提供基于大数据的创新创业服务。组织开展算法大赛、应用创新大赛、众包众筹等活动，激发创新创业活力。支持大数据企业与科研机构深度合作，打通科技创新和产业化之间的通道，对承担国家重要课题、重要研发任务的大数据企业，按照有关政策给予重点支持。

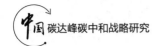

2. 培育一批创新型企业

壮大产业发展主体，着力培育一批技术水平高、市场竞争力强、具有自主知识产权的大数据骨干企业和创新型中小微企业。加快大数据企业梯队建设，打造以领军企业为核心、专精特新中小企业为支撑、服务型企业为补充的大数据产业生态系统，带动产业链创新发展。围绕山西省大数据产业基地建设，培育一批掌握核心技术的大数据骨干企业，通过战略重组、品牌打造、上市等途径，扶持具有核心竞争力的骨干企业发展壮大为行业领军企业。引进和培养一批大数据企业，支持大数据及相关产业骨干型、成长型、创新型企业发展，打造数字经济产业新高地。推进大数据科技成果转移转化，培育一批"瞪羚企业"和"独角兽"企业。支持大数据创业团队、孵化机构和各类投资机构，围绕大数据细分领域，培育有竞争力的专精特新中小企业。

3. 构建企业协同发展格局

引进龙头企业与培育本土企业并举，培育多层次、梯队化的产业主体，促进产业链上下游联动，繁荣大数据生态。对国内外知名企业在山西省设立具有独立法人资格、符合大数据产业发展方向的总部（含区域性总部、功能性总部），以及自主创新能力强、发展潜力大、成长性好的骨干龙头企业和中小微企业，按照有关政策给予重点支持。大力培育大数据专业服务企业。鼓励省内已有企业剥离大数据等业务成立新的专业化服务支撑企业，鼓励制造企业与移动互联网、大数据企业合资合作成立新的专业化大数据服务支撑企业，实现融合发展。

4. 优化大数据产业区域布局

做好大数据产业集聚区规划布局，强化省、市、园区三级联动机制，按"一区多园"的模式联合建设大数据产业集聚区。在综改示范区、长治高新区等大数据产业特色优势明显的地区建设大数据产业集聚区。鼓励战略投资者参与集聚区及其产业园的建设经营。对大数据产业规模较大增长较快的大数据产业集聚区，根据其规模、增速、投资强度及经济贡献等按照有关政策给予重点支持。支持综改区申报和建设国家级大数据综合试验区，促进大数据产业向规模化、创新化和高端化发展。

（五）推进大数据产业服务体系建设

1. 提升大数据基础设施水平

提升全省城镇光纤和4G覆盖，推动5G网络具备规模化服务能力，推动NB-IoT基站城乡普遍覆盖，推动全省各数据中心、云服务平台IPv6改造。加快推进NB-IoT等物联网网络建设，将网络覆盖由城市、部分县城和热点乡镇向全省县城和乡镇、热点农村延伸，引导IDC合理布局。支持有条件的市县建设面向5G技术的物联网与智慧城市示范区，逐步开展中速物联网的试点部署。提升大数据产业发展的网络和硬件基础水平。

2. 构建大数据产业发展公共服务平台

充分利用和整合现有创新资源，培育一批与大数据产业相关的知识产权、投融资、人才创业等公共服务平台。积极发展大数据安全咨询、测评认证、风险评估等第三方服务机构。面向大数据产业中计算资源、数据资源和技术服务的核心需求，依托行业领军企业、高校和科研院所，建设大数据的开源软硬件省级基础平台，打造若干个综合性云计算服务平台，支持建立大数据相关开源社区等公共技术创新平台。鼓励开发者、企业、研究机构积极参与大数据开源项目，增强在开源社区的影响力，提升创新能力。依托重点研发机构建设标准测试与认证公共服务平台，带动产业生态链与产业集群发展。

3. 建设大数据共享交易平台

在法律法规允许的范围内加快行业数据共享，建立数据分享机制，实现各行业垂直平台的数据分享和整合。推动政务数据资源开放共享，建立健全大数据共享交换机制。建立面向所有应用开发者的云平台，通过提供基础开发工具和工业软件的模式，吸引国内外优秀企业和开发者拓展相关应用。发展数据资源交易服务，规范交易行为，争取建设省大数据交易中心，探索建立山西大数据交易所，支持建设跨行业、跨地区的数据交易平台，以交易促进数据共享和流动。

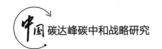

二、山西发展大数据产业的实施路径

（一）"基地+基金"——强化资本支撑体系

推动各级政府产业基金按照市场化运作方式，与社会资本合作，设立大数据发展投资子基金。支持专注关键核心技术的大数据企业在科创板上市。鼓励利用天使投资、风险投资、创业投资基金等多种融资渠道，支持大数据产业基地相关的重大项目建设、新产品研发和关键技术产业化、重大技术装备和关键零部件及新工艺示范应用、关键共性技术研发平台和第三方检验检测平台建设等。

（二）"龙头+配套"——构建产业生态体系

支持有条件的高新技术产业园、工业园区设立大数据产业园，围绕大数据主导产业，培育大数据产业集群。以大数据龙头企业为支撑，聚集各类创新创业资源，培育一批关键核心零部件及系统集成补链型、延链型中小企业。开展大数据"双创"基地建设，建设一批开放式大数据专业化众创空间、孵化器，孵化一批大数据科技型中小微企业。

（三）"智能+制造"——健全智能制造体系

深入实施智能制造工程，提升制造业智能化水平。推进智能制造新模式应用，加快智能制造单元、智能生产线、数字车间、智能工厂建设，总结提炼智能制造示范项目经验、标准范式，促进人工智能产业基地智能化升级。加大研发智能制造关键技术装备，开展人工智能制造装备、首台（套）示范应用。支持人工智能在工业产品设计、工艺、制造、管理等产品全生命周期、产业链各环节应用。

（四）"自主+协同"——完善产业创新体系

依托全省各类创新平台和创新中心等，加强对大数据科技前沿"无人区"攻关，实现原始创新成果的有效供给，突破一批"卡脖子"关键核心技术。支持大数据企业建设技术中心、重点（工程）实验室、工程研究中心等，自主开展重大产业关键共性技术、装备的研发攻关，着力构建以企业为主体的技术创新体系。支持组建大数据产业技术创新战略联盟，在细分领域设立子联盟，形成"1+N"大数据创新联盟体系。加强产学研用信息交流、对接，疏通科技成果转化管道，提高科技成果的转化率。

在当今数字化转型和能源革命的双重背景下，通过大数据建立能源互联网的重要性不言而喻。能源互联网的核心要义在于数字革命引领能源革命，它既是能源网又是互联网。能源互联网是一个能量系统，需要一个数字网络附着在上面，给它赋能。山西省作为全国能源的产销者，把能源和数据集结在一起之后，能创造出非常多的应用场景。能源互联网带来了绿色低碳的生活方式，推动传统电力系统转型升级，正在成为能源革命的重要支撑。用数字革命引领能源革命，山西正加快推进能源互联网建设，为实现"双碳"目标作出山西贡献。

第四节　太原能源低碳发展论坛搭建能源高端对话平台

太原能源低碳发展论坛，是经国务院批准设立的国家级、国际性、专业化论坛，旨在围绕能源绿色低碳发展交流先进理念、展示最新成果、探讨前沿话题、加强务实合作，为建设清洁低碳安全高效的全球能源体系贡献智慧和力量。

自2016年设立以来，太原论坛已成功举办5届。在党中央、国务院的亲切关怀下，在国家有关部门的大力支持下，论坛规模和质量大幅提升，主办部门和参会嘉宾数量不断增加，论坛活动的专业性和高规格、多样性和多元化更加突出，正逐步成为具有世界影响力和权威话语权的能源领域高端对话平台、成果发布平台和国际合作对接平台。

在向全世界郑重宣布中国碳达峰碳中和目标两周年之际，2022年9月1日，2022年太原能源低碳发展论坛隆重开幕。论坛围绕"能源双碳发展"主题，交流先进理念、展示最新成果、探讨前沿课题、加强务实合作，共商应对气候变化挑战之策，共谋人与自然和谐共生之道。

从"黑色煤炭绿色发展"到"能源革命国际合作",再到聚焦"碳达峰碳中和"……设立6年,太原能源低碳发展论坛不仅日渐成为具有世界影响力和权威话语权的能源领域高端对话平台、成果发布平台和国际合作对接平台,更见证了山西深度参与全球能源格局调整、能源科技持续突破、能源结构加速演进的时代进程。

2022年的太原论坛是窗口,是平台,是桥梁,是汇聚产业"领航者"、激荡科技"创新力"、辉映"双碳"目标下能源革命前行方向的能源会展"地标"。9月2日,2022年太原能源低碳发展论坛、中国(太原)国际能源产业博览会重点项目签约仪式在太原举行。经过前期各方精准项目对接以及会上磋商洽谈,利用本届论坛、能源博览会平台举办的系列活动达成合作,共签约71个项目,总投资额达885.3亿元。

作为本届太原能源低碳发展论坛3个重大活动之一,签约仪式围绕能源合作、智慧能源、清洁高效、开发利用、新能源、能源绿色消费、能源装备、生态环保、资源综合利用等产业领域和合作方向,优选了一批带动性强、产业关联度高的项目进行签约,为与会嘉宾搭建了一个合作共赢的平台。

山西省委书记林武代表山西省委、省政府对莅会嘉宾表示欢迎,对关心支持山西发展和论坛举办的各界人士表示感谢。他指出,能源自古就是人类社会发展的基石,在山西这片古老而厚重的土地上,能源之火长燃不灭、经久不息,中华文明的完整印记深深留存、熠熠生辉。进入新时代,我们深入贯彻习近平总书记提出的能源安全新战略,坚决担起能源革命综合改革试点重大使命,持续提升能源资源供应保障能力,为维护国家能源安全、平衡全球能源供需作出了积极贡献。面向未来,山西将抢抓资源型经济波峰期、高质量发展机遇期、数字化转型风口期,深化拓展能源革命综合改革试点内涵,努力走出一条具有山西特色的绿色低碳发展之路。围绕煤炭和煤电一体化发展,着力推动煤炭和煤电企业实质性联营、融合式发展,推动传统能源产业集约高效、清洁低碳发展。围绕煤电和新能源一体化发展,协同推进风光发电基地、煤电配套电源、新型储能项目和外送电力通道建设,推动传统能源企业向新型综合能源服务供应商转型。围绕煤炭和煤化工一体化发展,加快推动煤炭由燃料向高附加值的原料、材料、终端产品转变。围绕煤炭产业和数字技术一体化融合发展，持续加大智慧矿山、智能电网和能源互联网等方面建设，努力成为全国能源领域数字化转型排头兵。围绕煤炭产业和降碳技术一体化推进，密切跟踪CCUS等技术发展和商业应用的前沿动态，因地制宜开展技术攻关和试点示范，积极拓展应用场景，努力探索具有资源型地区特色的碳达峰碳中和实现路径。

林武说，自2016年设立太原能源低碳发展论坛以来，我们共同见证和参与了全球能源格局深度调整、能源科技持续突破、能源结构加速演进的时代进程。希望各方在这里深切感受能源革命的山西实践，深入理解实现"双碳"目标的中国方案，深刻洞察绿色低碳发展的世界潮流，共同推动太原论坛越办越好。诚邀海内外朋友来山西投资兴业，同开放进取的山西一道，共享能源革命新机遇，共谱高质量发展新篇章。

进入新时代，关于能源的故事继续在三晋大地生动演绎。面向未来，山西主动拥抱时代，进一步深化拓展能源革命综合改革试点内涵，以"五个一体化"融合发展为主攻方向，努力走出一条具有山西特色的绿色低碳发展之路。煤炭和煤电一体化发展方面，山西省将通过战略重组、交叉持股等方式，推动煤炭和煤电企业实质性联营、融合式发展，持续提升兜底保障能力，更好维护国家能源安全；煤电和新能源一体化发展方面，山西省协同推进风光发电基地、煤电配套电源、新型储能项目和外送电力通道建设，实现传统能源与新能源优化组合；煤炭和煤化工一体化发展方面，山西省支持煤炭与煤化工企业以市场化方式实施联营，加快推动煤炭由燃料向高附加值的原料、材料、终端产品转变；煤炭产业和数字技术一体化融合发展方面，山西省以智慧矿山、智能电网和能源互联网等建设为重点，努力成为全国能源领域数字化转型的排头兵；煤炭产业和降碳技术一体化推进方面，山西省结合自身实际开展技术攻关和试点示范，积极拓展应用场景，有序统筹"一增""一减"，努力探索一条具有山西特色的碳达峰碳中和实现路径。

2022年1月，习近平总书记在山西考察调研时强调，推进碳达峰碳中和，不是别人让我们做，而是我们自己必须要做，但这不是轻轻松松就能实现的，等不得，也急不得。第六届太原论坛以"能源双碳发展"为主题，意义不同寻常、影响十分深远。这场高标准、高规格、高品质的盛会，必将推动各方达成更多合作共识、取得更加丰硕成果。山西将充分吸收和运用论坛成果，抢抓资源型经济波峰期、高质量发展机遇期、数字化转型风口期，以"双碳"目标为牵引，持续推进国家资源型经济转型综改试验区建设，深化拓展能源革命综合改革试点内涵，以"五个一体化"融合发展为主攻方向，加快推动能源产业高质量发展。

加快煤炭和煤电一体化发展。这是从体制机制层面破解"煤电矛盾"的治本之策。山西将通过战略重组、交叉持股、长期协议等方式，推动煤炭和煤电企业实质性联营、融合式发展，以坑口煤电一体化为重点，同步建设大型现代化煤矿和先进高效环保煤电机组，推动传统能源产业集约高效、清洁低碳发展，持续提升兜底保障能力，更好维护国家能源安全。

加快煤电和新能源一体化发展。这是加快构建新型电力系统、有效提升电网稳定性的必由之路。山西将不断完善配套支持政策，协同推进风光发电基地、煤电配套电源、新型储能项目和外送电力通道建设，提高煤电系统调节能力，加快新能源及储能项目发展，推动传统能源企业向新型综合能源服务供应商转型，实现传统能源与新能源优化组合。

加快煤炭和煤化工一体化发展。这是推动煤炭由燃料向原料、材料、终端产品转变的关键。山西将聚焦现代煤化工和碳基新材料等前沿领域，支持煤炭与煤化工企业以市场化方式实施联营，更好地解决大型煤化工项目资源配置难题，加紧研发基于山西煤炭特点的新技术及规模化制备技术，促进煤化工产业高端化、多元化、低碳化发展。

加快煤炭产业和数字技术一体化融合发展。这是抢抓当前机遇期窗口期，加快推进能源产业数字化转型的迫切之需。山西将加大资金投入，以智慧矿山、智能电网和能源互联网等建设为重点，加快煤炭、煤电、煤化工等产业数字化改造，提升全要素生产率和本质安全水平，努力成为全国能源领域数字化转型排头兵。

加快煤炭产业和降碳技术一体化推进。这是未雨绸缪、主动应对碳中和的战略之举。山西将密切跟踪CCUS等技术发展和商业应用的前沿动态，因地制宜开展技术攻关和试点示范，积极拓展应用场景，有序统筹"一增""一减"，努力探索一条具有资源型地区特色的碳达峰碳中和实现路径。

作为煤炭大省、国家资源型经济转型综合配套改革试验区，2021年，山西承担能源革命综合改革试点重大使命，煤炭产量达11.93亿吨，约占全国的1/3、全球的1/7，为维护国家能源安全、平衡全球能源供需作出重要贡献。能源消费、供给、技术、体制革命全面推进，全省煤炭先进产能占比达到79.4%，发电总装机达到11840万千瓦，现役煤电机组全部实现超低排放，风电、光伏装机合计占比达到31.8%，氢能、钠电池、智慧矿山、能源互联网等前沿技术加快突破、应用场景不断拓展，战略性新兴产业市场化电价机制、增量配电网改革形成广泛影响，能源大省迈出了高质量发展新步伐。

第十一章
Chapter 11

典型案例

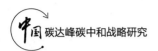

"双碳"目标引领首都高质量发展

2020年9月22日，国家主席习近平在第七十五届联合国大会一般性辩论上郑重宣布我国"双碳"战略目标。2022年1月24日，习近平总书记在中共中央政治局第三十六次集体学习时强调，实现碳达峰碳中和，是贯彻新发展理念、构建新发展格局、推动高质量发展的内在要求，是党中央统筹国内国际两个大局作出的重大战略决策。

北京在2012年达到了碳排放峰值，碳达峰目标已顺利完成，正在向碳中和迈进。

新时代十年，沿着习近平总书记指引的方向，北京立足建设国际一流的和谐宜居之都的战略目标，瞄准改善人居环境做好"留白增绿"，聚焦大气治理"一个微克一个微克去抠"。万元GDP能耗降幅全国居首，万元GDP碳排放量全国最优，排出率先碳中和时间表……在这场朝向绿色的伟大进军中，北京"大城市病"治理取得标志性成果，生态环境质量稳步向好。日臻完善的"北京方案"，标注着高质量发展与生态文明建设的有机统一，为中国式现代化的绿色之路提供了宝贵经验。作为全球首个"双奥之城"，北京具备能源绿色低碳转型的良好基础和条件，有能力、有责任在全国碳达峰碳中和行动中发挥示范引领作用，在全球共同应对气候变化中彰显负责任大国首都形象。

当前，北京市深入贯彻习近平生态文明思想和习近平总书记对北京重要讲话精神，准确把握新发展阶段特征、深入贯彻新发展理念、主动融入新发展格局，立足首都城市战略定位，大力实施绿色北京战略，以首都发展为统领，以满足人民日益增长的优美生态环境需要为根本目的，以生态环境质量改善为核心，以创新绿色低碳为动力，深入打好污染防治攻坚战，全面加强生态环境保护与建设,有效防范生态环境风险,深化区域协同治理,着力构建特大型城市生态环境现代化治理体系,为率先基本实现社会主义现代化奠定坚实的生态环境基础。

坚持推进绿色低碳发展。践行"绿水青山就是金山银山"理念,以降碳为重点战略方向,推进减污降碳协同增效,围绕早日实现碳中和目标,普遍推广绿色生产生活方式,促进经济社会发展全面绿色转型,以生态环境高水平保护促进经济高质量发展。

坚持改善生态环境质量。以生态环境质量改善为核心,统筹生态保护和污染防治,聚焦重点领域、重点区域、重要时段,深入打好污染防治攻坚战,持续推进山水林田湖草系统治理,稳步提升生态系统质量和稳定性,努力建设人与自然和谐共生的美丽北京。

坚持精准科学依法治污。发挥科技和人才优势,综合利用法规、技术、经济等手段,精细管理、科学施策、因地制宜,深化生态文明体制改革,推动特大型城市环境治理体系和治理能力现代化。

坚持提升人民环境福祉。以满足人民群众日益增长的优美生态环境需要为根本目的,深化环境治理与建设,积极回应人民群众关切,努力解决人民群众身边的环境问题,提供更多优质生态产品,让良好生态环境成为最普惠的民生福祉。

坚持推动区域协同共治。纵深推动京津冀协同发展,发挥北京"一核"的辐射带动作用,以北京城市副中心、河北雄安新区为重点,以保障北京冬奥会和冬残奥会为契机,深化区域生态环境联建联防联治,大力推进区域绿色低碳发展,共享生态环境质量改善成果。

一、深刻认识"双碳"目标对推动首都高质量发展的重要意义

实现"双碳"目标,要充分认识其重要战略意义,以"双碳"为抓手推动首都经济社会全面绿色转型,让绿色成为首都高质量发展的底色。

"双碳"目标是立足新发展阶段、推动首都高质量发展的必由之路。

习近平总书记强调，新时代新阶段的发展必须贯彻新发展理念，必须是高质量发展。党的十九大报告首次指出我国经济转向高质量发展阶段，并提出建立健全绿色低碳循环发展的经济体系。党的十九届六中全会强调要立足新发展阶段、贯彻新发展理念、构建新发展格局、推动高质量发展。党的二十大报告再次强调要积极稳妥推进碳达峰碳中和，立足我国能源资源禀赋，坚持先立后破，有计划分步骤实施碳达峰行动，深入推进能源革命，加强煤炭清洁高效利用，加快规划建设新型能源体系，积极参与应对气候变化全球治理。

北京在绿色低碳发展方面一直走在全国前列，明确提出到2035年绿色生产生活方式成为社会广泛自觉，碳排放率先达峰后持续下降。首都作为超大型城市、全国科技创新中心和绿色发展的首善之区，正在进一步探索碳中和、低碳高质量发展的有效路径，为全国碳达峰碳中和发挥表率、示范和引领效应，具有重要意义。

"双碳"目标是保障首都能源安全、优化首都产业结构的内在需要。我国能源形势正处于能源安全保障关键攻坚期、能源低碳转型重要窗口期、现代能源产业创新升级期，优化能源结构调整、保障国家能源安全势在必行，推动"双碳"目标落实落地更是关键举措。目前，北京能源资源短缺，主要靠外埠供应，能源安全与服务保障任务艰巨，首都城市功能定位决定能源保障能力必须安全可靠，发挥好首都国际科技创新中心优势，突破绿色低碳关键核心技术，提升能源产业基础和产业链现代化水平，助力碳达峰碳中和目标，全面提速首都绿色能源革命进程。

"双碳"目标是坚持以人民为中心、增强首都人民群众获得感的重要方式。随着我国社会主要矛盾的变化，人民群众对优质生态产品的需求日益增长，良好的生态环境是最公平的公共产品，是最普惠的民生福祉。根据2022年初发布的中国城市"双碳"指数，在全国率先确认达峰的城市中，北京独占鳌头，领跑全国"双碳"行动。北京绿色低碳生活的良好氛围已基本形成，首都人民群众的获得感、幸福感和安全感日益提升。

二、准确把握新发展理念下首都实现"双碳"目标的基础与挑战

近年来，北京加快产业结构优化和能源清洁转型，为北京碳达峰后稳中有降、碳中和工作打下了扎实的基础。

一是能源结构调整实现新突破。近十年来，北京全市煤炭消费量由2012年的2179.6万吨下降到2021年的不足150万吨，占全市能源消费比重由2012年的25.2%下降到不足1.5%。北京市人均二氧化碳排放和二氧化碳排放总量逐年下降，经济发展对能源的依赖程度正在下降，每万元GDP碳排放为0.41吨二氧化碳，处于全国省市级最优梯队，基本实现了碳排放和经济增长脱钩。

二是能源利用效率始终保持全国前列。与2015年相比，2020年全市单位地区生产总值能耗、单位地区生产总值二氧化碳排放累计下降24%和26%以上，能源利用效率在全国省级地区始终保持领先水平。全市城镇供热面积8.95亿平方米，基本实现清洁供热。

三是可再生能源利用规模和质量同步提升。2020年，全市可再生能源开发利用折合703.3万吨标准煤，占能源消费比重由2015年的6.6%提高到10.4%，由2015年的45亿千瓦时大幅增加到2020年的145.6亿千瓦时，占全社会用电量比重达到12.5%。

四是技术资金优势突出。北京作为国际科技创新中心，人才、资金、技术优势明显，北京科技创新平台资源集聚，布局了一批能源科技与产业创新高地，搭建了国家能源研发创新平台，打造了首都能源高质量发展新引擎。自2013年启动试点碳市场以来，截至2021年底，北京试点碳市场各类产品累计成交量达9336.77万吨，累计成交额30.03亿元。

五是重点功能区绿色体系加快建设。高起点规划、高标准建设，北京大兴国际机场建成全球最大机场综合能源系统、延庆冬奥村冬奥场馆获得绿色建筑三星认证，奥运史上首次实现全部场馆100%绿电供应。首个碳中和的冬奥会，已成为美丽中国亮丽底色的实践典范。

当前，北京已进入低碳转型发展新阶段，能源绿色低碳转型成效显著，但总体来看，北京在能源消费、碳排放等方面还存在一定差距。一是绿色低碳发展与国际一流水平仍有差距。化石能源占比较高，工业等重点领域能效与国际一流水平仍有差距。二是创新能力和智慧水平有待进一步提升。绿色低碳技术推广应用和智慧能源系统建设还处于起步阶段，能源运行管理智能化、精细化水平有待提升。三是能源安全与服务保障仍存在"短板"。城市电网安全保障能力与首都城市功能定位和构建新型电力系统要求存在差距，部分供热企业服务管理方式比较粗放，能源应急保障体系建设仍需完善。四是体制机制改革亟待深化。与碳达峰碳中和相适应的政策、法规、标准和价格体系亟待健全完善。

三、多措并举完成首都碳达峰碳中和战略目标

习近平总书记强调，实现"双碳"目标是一场广泛而深刻的变革，不是轻轻松松就能实现的。要提高战略思维能力，把系统观念贯穿"双碳"工作全过程。推进首都"双碳"工作任务，必须坚持从实际出发，尊重经济规律，抓住重点、把握节奏，扎实推进关键领域的各项工作，重点在六个方面发力。

一是坚持以融入经济社会发展全局为牵引。要把"双碳"工作纳入生态文明建设整体布局和经济社会发展全局，特别是把碳达峰碳中和目标融入经济社会发展中长期规划，作为美丽首都建设的重要组成部分，充分衔接首都发展战略、能源生产和消费革命、国土空间、中长期生态环境保护、区域和地方规划。将绿色低碳全面融入首都高质量发展战略实施中，切实发挥重大区域规划引领带动作用。

二是坚持以能源绿色低碳发展为核心。要加强京外清洁能源开发基地建设，用好区域能源合作机制，提高外调绿电资源保障能力。在确保能源安全的前提下，以能源供给清洁低碳化和终端用能电气化为主要方向，坚持节能和结构调整双向发力，严格控制并逐步减少煤炭消费，大力推动煤电节能降碳改造、灵活性改造、供热改造"三改联动"，积极有序发展光能源、硅能

源、氢能源等可再生能源。深入挖掘可再生能源资源潜力，聚焦城镇建筑、基础设施、产业园区等重点领域，加快推进整区屋顶分布式光伏开发。

三是坚持以推进产业优化升级为抓手。紧紧抓住新一轮科技革命和产业变革的机遇，推动互联网、大数据、人工智能、第五代移动通信等新兴技术与绿色低碳产业深度融合，建设绿色制造体系和服务体系，提高绿色低碳产业在经济总量中的比重。以绿色低碳发展为引领，把优化工业结构和提高能效作为推进工业节能降碳的重要途径，加快形成绿色生产方式，培育制造业绿色发展新动能。持续推进不符合首都功能定位的一般制造业企业动态调整退出，深挖工业节能潜力。对标国际先进水平，动态完善工业能耗限额。组织开展工业企业能源审计，加强重点用能设备节能审查和日常监管。推广先进高效产品设备，支持企业实施绿色节能技术改造。鼓励有条件地区规模化开展超低能耗建筑、可再生能源与建筑一体化推广应用。优化交通出行结构，构建以新能源车为主的绿色交通新模式，推动氢燃料汽车规模化应用。

四是坚持以技术创新为引擎。技术创新是推动能源革命和产业革命、支撑实现碳达峰碳中和的核心驱动力。充分发挥北京科技创新优势，推出更多科技创新成果，为国家实现"双碳"目标提供科技支撑，作出北京贡献。谋划布局一批能源科技与产业创新高地，加强国家能源研发创新平台建设和管理，打造首都能源高质量发展新引擎。以培育能源新技术、新模式、新业态为主攻方向，全面提升能源行业数字化、智能化发展水平。推动供热智能发展，结合智慧城市建设，有序推进城镇供热系统节能和智能化改造，推广分户热计量，推动平衡调节和自动监测等先进技术应用。加快综合智慧能源示范应用，推进"三城一区"构建多能互补、高效智能的区域能源综合服务系统。

五是坚持以碳汇能力全面提升为补充。推进山水林田湖草沙一体化保护和系统治理，实施重要生态系统保护和修复重大工程，巩固和提升生态系统碳汇能力。充分利用坡地、荒地、废弃矿山等国土空间开展绿化，努力增加森林、草原等植被资源总量，有效提升生态系统的减排增汇能力。扩大绿色低碳产品供给，增强全民节约意识、环保意识、生态意识。率先构建可再生能源优先、智慧灵活的能源系统，打造一批特色鲜明、低碳排放的样板工程。

六是坚持以治理体系变革为保障。加快建立完善支撑落实首都碳达峰碳中和目标的政策体系和体制机制，推动形成政府主导、市场调节、各方参与、全民行动的绿色低碳转型发展新格局。加快碳达峰碳中和相关立法进程和标准体系建设，强化碳达峰碳中和目标约束和相关制度法治化保障；加快建立碳排放总量和强度"双控"制度，运用好北京碳排放交易中心这个平台，成为全球领先的碳交易市场，出台有利于绿色低碳发展的价格、财税、金融政策，引导经济绿色低碳转型；探索绿色金融改革创新，在绿色信贷、绿色投资等方面发力，加快推进北京市可再生能源利用、建筑绿色发展等地方立法工作，制定储能、氢能等相关地方标准。

人不负青山，青山定不负人。我们要始终坚持以习近平新时代中国特色社会主义思想为指导，自觉做习近平生态文明思想的坚定信仰者、忠实践行者、不懈奋斗者，以碳达峰碳中和目标为引领，坚定绿色低碳发展方向，不断提高贯彻新发展理念的能力水平，一茬接着一茬干、一年接着一年干，努力在高质量发展中促进绿色转型、在绿色转型中实现首都高质量发展。

（资料来源：《首都建设报》，2022年9月13日，孟文涛，北京能源集团有限公司党委副书记、工会主席）

湖南多措并举全力推进绿色低碳发展

党的十八大以来，湖南省委、省政府坚决贯彻落实习近平生态文明思想和党中央、国务院重大决策部署，把"生态强省"作为"五个强省"战略目标之一，全面落实"三高四新"战略定位和使命任务，坚定不移推进绿色低碳发展，以减污降碳协同增效为总抓手，集中力量整治"化工围江""化工围湖"，推动淘汰一批地条钢、小煤矿等过剩产能，发展战略性新兴产业，着力打造"三个高地"；建立"三线一单"管控措施，推动老工业基地搬迁改造，优化用地结构和产业布局；开展船舶港口码头污染治理，打造长江黄金水道；推广一批绿色农业、生态农业项目，遏制"两高"项目盲目上马，抓好绿色园区建设，截至目前已创建国家绿色园区10家、创建国家绿色工厂100家，有力推进全省经济社会发展全面绿色转型；开展农村水电增效扩容改造，推进绿色小水电示范创建，每年相当于节能减排603万吨标准煤，减少二氧化碳排放1548万吨。

一、以高质量发展为着力点，推动结构调整和能效提升

为改善湖南省工业结构偏重、能源结构不优等问题，党的十八大以来，全省上下以高质量发展为着力点，积极推进产业结构、能源结构调整，促进低碳转型。一是产业结构。2020年全省六大高耗能行业增加值占规模工业的比重比2010年降低约4.7个百分点。化解钢铁、水泥、平板玻璃过剩产能约200万吨、3000万吨、720万重量箱。全面完成清水塘老工业区261家重污染工业企业搬迁改造，有效实施了衡阳水口山、娄底锡矿山等重点区域污染治理和产业转型升级。二是能源结构。2020年煤炭消费占比从2012年的60.8%降至56.1%，天然气消费占比由1.5%提升至3.3%，非化石能源消费占比由17.9%提升至21.7%。可再生能源发电装机占全省新增电源装机的81%，有效推进了能源结构低碳转型。三是能效提升。党的十八大以来，单位地区生产总值能耗逐年下降，能耗强度累计下降超过50%，超额完成国家下达的强度降低目标，以年均2.7%的能源消费增速支撑了年均7.9%的经济增长。主要产品单位产品能耗显著降低，吨钢综合能耗、火力发电供电标准煤耗、吨水泥综合能耗等主要工业产品单位能耗均大幅下降。

二、以绿色发展为统领，重点领域节能工作亮点纷呈

近年来，湖南省认真落实生态强省的战略目标，以绿色发展为统领，重点领域节能工作全面推进。一是工业领域。强化能耗限额管理，推进技术节

能，全省规模工业增加值能耗累计下降35%。推动绿色制造体系创建，改造提升传统产业，先后获批国家绿色工厂100家、绿色园区10家、绿色供应链企业8家。楚天科技等22个项目获得国家绿色制造系统集成项目支持。二是建筑领域。积极推广绿色建筑和可再生能源建筑，成功创建国家装配式建筑示范城市6个，国家装配式建筑产业基地9家，中心城市绿色装配式建筑占新建建筑比例达30%。2022年，被住房和城乡建设部批准为全国绿色建造试点省。三是交通领域。全省城市公交领域新增和更新车辆中新能源车占比96%以上。长沙成功获批全国绿色货运配送示范城市。完成2021年度278艘船舶受电设施改造。全国首艘LNG动力客船即将投入运营，岳阳港作为全国"绿色循环低碳"内河试点港口已通过国家验收。四是公共机构领域。节约型公共机构示范单位创建全面铺开，全省成功创建103家国家节约型公共机构示范单位，12家能效"领跑者"单位。全省3万余家公共机构实现能耗数据网上直报。2020年，公共机构人均综合能耗143.45千克标煤/人，单位建筑面积能耗6.11千克标煤/平方米，超额完成国家下达目标任务。

三、以"双碳"目标为导向，绿色低碳发展工作稳步推进

湖南省认真贯彻落实党中央、国务院决策部署，扎实有序推进碳达峰碳中和工作。一是完善"双碳"工作机制。认真贯彻落实党中央、国务院关于碳达峰碳中和重大决策部署，成立了省碳达峰碳中和工作领导小组，由省委、省政府主要负责同志担任双组长，统筹推进相关工作。领导小组办公室下设碳排放统计核算工作组，负责组织协调全省及各地区、各行业碳排放统计核算等工作。成立省碳达峰碳中和专家咨询委员会，由1个咨询委员会和能源、工业、交通等8个专业委员会构成，为省委、省政府提供高质量决策咨询服务。二是构建"双碳"政策体系。参照国家做法并结合湖南省实际，积极构建全省碳达峰碳中和"1+1+N"政策体系，省委、省政府印发了《中共中央 国务院关于完整准确全面贯彻新发展理念做好碳达峰碳中和工作的实施意见》，抓紧编制湖南省碳达峰实施方案、分行业分领域实施方案和保障措

施。三是协同推进减污降碳。强化"三线一单"管控措施硬约束，17个市县（区）创建为国家生态文明示范区、4个市县（区）创建为国家"两山"理论实践创新基地。通过协同推进减污降碳，全省主要污染物排放量持续减少，2021年全省环境空气质量达到国家二级标准，优良天数比例为91%；147个国考断面水质优良率为97.3%。四是持续推进碳排放交易。积极对接全国碳市场建设，成立碳排放数据质量工作专班，完成31家重点排放单位的碳排放报告核查复查、数据填报、配额发放、数据质量核查、履约清缴工作。搭建重点企业温室气体排放数据直报平台，实现了全省八大行业综合能耗万吨标煤以上企业在线填报，高效支撑了全省碳数据管理和碳排放核查工作。五是深化国际合作和全民行动。湖南省政府与亚洲开发银行签订了战略合作协议，连续五年成功举办亚太绿色低碳发展高峰论坛。湘潭获2亿美元低碳城市亚洲开发银行贷款，是亚行第一个低碳城市贷款项目。通过主流媒体录制《剑指碳中和》专题系列电视访谈节目，开展湖南国际绿色发展博览会、节能宣传周、低碳日、国际保护臭氧层日和全省绿色金融研讨会等低碳宣传活动，倡导全民践行绿色低碳生活。

（资料来源：湖南省发展改革委；湖南葆华环保公司张庆华、刘伟）

江苏深入践行绿色发展理念的生动实践和经验启示

党的十八大以来，江苏坚持以习近平生态文明思想为指导，深入贯彻新发展理念，坚定不移走生态优先、绿色发展之路，将生态文明建设自觉融入经济建设、政治建设、文化建设和社会建设，坚决打好污染防治攻坚战，协同推进经济高质量发展、生态环境高水平保护和人民群众高品质生活，生态环境实现从严重透支到明显好转的历史性转变，一幅山水人城和谐相融的新画卷在江苏大地徐徐展开。

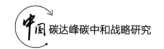

一、深刻把握绿色发展理念的丰富内涵和实践要求

进入新时代，习近平总书记为江苏擘画了建设"经济强、百姓富、环境美、社会文明程度高"新江苏的宏伟蓝图，江苏坚持将习近平总书记提出的"强富美高"作为一个有机整体，完整准确全面地把握绿色发展理念。

坚定不移地把"环境美"作为"强富美高"新江苏现代化建设的重要内涵和鲜明标识。作为经济大省，江苏奋力挑起全国经济发展的大梁。同时，江苏人口密度大、人均环境容量小、单位国土面积污染负荷高，资源环境约束明显。党的十八大以来，江苏始终沿着党中央指引的方向踔厉奋发，深入实施生态文明建设工程，严格落实节约优先、环保优先方针，加快构建资源节约型、环境友好型社会，努力实现经济持续增长、污染持续下降、生态持续改善，使经济发展和生态文明相辅相成、相得益彰。

坚定不移地走人与自然和谐共生的现代化道路。江苏是制造业大省，以全国1.1%的国土面积，承载了6%的人口，创造了全国约12%的工业增加值。但是，江苏历史上在工业布局中，传统产业比重高，易引发空气污染、水污染、土壤污染、噪声污染等，影响人民群众的生命安全和身体健康。党的十八大以来，江苏坚持以人民为中心的发展思想，调整产业结构，发展现代科技，优化全省国土空间布局，推动区域一体化治理，持续加强生态系统保护修复和生态环境监管，切实解决群众最关心的生态环境问题，推动人与自然和谐共生。

坚定不移地推进绿色低碳可持续发展。"绿色"不仅是大自然的底色，还代表着高质量发展的成色以及健康的生活方式。习近平总书记多次强调，生态文明建设是关系中华民族永续发展的根本大计。江苏肩负"为全国发展探路"的重要使命，牢固树立"绿水青山就是金山银山"的理念，坚持绿色、低碳、循环发展，推动形成绿色发展方式和生活方式，大力推进长江大保护、长江"十年禁渔"、太湖治理、大运河文化带建设等重点工作，坚定不移走生态优先、绿色发展之路，不断增进人民福祉，维系好民族未来。

坚定不移地统筹发展和安全。发展离不开生态文明建设和生态安全保障。党的十八大以来，江苏始终坚持发展和安全并重，秉持为发展求安全、以安全促发展的理念，让发展和安全两个目标有机融合，以实际行动维护好生态安全，促进经济发展，真正地让百姓安居乐业。

二、江苏推动绿色发展的生动实践和取得的重大成就

党的十八大以来，江苏坚持以习近平生态文明思想为指导，深入践行"绿水青山就是金山银山"理念，大力推动"环境美"建设，持续推进绿色低碳发展，不断厚植高质量发展的绿色基底。十年来，自然生态之美、城乡宜居之美、人文特色之美、文明和谐之美、绿色发展之美在江苏充分彰显，高颜值、高品位、高水平成为"强富美高"新江苏最直接、最可感的展现，绿色已成为江苏高质量发展的鲜明底色。

深入实施大气、水、土壤污染防治三大行动计划，打好蓝天、碧水、净土保卫战。十年来，江苏全力打好蓝天、碧水、净土三大保卫战，扎实开展整治行动，关停取缔各类"散乱污"企业，解决了一大批突出环境问题，江苏全省生态环境质量实现整体提升、全面好转。纵深推进太湖治理，省级财政累计投入专项资金300亿元，带动各级财政和社会投资超2000亿元，持续推进控源截污、源头治理，有力推动流域水质改善。推进大运河文化带保护、传承、利用以及沿线生态环境整治，实现大运河水质全线达到Ⅲ类。统筹推进城市更新和农村人居环境整治，消除黑臭水体，集中收运生活垃圾，普及无害化卫生户厕，美丽宜居村庄数量超1万个。

以"双碳"引领经济社会发展方式系统性变革，推进人与自然和谐共生的现代化。十年来，江苏以"双碳"战略引领经济社会发展系统性变革，坚决遏制"两高"项目盲目发展，连续制定出台一系列绿色发展规划、实施意见、政策文件，积极开展试点示范，以极大的决心和力度推动经济发展绿色低碳转型。目前，江苏已有5个国家级低碳城市试点、3个国家级低碳试点园区、2个国家级低碳试点城（镇）、1个绿色低碳重点小城镇。

全省一盘棋,推进生态城市与美丽乡村融合发展。城市和乡村是社会大系统中的一体两面,相互依存,互利共荣。江苏积极适应新时代城市发展新要求,推进美丽宜居住区、美丽宜居街区、美丽宜居城市建设,将绿色低碳发展理念融入城市建设全过程,推动城市转型发展。目前,江苏拥有国家级森林城市8个、国家生态园林城市9个,获联合国人居环境奖城市5个。同时,积极开展农村人居环境整治行动,发展绿色农业,推进化肥减量增效,推进畜禽粪污资源化利用,推进水产生态健康养殖,加强农田废弃物回收处置。如今,江苏建成省级特色田园乡村446个,创建全国农业绿色发展先行区数量居于全国前列。

大力实施长三角生态合作治理,促进跨区域绿色发展迈上新台阶。为实现长三角生态环境共保联治,江苏推动构建苏浙沪生态治理合作机制,建立跨区域、跨部门水环境信息共享机制,共同推进太湖流域绿色发展,协同推进清淤捞藻、湿地建设等工程,形成利益共享、责任共担的生态治理新格局。着力推进"蓝天下的长三角"携手共建,与沪浙皖联合成立了长三角区域生态环境保护协作小组,签署了《长三角区域碳普惠机制联动建设工作备忘录》,联合开展了太湖等河湖综合治理,太湖连续14年实现"两个确保"。

紧抓以人为核心的新型城镇化,生态文化与人文素养互为促进。坚持以人民为中心的发展思想,推进以人为核心的新型城镇化,归根到底是促进人的发展和人的现代化。党的十八大以来,江苏将生态文明建设与提升人的人文素养紧密结合,全面谋划部署生态文化工作,深入挖掘生态人文资源,开展生态文化宣传活动,厚植生态文化根基,提升公民人文素养,以人的全面发展提升人的现代化水平。2020年,江苏率先以省级生态文明公约形式发布《江苏生态文明20条》,引领全省上下争做生态文明建设的实践者、推动者。江苏下辖的13座国家历史文化名城积极打造地方文明示范项目,推动文明城市建设由成果巩固转向内涵提升,不断放大全国文明城市建设的"磁场效应"。

坚持顶层设计与基层创新双向互动,生态文明制度体系不断完善。十年来,江苏把制度建设作为根本之举,坚持顶层设计与基层创新双向互动,探索形成一批长效机制，筑牢生态保护和高质量发展的"铁栅栏"。强化顶层设计，统筹勾画蓝图，加强统一监管。制定出台《〈长江经济带发展负面清单指南〉江苏省实施细则（试行）》，立下了长江干流及14条支流1公里范围内的"最严规矩"。针对重大生态环境问题，打破区域限制，协同治理，联防联控，形成共抓共治的良好格局。

加强生态治理国际合作，生态技术广泛运用。江苏兼收并蓄，博采众长，积极学习和借鉴其他国家在生态治理方面的先进技术、丰富经验以及成熟模式。常熟新材料产业园水处理生态湿地项目是江苏省首个中德环保技术合作项目，也是国内第一个用于处理化工园区污水厂尾水的湿地项目。该项目通过物理、化学、生物协同作用净化低浓度废水，日处理量4000吨，一年相当于减排了146万吨劣Ⅴ类的水到长江去，促进了水环境的改善。

三、江苏推动绿色发展的经验启示

江苏践行绿色发展理念取得了令人瞩目的成绩，在探索生态高质量发展的道路上积累了丰富的经验。

系统谋划，压紧绿色发展的政治责任。习近平总书记指出，生态环境是关系党的使命宗旨的重大政治问题，也是关系民生的重大社会问题。党的十八大以来，江苏始终牢记习近平总书记对江苏工作的重要指示，引导全省上下深刻领会、坚决贯彻、全面落实，系统谋划部署推进新时代绿色发展和生态文明建设。在全国率先建立了高质量发展监测评价考核指标体系，牢固树立生态优先、绿色发展鲜明导向，持续加大环境保护投入力度，压紧压实生态文明建设政治责任，确保全省上下统一思想、提高认识、自觉行动。

规划引领，优化国土生态安全格局。国土是绿色发展的空间载体。党的十八大以来，江苏立足生态文明建设体系下的国土空间规划转型，围绕山水林田湖草生命共同体的整体保护、系统修复，以规划为引领，树立底线思维，科学应变、主动求变，划定并严守生态保护红线，实行最严格的生态空间管控制度，确保"功能不降低、面积不减少、性质不改变"，形成符合江苏实际的生产、生活和生态空间分布格局，确保具有重要生态功能的区域、重要生态系统以及主要物种得到有效保护，提高生态产品供给能力，为全省生态环境保护与建设、自然资源有序开发和产业合理布局提供重要支撑。

制度创新，推进生态环境治理体系建设走在前列。江苏作为与生态环境部共建生态环境治理体系和治理能力现代化试点省、全国生态环保制度综合改革试点省，坚持用最严格的制度、最严密的法治保护生态环境。率先建成污染防治监管平台，压实各地各方责任。开展排污权有偿使用，有效配置环境资源。推行水断面双向补偿，激发各地治污动力。深化生态补偿制度改革，落实生态保护权责。出台环保信用评价办法，加强生态环境监管。加强跨区域环境污染合作治理，提高生态治理质量。十年来，江苏不断提高生态环境治理体系和治理能力现代化水平，为全省生态文明建设提供全方位、多层次、强有力的支撑和保障。

广泛动员，构建绿色发展共同体。党的十八大以来，江苏广泛动员各方力量，积极构建生态环境全民行动体系。积极推进生态文明教育，普及环保科学知识，增强全社会生态环保意识。充分利用各种媒介，大力宣传生态保护与建设的重要性。结合重要环保节日，组织开展系列活动，在强化生态环境宣传教育的同时，积极倡导简约适度、绿色低碳的生活方式和消费方式。推进生态环保全民行动，创新公众参与机制，引导社会组织和公众积极参与生态环境公共事务。

党建引领，铸造新时代绿色发展铁军。江苏生态环境系统始终坚持党建引领，充分发扬铁军精神，以勇担当、挑重担、站前排的实际行动回应人民群众所急、所想、所盼，以钉钉子精神深入推进生态文明建设和绿色发展。注重通过机制创新、政策创新、理念创新和方法手段创新，增强打好污染防治攻坚战和服务生态高质量发展的本领。同时，江苏省生态环境厅注重巡视巡察上下联动、贯通推进，持续推进各项整改任务。

（资料来源：东吴智库，2022年10月21日，方世南、孙健、徐宏飞、范俊玉、陆波、张玥、吴琼、汪娅岑）

苏州：向美而行，打造长三角绿色发展示范样板

关停、淘汰企业7344家，整治"散乱污"企业（作坊）5.35万家，PM2.5浓度较2013年下降60.0%，优良天数比率达85.5%，太湖连续14年实现"安全度夏"……在日前举行的"非凡十年生态巡礼·绿水青山看苏州"采风活动中，一幅幅生态美景，一张张亮眼成绩单，让这座千年古城再次成为焦点。新时代十年，苏州紧紧围绕争当"强富美高"新江苏建设先行军、排头兵目标，坚持生态优先、绿色发展，用一个个鲜活的"苏州样本"印证了习近平生态文明思想的强大伟力，在经济社会高质量发展的同时，当地生态文明建设和环境保护工作取得了历史性突破。

一、生态优先，绘就高颜值生态底色

徜徉在苏州市昆山天福国家湿地公园的林荫道上，秋风拂面送来阵阵稻香，满目苍翠间不时可以看到白鹭飞过。园内水网密布，湖泊、稻田、沼泽交错，"稻花香里说丰年，听取蛙声一片"在这里真实呈现。

昆山天福国家湿地公园，属于以永久性水稻田为主体的自然湿地人工湿地复合生态系统，总面积779.54公顷，其中生态保育区333.26公顷。自公园规划建设以来，坚持湿地保护与现代农业相结合。公园每年只种植一季水稻，开展休耕蓄水工作，既扩展了候鸟的栖息地，也有效抑制了杂草及越冬昆虫生长，鸟类排泄物增加土壤肥力，提高稻米的营养品质和安全品质。目前水稻种植面积3504.16亩、产量达292.5万斤。同时，公园系统实施了水系整理及联通、植被系统恢复等一系列生态修复工程。

昆山天福国家湿地公园选择700亩作为核心栖息地修复区，通过设计大小、深浅不一的8个水塘，搭配水位调节设施，满足不同季节不同鸟类对栖息地的需求。在夏季，水位控制在5～10cm，吸引鸻鹬类、鹭类栖息；在冬季，水位控制在50～80cm，吸引雁鸭类等冬候鸟。目前，公园有维管束植物549

种，昆虫类325种，鸟类210种。其中鸟类品种占到了全国鸟类的10%，包括国家Ⅰ级保护动物1种（黄胸鹀），国家Ⅱ级保护鸟类32种，如小天鹅、短耳鸮、小枹鸺等。公园实施的《太湖流域700亩农田停留全中国10%的鸟种》项目还成功入选"生物多样性100+全球典型案例"名单。

事实上，昆山天福国家湿地公园是苏州擘画高颜值生态画卷的其中一笔。近年来，苏州扩大环境容量大力实施生态文明建设"十大工程"，实施森林抚育31.9万亩，每年新增及改造绿地300万平方米，建成市级以上湿地公园21个，陆地林木覆盖率达20.5%，自然湿地保护率提高到70.4%，获国家"生态中国湿地保护示范奖"。

截至2021年，苏州建成首批国家生态文明建设示范市和首批美丽山水城市。常熟、太仓、昆山、吴江获评国家生态文明建设示范县区，常熟、太仓、吴江、吴中、相城获评省级生态文明建设示范区，省级生态文明建设示范镇（街道）46个、示范村（社区）46个。建成国家级生态工业示范园区6个、省级生态工业园9个。张家港荣获中国生态文明奖。人民群众对生态环境满意率再创新高，从2015年的81.7%上升到2021年的92.0%。

二、绿色发展，打造低碳转型样板

在实现生态环境高水平保护的同时，如何协同推进经济高质量发展？面对这个时代之问，苏州给出了优秀答卷。

在张家港市南丰镇的东沙化工园区里，建华建材（苏州）有限公司车间里热火朝天。作为东沙化工园区转型升级后引进入驻的第一家企业，项目一期占地面积227.72亩，规划建设绿色建材技术研发中心和4条生产线，产品包括新型智能绿色建材、各类型基础产品及新型装饰混凝土产品。据企业负责人介绍，企业整个生产流程非常环保，相关废水等生产废弃物都会被回收再利用。之所以选择在这里落户，一方面是政策扶持，另一方面是看重了产业园聚集的高端产业以及便利的"铁水联运"物流条件。

原东沙化工园区是苏州市政府认定的市级化工集中区，距离长江仅4公里，涉及化工企业37家。2016年，第一轮中央生态环境保护督察反馈了"张家港东沙化工园区未能落实卫生防护距离要求"的突出环境问题。对此，张家港高度重视，整建制关停了东沙化工区。

通过关停整治，张家港市每年可减排COD（化学需氧量）1189吨，二氧化硫1533吨、氮氧化物550吨，减少危废产生量2028吨，节约标煤15万吨。与此同时，园区"腾笼换鸟"腾出了将近3000亩的建设用地，积极引入智能装备、新兴材料等产业。目前，已引进建华建材、吉泰汽车等超10亿元项目，累计进驻项目14个，总投资近40亿元。在生态环境保护的同时，经济发展更上一层楼。

近年来，苏州始终把生态环境保护工作融入经济社会发展大局，推动经济社会发展绿色转型迈出了坚实的步伐。最近十年中，苏州完成关停及实施低效产能淘汰企业7344家，关闭退出化工企业699家，全市化工园区（含集中区）压减至6个，整治"散乱污"企业（作坊）5.35万家，腾出发展空间7.8万亩，其中复耕复绿面积1.16万亩。

在经济高速增长的同时，单位地区生产总值能耗别较2015年下降18.6%，单位建设用地GDP产出率、单位建设用地亩均税收收入实现"双提升"，分别较2015年提高30.5%、21.6%。目前，苏州产业结构实现了"三二一"转变，2021年服务业增加值占GDP比重达51.3%。碳排放总量增速得到控制，由"十二五"期间年均增速2.5%下降为"十三五"期间的0.6%，万元GDP碳排放量于"十三五"期间累计下降23.2%。

三、创新模式，构筑完善环境治理体系

坐拥3/5太湖水域的苏州吴中，历来是苏州乃至江苏省的生态保护重地。在苏州吴中区消夏湾湿地生态安全缓冲区，3.3公里长的太湖入湖河道消夏江沿岸建设了15.5公顷各类功能型湿地，治理周边4平方公里范围的农村面源污染，净化后优于地表Ⅲ类水的出水又回用于农业生产，实现水资源循环利用。该项目建设前，山上茶树、果树农药化肥残留随雨水通过沟渠进入低洼

地带，水位上涨时不经过拦截，直接流入消夏江后进入太湖。项目的实施打造了三道生态湿地的拦截处理体系，通过打造山水林田湖草的系统性治理，每年将削减入太湖的总氮8.7吨、总磷0.87吨，真正建立起了山林农田与太湖之间的天然屏障。

在距离消夏湾40多公里的另一处太湖边——苏州高新区金墅港水下森林，曾经的鱼塘退圩还湖又变成清澈的太湖水域。金墅港退圩还湖项目总面积约930亩，其中堆岛面积46亩（含水厂道路），还湖884亩。如今，江南特有的水草已播撒其间，只待时间把这里变成一片鱼游浅底的水下森林。

值得一提的是，《苏州市太湖生态岛生态环境损害赔偿示范基地建设方案》的正式发布，对苏州市域内客观上无法原位修复的生态环境损害赔偿案件，因地制宜，灵活采用"补种复绿""增殖放流""护林护鸟"及"劳务代偿"等方式开展替代性修复，为赔偿义务人提供了多种替代修复场景。全省首个综合性生态环境损害赔偿示范基地——苏州市太湖生态岛生态环境损害赔偿示范基地揭牌。

近年来，苏州不断加大制度创新力度，着力破除制约生态文明建设的体制机制障碍，以制度建设引领生态文明建设。苏州是全国最早试行生态补偿制度的城市之一，2006年就提出"建立保护区生态补偿机制，设立生态补偿专项资金"，2014年出台实施《苏州市生态补偿条例》，是全国首个生态补偿地方性法规。目前，苏州共签订生态损害赔偿磋商协议166件，涉及赔偿金额7590万元，生态环境损害赔偿典型案例位居全省前列。苏州还把"绿色GDP"纳入干部考核体系，把资源消耗、环境损害、生态效益纳入经济社会发展评价体系，通过不同地区特点实施差别化考核，进一步激发绿色发展、特色发展的动力。

十年沧桑巨变，十年矢志攻坚。对于苏州生态文明建设取得的成就，苏州市生态环境局相关负责人用了"四个必须"来概括。一是必须始终坚持党的全面领导。二是必须始终牢固树立"绿水青山就是金山银山"理念，深化践行绿色发展理念，引导倒逼全社会绿色低碳转型，有效推进经济高质量发展与生态环境高水平保护协同并进。三是必须始终坚持最严格制度和最严密法治。四是必须始终坚持"以人民为中心"的理念。"环境就是民生，青山就是美丽，蓝天也是幸福。我们深刻认识到发展的宗旨是为了人民，人民对优美生态环境的向往就是我们追求的目标。"

据悉，下一步苏州将准确把握新发展阶段特征、深入贯彻新发展理念、主动融入新发展格局，面向"美丽苏州"建设目标，以碳达峰碳中和为引领，以减污降碳协同增效为抓手，以创新绿色低碳为动力，以源头治理为根本策略，坚持精准治污、科学治污、依法治污，深入打好污染防治攻坚战，协同推进经济高质量发展和生态环境高水平保护，在率先建设人与自然和谐共生的现代化道路上走在前列，努力建成长三角地区绿色发展示范样板。

（资料来源：荔枝网，2022年9月30日，施志鹄）

山西霍州践行绿色低碳循环发展的生动实践

霍州历史源远流长，有近三千年的文化积淀。这里的一草一木、一砖一物，都承载着故事、渗透着文化。

霍州资源富集，曾"因煤而兴"，也"因煤而困"。面对困境，霍州先行先试、综合改革，奋力在能源革命中领跑。

资源型城市如何实现高质量发展？因煤炭而兴的山西霍州，正在蹚新路。

近年来，霍州市委、市政府积极落实"碳达峰碳中和"目标要求，推动传统能源产业转型升级和绿色化发展，培育新能源产业集群，推动一批新能源、新材料项目相继落地，人居环境持续改善，县域经济竞争力不断提升。

特别是2022年1月26日习近平总书记在山西考察调研首站来到霍州后，霍州市广大干部群众牢记嘱托，感恩奋进，积极推进能源结构优化调整，打造新能源产业集群和示范基地，发展一批新兴产业、特色产业，推动传统煤炭产业升级改造提质增效，实现生态环境保护与经济发展共赢。如今的霍州，

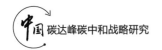

煤电产业加快推进清洁低碳发展，智能再制造产业不断发展壮大，绿色循环经济初具规模，在全方位推动高质量发展上不断取得新突破。

一、推广减排技术，打造绿色低碳生产链

霍州市以提高能效水平、降低单位产品综合能耗为目标，大力提升传统产业，发展光伏新能源产业，开展固废综合利用，构建全产业链的绿色低碳生态体系。推进能耗在线监测系统建设，全市"两高"项目全部实现能耗实时监测。2021年，全市单位GDP能耗下降4.6%。

打造绿色智能矿井。持续推进辛置煤矿、李雅庄煤矿、紫晟煤业和力拓煤业采掘工作面智能化建设。推进紫晟煤业连采连充绿色开采项目，加快李雅庄煤矿实施煤与瓦斯共采项目和综合利用。加大煤矿产能核增工作力度，加快兴盛园煤业复工复建步伐，有序释放先进产能。加大对国电霍州发电厂、兆光发电厂现有发电机组技改力度，推动绿色低碳发展。2022年上半年全市原煤产量236.31万吨，洗精煤152.27万吨，发电量达51.24亿千瓦。

大力发展节能环保产业。推动煤矸石、粉煤灰和炉渣等大宗工业废渣的再利用，发展节能环保低碳高效的循环产业。山西建筑产业现代化绿色建材园区是专门从事固废利用、节能减排、市场零售建材、新型建材产品的园区。2019年投产年产30万立方米粉煤灰蒸压加气混凝土砌块、10万立方米板材的生产线一条。园区石膏板以脱硫石膏为主要原料，利用电厂余热蒸汽为热源，生产纸面石膏板。该绿色建材园是山西省装配式产业基地、转型升级示范企业。

二、以光伏电站建设为牵引，打造新能源产业基地

霍州市可用于光伏发电项目的面积共有7万余亩，可充分发挥国家能源集团、山西兆光电厂两家火电企业优势，建设百万兆瓦光伏电站。

实施整县屋顶分布式光伏建设。霍州市可用于屋顶开发面积达295.6万平

方米，现已与国家能源集团霍州发电厂签订了整县屋顶分布式光伏项目开发协议书。

实施地面集中光伏电站建设。霍州市积极推进国家能源集团100MW光伏发电项目、山西兆光发电厂100MW农光储一体化科教示范基地、霍州市国盛能源100MW光伏发电项目、临汾华得宇100MW的光伏发电项目建设，于2022年并网发电。

建设循环经济产业链。霍州市有着丰富的电力资源，以及石英砂矿、铝矾土、石灰岩等矿产资源，发展大型循环经济产业链优势突出、条件成熟。当前，霍州市已与东方希望集团签订了总投资100.25亿元的循环经济产业链项目合作协议，将实施光伏组件、光伏玻璃、切片等项目。

三、以强化科技赋能为抓手，建设低碳绿色城市

霍州市以交通、建筑等主要碳排放领域为重点，积极推进新技术、新能源、新理念，建设集绿色出行、低耗建筑、节能循环为一体的绿色低碳智慧城市。

打造绿色出行服务体系。绿色交通加快推进，霍州已完成新能源公交车和出租车的更新替代，新能源车占比分别达到100%。大力推广"公转铁"，围绕煤炭、焦炭、矿石、粉煤灰等大宗散堆装货物和粉末工业固废物流，促进企业开展封闭车厢运输。目前正在打造"光储充放"多功能综合一体充电服务站，到2025年底，全市住宅小区、城市公交车和乡村客车全部纳入新能源充电服务体系，实现新能源充电网络全覆盖。

推广绿色智慧建筑应用。大力推广清洁能源应用和节能减排技术，对广场、公厕、停车场等城市基础设施进行新能源改造。绿色建筑加快发展，大力推进装配式建筑发展。推进既有居住建筑节能改造，对38655平方米老旧小区进行改造。霍州市正在制定有关激励政策，在城市建设中引导支持建设新能源智能建筑，新建建筑要求一律使用低碳环保材料，打造低碳生态城市，倒逼绿色能源循环体系发展。

设立碳达峰碳中和研究院。与太原理工大学等院校加强合作，开展碳领域研究，有序开展低碳科技攻关，降低煤电生产能耗水平。

资源节约和循环利用持续深化。在公共机构推行节能宣传、无纸化办公。持续推进塑料污染治理，推动垃圾分类和减量化、资源化、无害化利用。

四、以光伏项目为依托，助推乡村振兴战略实施

霍州市以整县屋顶分布式光优发电项目、地面大型集中式光伏发电项目为依托，积极推进光伏发展与农村生活、农业生产、农旅产业有效结合，着力打造"零碳乡村"，实现乡村绿色振兴、低碳振兴。

发展"光伏+种养殖业"。利用光伏板发展标准化光伏大棚和养殖圈舍，打造无公害、绿色养殖产业链。霍州市已出台扶持政策，引导全市种养殖户对现有的温室大棚和规模养殖场养殖用房进行"光伏+"技术改造，用2年时间完成1200亩的大棚棚顶和60家规模养殖场屋顶改造，实现农村种植、养殖产业零碳排放。

发展"光伏+农旅融合"。以光伏发电为依托，结合古村落资源、农村红色资源，打造农旅融合绿色产业链。霍州市已在师庄乡实施"光伏+农旅融合"试点，有机结合光伏发电储能和"官道"文化底蕴，在全长16公里的玉霍线沿线建设智慧路灯、光电一体化多功能充电桩等设施，现正在进行规划设计，最终在3年内实现所有乡镇主干道光伏照明、光伏发电储能和农村旅游一体化发展。

发展"光伏+文旅融合"。霍州市正在对所有旅游景点进行能源供应改造，通过建设光储充一体化停车棚、开通新能源观光车、使用新能源灯光照明等，实现景区用电光伏全覆盖。目前已基本完成"一署两峪"重要景点和贾村、许村等重要人文地的改造，3年内可完成全市所有风景景区和人文景点的新能源改造和应用。

五、减污减碳，打造绿色生活空间

贯彻落实"碳达峰碳中和"部署要求，实施节能减排协力并进，推进减污降碳协同增效。2021年，全市工业源二氧化硫、化学需氧量、氮氧化物排放量分别为802.33吨、13.28吨、1739.24吨，同比下降11.11%、3.84%、0.95%。2021年，全市规上工业万元增加值能耗为7.38吨标准煤/万元，同比下降20.3%。发展循环经济，布局静脉产业，推动工业固废、建筑生活垃圾等资源高效利用，全市一般工业固体废物综合利用率达到38%，同比增加8.2个百分点。稳步推进采煤沉陷区综合治理旧房拆除及土地复垦，涉及土地复垦面积1500亩。完成陶唐乡沙窝村历史遗留矿山采矿点治理，治理面积11.77亩。坚持生态优先、绿色发展，"全方位、无死角"推进环境整治工作常态化，推动灰色印象向绿色底色转变，持续提升生态环境质量。

推进碳达峰碳中和、完成能耗双控目标，是必须打赢打好的一场硬仗。霍州市将进一步增强节能降碳的责任感、使命感、紧迫感，落实好能耗双控约束性要求，持续深化能源革命综合改革试点，为全方位推进高质量发展提供有力支撑；坚决遏制"两高"项目。全面摸排梳理"两高"项目，建立在建、拟建、存量高耗能高排放项目清单制度，分类提出处置方案，形成严控"两高"高压态势。严格落实产能置换、污染物削减、煤炭减量替代等要求；加强新项目审批把关，严格执行新上工业项目控制性准入标准，严控高污染、高耗能项目进驻，加强源头把控；推进产业转型。大力开展"招大引强"，推动资源要素更多地向优势产业、优势项目集中，实现"腾笼换鸟、凤凰涅槃"；积极探索"双碳"目标实现路径，巩固提升碳汇能力，推进碳排放权市场化交易，开展碳捕集、利用与封存等技术研究，促进产业生态化和生态产业化同步提速；加快调整能源结构，积极发展光伏等新能源产业，建立常规能源电力和新能源电力之间的调峰运行机制，发挥好火电厂深度调峰能力，大力推进"光伏+"，实行城市光电建筑一体化、公共区域光伏照明、光伏公交示范工程；建设改造农村屋顶光伏、光伏养殖、光伏大棚设施等，实现低碳城市、零碳乡村；积极创建低碳示范区。探索差异化低碳实践模式，加快创造绿色低碳美好生活；进企业、进社区、进商场、进学校，深入开展节能降碳全民行动，推动形成绿色低碳生活方式和消费方式，营造全社会节能绿色发展氛围。

（资料来源：马建华、陈康）

后 记

当前，气候变化问题日益紧迫，全球暖化、极端天气正以肉眼可见的速度影响到全球每一个国家和地区，使得各国人民不得不主动寻求应对措施。

2020年9月22日举行的第七十五届联合国大会一般性辩论，习近平主席向世界正式作出中国"二氧化碳排放力争于2030年前达到峰值，努力争取2060年前实现碳中和"的庄严承诺。这不仅是推动经济社会高质量发展的内在要求，更是迈向人与自然和谐共生的可持续发展之路的必然选择，也充分展现了中国应对全球气候变化的大国责任担当。

自此，"3060""双碳"目标的建立，推动中国在进入新发展阶段和新发展格局的关键时期，开启了新一轮科技革命和产业变革的历史性机遇。而力争2030年前实现碳达峰、2060年前实现碳中和，是贯彻新发展理念、构建新发展格局、推动高质量发展的内在要求，是党中央统筹国内国际两个大局作出的重大战略决策，是着力解决资源环境约束突出问题、实现中华民族永续发展的必然选择，是构建人类命运共同体的庄严承诺。实现"双碳"目标任重道远，必须完整准确全面贯彻新发展理念，把党中央决策部署落到实处。

2021年可称为中国"碳中和元年"。碳中和元年亦是世界各国开启低碳竞争的元年，更是中国以2060年前实现碳中和为目标进入绿色低碳高质量发展布局的元年。

从国家发展的角度看，实现碳达峰碳中和目标的过程其实是回答了环保与发展之间的关系、生态与经济之间的关系，它把中国的发展之路进一步提升到了关乎人类命运共同体的新高度。

面对全球气候变化引发的一系列环境危机与国际政治经济问题，近年来联合国不断督促世界各国积极采取更为有效的行动以减少温室气体排放，增强应对气候变化的防御力。目前，全球已有147个国家制定、重申或明确了到21世纪中叶实现碳中和目标的具体年份，并相继推出绿色发展政策，积极布局低碳经济，并制定有效措施开展国际气候合作，推动联合国21世纪可持续发展进程。由此可见，绿色可持续经济作为21世纪世界经济发展的重要趋势与出路，已得到全球绝大部分国家的认可与支持。

中国为什么要实现碳中和？碳中和这个宏伟的世纪目标对中国意味着什么？新阶段中国的社会经济发展和转型将走向何方？面对全球低碳发展潮流，中国应该如何参与到全球气候治理之中？中国需要怎样的对外合作与交流模式才能在21世纪绿色低碳竞争与气候博弈中占据国际优势地位？……碳中和元年，中国正处在全球气候大变局的十字路口，种种问题都在令中国思考和选择前进的方向，因为只有抓住了碳中和绿色转型的重大机遇，才能处理好未来中国特色社会主义建设中人与自然、经济与环境、发展与减排等之间的关系，探索新时代中国经济高质量发展的出路，最终实现中华民族的伟大复兴。

基于此，从2021年5月开始，国是智库研究院、中国发展研究院、中国社会经济调查研究中心、国网能源研究院、中国大数据研究院、北京师范大学政府管理研究院联合北京市博士爱心基金会、山西鑫鸿源达科技发展有限公司、西安中天龙江环境工程有限公司、广州南粤基金集团有限公司、中国投资协会能源投资专业委员会、国湘控股有限公司、湖南葆华环保有限公司、中合（深圳）双碳科技咨询服务有限公司等单位，组织国内著名学者、优秀博士团队，围绕党中央国务院关于碳达峰碳中和目标各项要求，碳达峰碳中和的科学内涵，全球气候治理的中国贡献，"双碳"面临的机遇与挑战，实现"双碳"目标的中国路径，"双碳"战略的国际共识，构建"双碳"发展政策体系，低碳消费势在必行，"双碳"时代山西争当排头兵，典型案例分享等一系列碳达峰碳中和前沿问题等，成立了《中国碳达峰碳中和战略研究》课题组。

《中国碳达峰碳中和战略研究》课题组从多种数据处理方法中找出最适合本报告的算法，对海量的数据进行收集、筛选、分析，在充分研究与总结国内外碳达峰碳中和目标相关理论与实践成果的基础上，结合中国碳达峰碳中和目标现实，高质量完成《中国碳达峰碳中和战略研究》报告。为了确保该报告观点的客观性与科学性，课题组成员对结论进行了艰苦卓绝的反复论证，所耗费的时间和心血远远超过预想。本报告参考了卷帙浩繁的古今中外研究成果，历经18个多月艰辛付出而成。为了按时且高质量地完成本项研究任务，课题组对本报告中所使用的数据、所形成的结论与判断以及国际上有关专家学者们的观点，进行了多次焚膏继晷式的深入研讨。本着对读者负责的态度，课题组成员和有关专家对每一个数据的选取、每一个表述的确定，都付出了超乎想象的努力。

其实我深深懂得，学术研究是扎实、专业和严谨的，充满了艰辛、磨砺和坚持。

做学术研究要耐得住寂寞，坐得住"冷板凳"，任何一个课题都需要熬很长时间，很费力、很费力。在此，我们对课题组成员和顾问、专家，一并表示最衷心的敬意和谢忱。

《中国碳达峰碳中和战略研究》历经多次修改，现在终于要正式出版了，这是集体智慧的沉淀，也是长时间努力的结晶，希望能够经得住历史考验，能够对我国碳达峰碳中和目标的实现有所裨益，能够为广大发展中国家甚至整个世界发展有所示范。

非常感谢谢和平院士亲自为本报告作序并提出很多宝贵意见。

衷心感谢中共湖南省委原书记王茂林，中央和国家机关工委原副书记陈存根，联合国原副秘书长沙祖康，山西省常委、宣传部部长张吉福，人力资源和社会保障部原党组副书记、常务副部长杨志明，中国国际传播中心执行主席、党组书记龙宇翔等领导和中科院院士，南京大学原校长陈骏教授，欧美同学会党组书记、秘书长王玉君，中国财政科学研究院党委书记、院长刘尚希研究员，国务院参事、欧美同学会副会长、全球化智库主任王辉耀，清华大学李十中教授，北京师范大学政府管理研究院院长唐任伍教授，中国地质大学（北京）马克思主义学院刘海燕教授，武汉理工大学管理学院副院长宋英华教授，中国人民大学企业管理系主任刘刚教授等领导和专家，对本报告的创作提出了极有价值的建议，研究出版社朱唯唯老师对本报告的编辑出版给予大力支持，在此一并表示感谢。

本报告在创作过程中，得到了国家发展改革委、山西省委省政府、中国科学院、中国社科院、北京大学、清华大学、南京大学、中国人民大学、北京师范大学、中国国际经济交流中心、中国财政科学研究院、武汉理工大学、中国地质大学（北京）、山西省发展改革委等单位领导、专家的大力支持，他们的支持使得本书更具权威性。

非常感谢山西鑫鸿源达科技发展有限公司、西安中天龙江环境工程有限公司关键时刻资助《中国碳达峰碳中和战略研究》课题研究工作。没有这两家爱心企业的帮助，疫情期间，本研究报告的立项、调研、撰写、交流、出版根本不可能进行。

同时还要感谢本报告合作研究单位国是智库研究院、中国发展研究院、中国社会经济调查研究中心、国网能源研究院、中国大数据研究院、北京师范大学政府管理研究院、北京市博士爱心基金会、华盛绿色工业基金会、山西鑫鸿源达科技发展有限公司、西安中天龙江环境工程有限公司、广州南粤基金集团有限公司、中国投资协会能源投资专业委员会、国湘控股有限公司、湖南葆华环保有限公司、中合（深圳）双碳科技咨询服务有限公司等单位的各位领导和专家们的支持和奉献。

衷心感谢北京大学马克思主义学院的各位老师和北京大学毛泽东管理思想高级研究班的同学们，2021年5月—2022年11月，学院和高级研究班为我们课题组提供了激发思悟的课程、深邃前沿的讲座、生动具体的实践。特别感谢北京大学毛泽东管理思想高级研究班第四届二期的同学们，我们一起学懂、弄通、做实毛泽东管理思想、习近平新时代中国特色社会主义思想。我深深懂得学习、思考、实践、感悟是一个学而思、思而践、践而悟螺旋式上升的过程，只有不断学习、勤于思考，理论联系实践，最终才会有所领悟，有所提升。这种提升是课题组团队成员政治品格、意志能力、工作成绩的提升，答出的是一份出彩的研究答卷，而当无数拼搏人生的出彩答卷汇集在一起，展现的将是一幅盛世中国的图景，答出的是国家富强、人民幸福的华美篇章！

面对新时代的客观要求，碳达峰碳中和研究群体作为有担当、有社会责任感的中国知识分子和研究者，志在把握"天下家国"情怀具体化的时代定位，为党的二十大提出的"积极稳妥推进碳达峰碳中和"积极贡献力量。

课题组所有成员积极参与《中国碳达峰碳中和战略研究》创作，受篇幅限制，只能选录部分研究成果。本报告由主编易昌良负责总体框架设计，撰写了《前言》和《后记》以及编写案例分析，宋健、景峰编写报告主体内容，唐秋金、李泽鸿、王一健、林涛、郑厚清、张庆华、张杰负责报告案例采集以及学术观点的提升，易昌良、王彤负责最后审定。

本报告的相关数据来自官方数据库和出版物，部分内容来自媒体的公开报道。在此，谨向所有原作者、编者、出版者表示感谢，如有不妥，敬请原谅。

需要特别强调的是，由于篇幅所限，1950多页、238多万字中包含的数据、图片、文字未能列在本报告内，确实遗憾。"衣带渐宽终不悔，为伊消得人憔悴"。一年半的付出与坚守，是课题组全体人员对碳达峰碳中和研究的执着和热爱。我们希望这份付出和坚守，能够为推动中国碳达峰碳中和研究作出积极的贡献。

伟大的新时代需要大智慧、大变革亟须大思路，在中国经济攻坚克难、转型升级的重要历史节点，我们将一如既往地秉承"学术至上、创新为魂"的理念，通过体制机制创新，整合社会资源，集决策咨询、调查研究、规划论证于一体，聚焦现代经济主题，高举高质量发展、创新发展大旗，着力打造碳达峰碳中和研究阵地、高质量发展实践推进阵地，努力成为服务我国现代化经济体系建设的"智囊"。更好地为国家宏观经济决策提供智力支撑，更好地为地方各级党委政府和社会提供咨询服务。

作为一项开创性的工作，由于学术水平有限，加之时间紧迫、经验不足，虽然经过了多次校正，仍难免有不尽如人意之处。欢迎各位专家学者读者提出宝贵意见。

易昌良

2023年4月18日夜 于玉渊潭